# Maths

*Obligatoire + Spécialité*

Tle ES-L

# Objectif BAC



**Jean-Pierre HAURE**
Enseignant agrégé de Mathématiques,
professeur en lycée

**François LAVANDIER**
Enseignant certifié de Mathématiques,
professeur en lycée

hachette
ÉDUCATION

# MODE D'EMPLOI

Ce livre reprend à la base toutes les notions du programme de Terminale ES (obligatoire et spécialité) et de Terminale L (option), et les met en œuvre à travers des exercices simples qu'il est indispensable de maîtriser. Il vous permettra ainsi d'assimiler parfaitement le cours et de savoir l'appliquer dans des exercices de difficulté variée.
Chacun des onze chapitres comporte cinq grandes parties :

## LE COURS

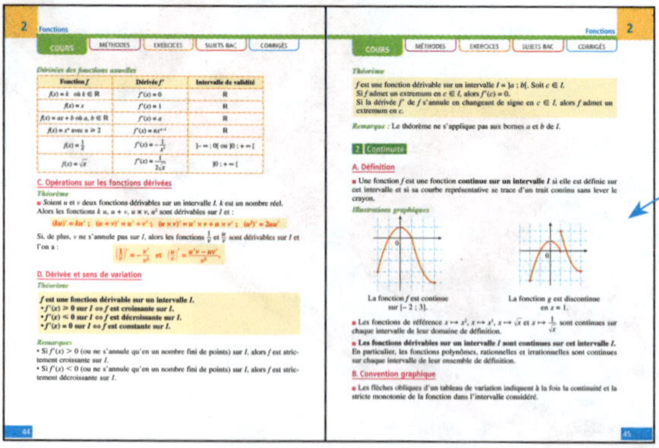


## LES MÉTHODES

Chaque méthode correspond à une compétence clé, à maîtriser pour le Bac. Elle est illustrée par un exercice type, corrigé et commenté.

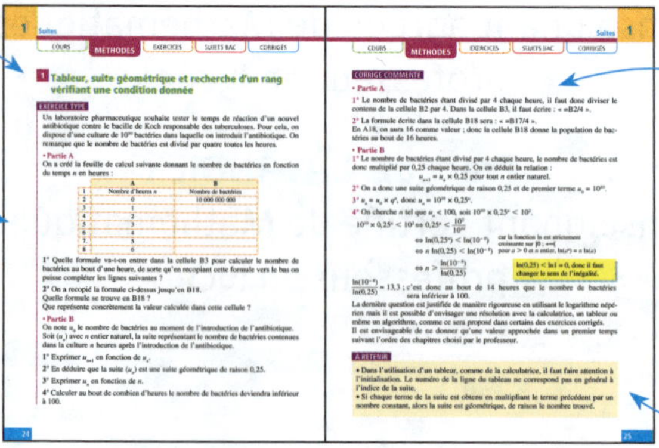



**Conception graphique**
*Couverture :* Stéphanie Benoit
*Intérieur :* Françoise Bouvard

**Composition, schémas et mise en pages**
Lasergraphie

**Édition**
Fabrice Pinel

I.S.B.N. 978.2.01.701187.3

# LES EXERCICES

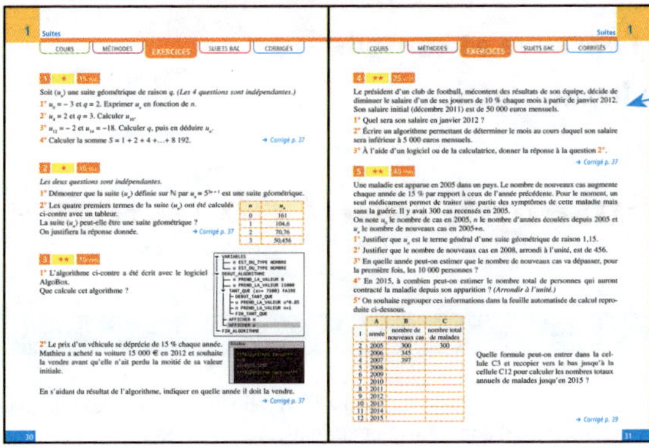

Des exercices progressifs (3 niveaux de difficulté) et minutés pour bien s'entraîner

# LES SUJETS TYPES DU BAC

Chaque sujet de type Bac (3 niveaux de difficulté) permet de s'assurer qu'on maîtrise bien l'ensemble du chapitre

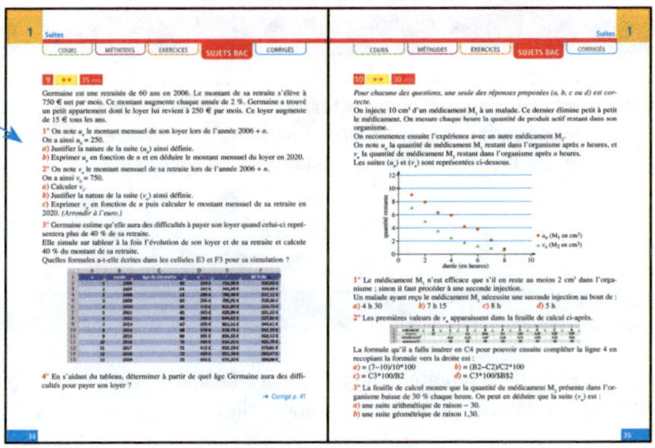

# LES CORRIGÉS

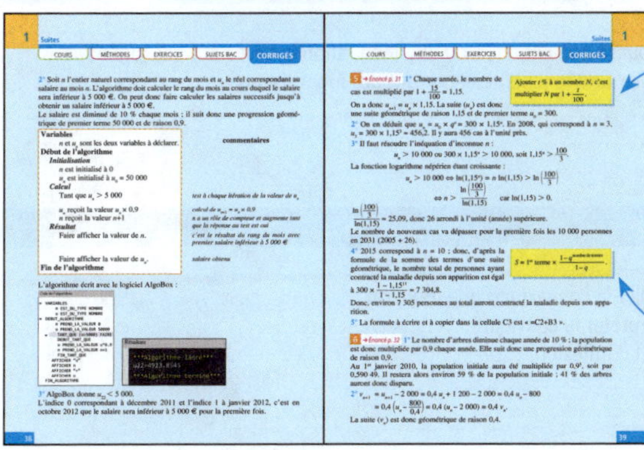

De nombreuses aides (rappels de cours, conseils, pièges à éviter,...) complètent utilement les corrigés détaillés

SOMMAIRE



# Enseignement obligatoire

## Analyse

# Probabilités et statistique



# *Enseignement de spécialité*

L'épreuve (*B.O.* spécial n° 7 du 6 octobre 2011) est destinée à évaluer la façon dont les candidats ont atteint les grands objectifs de formation mathématique visés par le programme commun aux séries ES et L :
– acquérir des connaissances et les organiser ;
– mettre en œuvre une recherche de façon autonome ;
– mener des raisonnements ;
– avoir une attitude critique vis-à-vis des résultats obtenus ;
– communiquer à l'écrit.

## 1 Épreuve écrite

■ **Coefficient**
• Série ES :
– **5** ;
– **7** pour les candidats ayant choisi cette discipline comme enseignement de spécialité.
• Série L : **4**

■ **Durée : 3 h**.

### A. Structure de l'épreuve

■ Le sujet comporte **trois ou quatre exercices indépendants** les uns des autres, notés chacun sur 3 à 10 points et pouvant comporter plusieurs questions.
Ils abordent une grande variété de domaines du programme de mathématiques commun aux séries ES et L.

■ Pour la série ES, le sujet proposé aux candidats ayant suivi l'enseignement de spécialité diffère de celui proposé aux candidats ne l'ayant pas suivi par l'un de ces exercices, noté sur 5 points. Cet exercice peut porter sur la totalité du programme (enseignement obligatoire et de spécialité). Le sujet porte clairement la mention « obligatoire » ou « spécialité ».

### B. Contenus du sujet

■ L'épreuve sera conçue de telle sorte que chaque élève, qu'il ait suivi régulièrement l'enseignement de spécialité de mathématiques ou non, ait **largement le temps d'aborder l'ensemble des questions** posées et puisse en tirer un bénéfice appréciable au niveau de l'évaluation de l'épreuve.

■ **Le sujet abordera une grande partie des connaissances envisagées dans le programme.** L'application directe de résultats ou de méthodes, l'étude d'une situation conduisant à choisir un modèle simple, à présenter ou exploiter des données ou une information, la formulation d'un raisonnement sont des trames possibles.

■ Les notions rencontrées en classe de première mais non approfondies en terminale doivent être connues et mobilisables mais ne peuvent constituer un ressort essentiel du sujet.

■ Certains exercices peuvent faire **référence à d'autres disciplines de la série** considérée, mais les connaissances spécifiques requises doivent être fournies dans l'énoncé.

■ La forme des questions ne sera pas source de difficultés supplémentaires. Si des questionnaires à choix multiple (QCM) sont proposés, les modalités de notation seront précisées.

■ D'autre part, même si les capacités attendues dans **le domaine de l'algorithmique** doivent rester modestes, elles feront probablement l'objet d'un questionnement au baccalauréat. Dans cette optique, nous avons choisi, dans la plupart des chapitres, de proposer au moins un exercice nécessitant l'écriture ou la compréhension d'un algorithme. Pour se familiariser avec cette partie du programme, nous avons utilisé le logiciel gratuit ALGOBOX, très simple d'utilisation, que nous vous conseillons de télécharger (www.xm1math.net/algobox) et de vous approprier.

## C. Calculatrices et formulaires

■ La maîtrise de l'usage des calculatrices est un objectif important pour la formation des élèves. L'emploi de ce matériel est autorisé, dans les conditions prévues par la réglementation en vigueur. **L'autorisation ou non d'utiliser une calculatrice lors de l'épreuve sera précisée en tête des sujets.**

■ Nous proposons un rappel sur **l'utilisation des calculatrices**, en mettant en évidence les fonctionnalités essentielles. Les programmes, depuis la classe de seconde, accordent une part importante à l'utilisation des calculatrices et des logiciels ; leur connaissance et leur maîtrise deviennent indispensables.

■ Il n'y a pas de formulaire de mathématiques pour cette épreuve. En revanche, les concepteurs de sujets pourront inclure certaines formules dans le corps du sujet ou en annexe, en fonction de la nature des questions.

## D. Notation

■ Les correcteurs ne manifesteront **pas d'exigences de formulation démesurées** et prêteront une attention particulière aux démarches engagées, aux tentatives pertinentes, aux résultats partiels.

■ Les concepteurs de sujets veilleront, dans l'attendu des questions et les propositions de barème, à permettre aux correcteurs de prendre réellement et largement en compte **la qualité de la rédaction, la clarté et la précision des raisonnements, la cohé-**

**rence globale des réponses** dans l'appréciation des copies. Les copies satisfaisantes de ce point de vue devront être valorisées.

## 2 Épreuve orale de contrôle

- **Durée : 20 minutes**
- **Temps de préparation : 20 minutes**
- L'épreuve consiste en une interrogation du candidat visant à apprécier sa maîtrise des connaissances de base. Pour préparer l'entretien, **l'examinateur propose au moins deux questions** au candidat, portant sur des parties différentes du programme.
- **Pour la série ES :**

– Les candidats qui n'ont pas choisi les mathématiques comme enseignement de spécialité devront répondre à des questions portant exclusivement sur le programme de l'enseignement obligatoire.
– Les candidats ayant choisi les mathématiques comme enseignement de spécialité devront répondre à une question portant sur le programme de spécialité ; les autres questions aborderont exclusivement le programme de l'enseignement obligatoire.

- Le candidat peut, au cours de l'entretien, **s'appuyer sur les notes prises pendant sa préparation**. L'examinateur permet au candidat de mettre en évidence ses connaissances en lui posant des questions adaptées aux modalités de cette épreuve. L'épreuve se déroule au tableau.
- **L'usage des calculatrices électroniques est autorisé** dans le cadre de la réglementation en vigueur et l'aptitude à mobiliser l'outil informatique peut également être évaluée. Certaines formules jugées nécessaires peuvent être fournies avec les questions.

## 3 Quelques conseils méthodologiques pour bien utiliser l'ouvrage

- Lors d'une révision avant un contrôle, repérez le chapitre et **apprenez les résultats en rouge, en gras ou surlignés**.
- **Choisissez la méthode** que vous souhaitez vous approprier **et étudiez-la en détails**, quitte à réécrire le corrigé. Les mots importants, les formules à utiliser seront plus faciles à retenir dans ce contexte.
- **Lisez et mémorisez les conseils** de la partie « À retenir ».
- Quand vous pensez maîtriser les méthodes, lancez-vous dans la résolution des exercices d'entraînement. Pour une utilisation fructueuse de cette partie, **n'utilisez les corrigés qu'après avoir essayé de résoudre le problème** et en avoir rédigé la solution.

■ **La rédaction des réponses est importante** car elle doit mettre en évidence votre raisonnement et montrer que vous comprenez ce que vous cherchez. **Ne vous contentez pas d'une succession de calculs** mais essayez de percevoir l'utilité des questions précédentes dans la résolution d'un problème. Pensez aussi que la réponse que vous cherchez peut également se trouver dans une des questions suivantes…

■ Enfin, gardez à l'esprit que **rien n'est insurmontable** ; vos premières difficultés seront vite balayées avec un peu d'entraînement. Dans un second temps, réussir à résoudre un exercice sans s'aider du corrigé vous apportera une aisance nouvelle face aux difficultés et vous procurera une fierté bien légitime.

Nous vous souhaitons une bonne année de terminale,
et qu'elle ne soit qu'une étape dans votre réussite future.

N'hésitez pas à nous faire part de vos remarques
et des éventuelles coquilles qui peuvent nous avoir échappé.
Bon courage !

Les auteurs

## 1 L'essentiel pour utiliser sa calculatrice TI-82.fr, TI-83 ou TI-84

Les instructions comme les couleurs sont celles proposées en français par la calculatrice TI-82.fr et, entre parenthèses, celles proposées en anglais pour les autres ou les anciens modèles.

### A. Touches et réglages

***Réglages de la calculatrice***

– Appuyer sur la touche mode.
– Le passage d'un choix à l'autre se fait à l'aide du curseur : touches ▲ ▶▼◀.
– Quitter l'écran avec la touche quitter (2nde mode).

***Codes couleurs***

– Une touche écrite en jaune indique d'appuyer sur la touche 2nde avant.
– Les instructions écrites en bleu indiquent ce qui est proposé à l'affichage dans un menu de la calculatrice. Pour obtenir celui souhaité, soit on le sélectionne avec le numéro indiqué, soit on se positionne dessus avec le curseur et on appuie sur entrer.
– Une touche écrite en vert indique d'appuyer sur alpha avant. Ces touches sont essentiellement utilisées dans l'écriture de programmes.

***Touches utiles***

– annul (ou CLEAR) efface tout ce qui est à l'écran.
– suppr (ou DEL) efface le caractère situé sous le curseur.
– insérer (ou INS) permet d'insérer des caractères sous le curseur.
– sto → permet de stocker une valeur en mémoire.
– $x, t, \theta, n$ permet d'obtenir l'écriture de la variable pour une fonction ou une suite.
– math entrer (▶Frac) permet de donner le résultat sous forme de fraction.
– précéd permet de revenir au calcul précédent pour le modifier.

### B. Fonctions

– La touche mode permet de choisir le menu fonction avec Fct (ou FONC).

• **Entrer la fonction** avec la touche $f(x)$ (ou Y=).

– $f(x) = 3(e^2 - x)\ln x$ s'obtient avec la séquence de touches suivante :

3 ( $e^x$ 2 ) − $x, t, \theta, n$ ) ln $x, t, \theta, n$ )

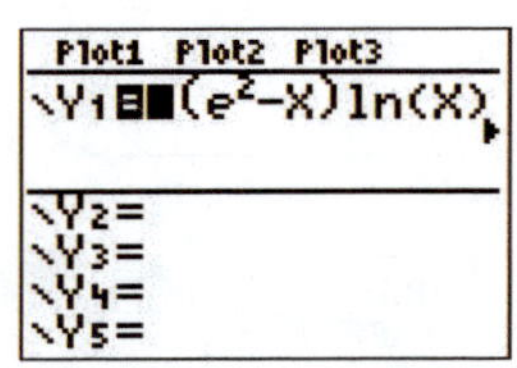

– Attention aux parenthèses (certaines s'ouvrent automatiquement) et à bien respecter les priorités de calcul.

• **Afficher la courbe** avec la touche graphe (ou GRAPH).

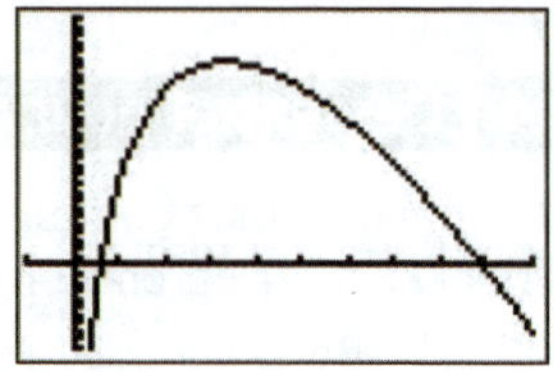

• **Gérer la fenêtre graphique** avec la touche fenêtre (ou WINDOW).

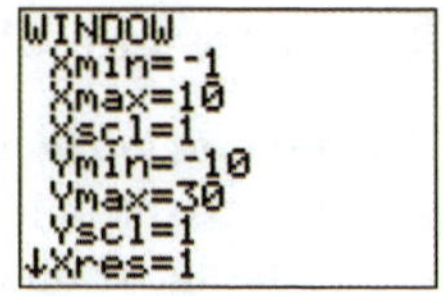


– Xmin, Xmax et Ymin, Ymax sont les valeurs minimales de $x$ (abscisses) et $y$ (ordonnées) sur l'écran.

– Xgrad et Ygrad donnent l'écart entre deux graduations sur chaque axe.

• **Afficher le tableau de valeurs** avec la touche table (par 2nde graphe) (ou TABLE par 2ND GRAPH)

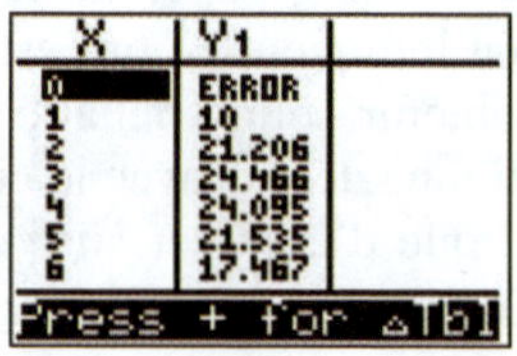


• **Gérer le tableau de valeurs** avec la touche deftable (par 2nde fenêtre) (ou TBLSET par 2ND WINDOW).

– Définir la première valeur avec débTable et le pas du tableau avec PasTable.

– Dem permet de choisir les valeurs de $x$ directement.

– La touche calculs (par 2nde trace) permet de déterminer graphiquement des intersections entre les courbes et l'axe des abscisses ou entre courbes, minimum, maximum, de calculer une intégrale et de visualiser l'aire du domaine sur le graphe…

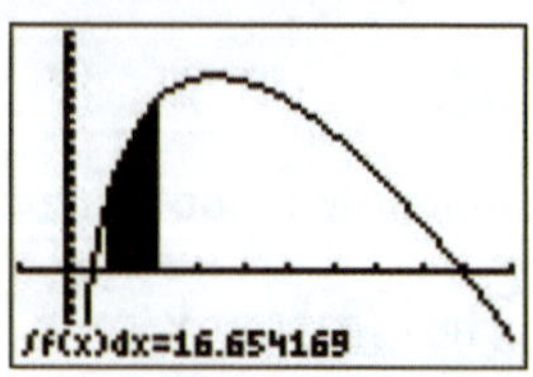


– math 8 : nbreDérivé( donne le nombre dérivé en une valeur à choisir.

– f(x) math 8 : nbreDérivé( var VAR-Y= Fonction $Y_1$ , x, t, θ, n , (x, t, θ, n) ( ) ) fait calculer le nombre dérivé pour toutes les valeurs de $x$ (elles s'affichent dans le tableau de valeurs). (8 :nDeriv( en anglais)

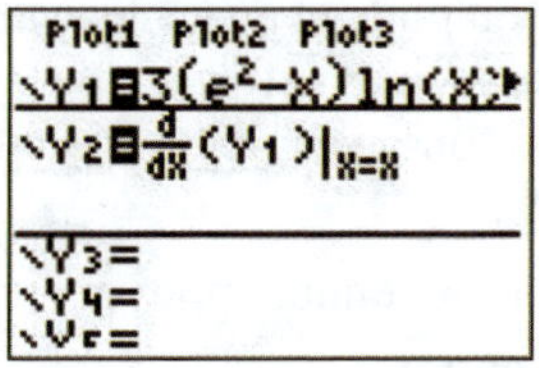


– ( math ) 9 : fonctIntégr( permet de calculer l'intégrale d'une fonction. (9 :fnInt( en anglais)

La séquence ( math ) 9 : fonctIntégr( ( var ) VAR-Y= Fonction $Y_1$ ( , ) ( x, t, θ, n ) ( , ) ( 1 ) ( , ) ( 2 ) ( ) ) calcule l'intégrale $\int_1^2 f(x)\,\mathrm{d}x$.

## C. Suites

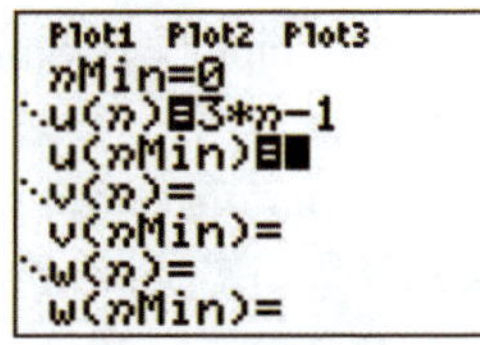


– La touche ( mode ) permet de choisir le menu suites avec Suit (ou SEQ).

• **Entrer la suite** avec la touche ( f(x) ) (ou Y=) puis les éléments pour la définir :

– la plus petite valeur de $n$ dans $n$Min ;

– l'expression de $u_n$ (comme pour une fonction) :

  – $n$ s'obtient avec ( x, t, θ, n ) ;

  – si la suite $(u_n)$ est définie par une relation de récurrence, entrer le premier terme dans $u(n\text{Min})$ ;

  – $u$ s'obtient avec ( 2nde ) ( 7 ).

• **Afficher la représentation graphique**

– Choisir $f(n)$ avec ( format ) (( 2nde ) ( zoom )) comme type de représentation puis faire comme pour les fonctions.

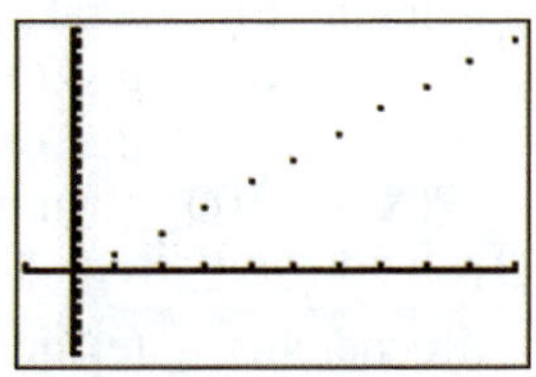

– Dans le cas d'une suite définie par une relation de récurrence $u_{n+1} = f(u_n)$, il est possible de faire afficher la représentation graphique en escalier en choisissant Esc avec ( format ), puis faire afficher le graphique en appuyant sur ( trace ) et sur les touches du curseur.

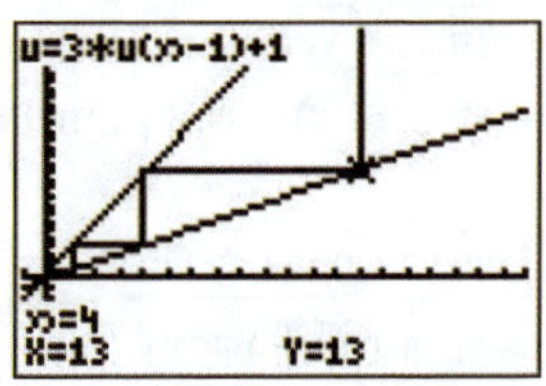


• **Afficher le tableau de valeurs** de la même façon que pour les fonctions mais la première valeur de $n$ et le pas doivent être des entiers.

## D. Probabilités

### *Espérance et écart-type d'une loi de probabilité*

– Remplir les listes avec stats en plaçant en L1 les valeurs prises par la variable aléatoire et en L2 les probabilités associées (effectifs dans le cas de séries statistiques).
– Les opérations sur les listes se font avec listes (2nde stats), puis les instructions s'obtiennent avec le menu Math.

– Pour obtenir l'espérance et la moyenne, appuyer sur stats, choisir ensuite Calc et Stats 1-Var, puis L1 , L2 entrer.
À l'affichage, $\overline{x}$ représente l'espérance et σx l'écart-type.

### *Calculer le coefficient binomial* $\binom{n}{k}$

– Dans math, choisir PRB puis Combinaison.
– $\binom{5}{3}$ se tape 5 Combinaison 3.

### *Loi binomiale suivie par la variable aléatoire X*

– $P(X = k)$ s'obtient avec distrib (2nde var) et choisir binomFdp.
– $P(X = 5)$ pour la loi binomiale B(30 ; 0,4) se tape binomFdp (30,0.4,5).
– $P(X \leqslant k)$ s'obtient avec distrib (2nde var) et choisir binomFRép.
– $P(X \leqslant 5)$ pour la loi binomiale B(30 ; 0,4) se tape binomFRép (30,0.4,5).

### *Loi normale suivie par la variable aléatoire X, d'espérance μ et d'écart-type σ*

– $P(a \leqslant X \leqslant b)$ s'obtient avec distrib (2nde var) et choisir normalFRép.
Attention ! En général, on cherche $P(X \leqslant x)$. Pour cela, on utilise la règle suivante :
- si $x \geqslant \mu$, $P(X \leqslant x) = 0{,}5 + P(\mu \leqslant X \leqslant x)$ ;
- si $x \leqslant \mu$, $P(X \leqslant x) = 0{,}5 - P(x \leqslant X \leqslant \mu)$.

– $P(X \leqslant 100)$ pour la loi normale $\mathcal{N}(200\ ;\ 50^2)$ se tape 0,5 – normalFRép (100,200,200,50).
– Rechercher $x$ tel que $P(X \leqslant x) = k$ (avec $0 < k < 1$) s'obtient avec distrib (2nde var) et choisir FRacnormale.
– $P(X \leqslant x) = 0{,}2$ pour la loi normale $\mathcal{N}(200\ ;\ 50^2)$ se tape FRacnormale (0.2,200,50).

## E. Matrices

– matrice EDIT permet de remplir la matrice [A] avec la dimension puis les éléments de la matrice (ne pas oublier de quitter quitter).

– Le calcul matriciel A × B s'effectue par matrice [A] × matrice [B] entrer.

– Le calcul matriciel $B^{-1}$ s'effectue par (matrice) [B] ($x^{-1}$) (entrer).

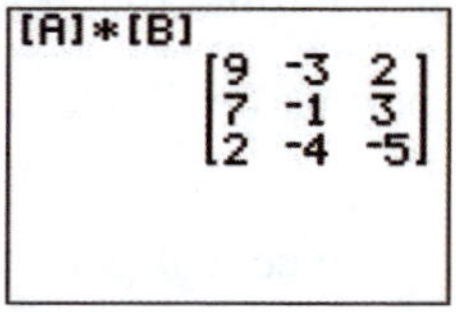


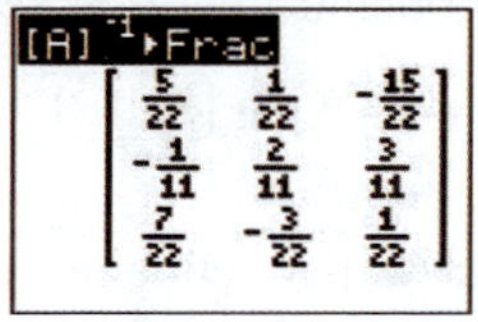


## 2 L'essentiel pour utiliser sa calculatrice Casio

Les instructions comme les couleurs sont celles proposées par la calculatrice Casio GRAPH 35+. Il peut y avoir quelques différences sur les autres modèles.

### A. Touches et réglages

*Codes couleurs*

– Une touche écrite en jaune indique d'appuyer sur la touche (SHIFT) avant.

– Les instructions écrites en bleu indiquent ce qui est proposé à l'affichage dans un menu de la calculatrice situé en bas de l'écran. Pour obtenir celui souhaité, on le sélectionne en appuyant sur les touches (F1), (F2)…

– Une touche écrite en rouge indique d'appuyer sur (ALPHA) avant. Ces touches sont essentiellement utilisées dans l'écriture de programmes.

*Menus*

– Pour choisir son menu, appuyer sur la touche (MENU).

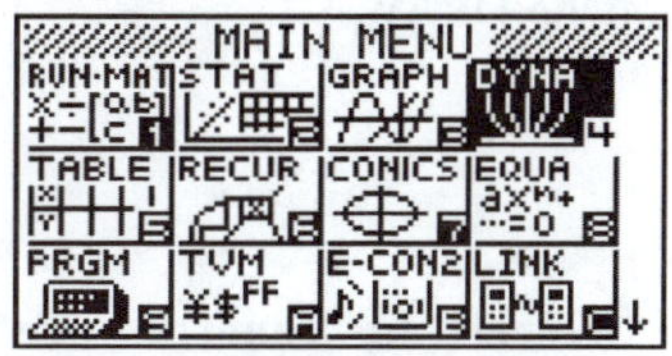


– Le menu pour les calculs est RUN.MAT 

– Le passage d'un choix à l'autre se fait à l'aide du curseur : touches ▲ ▶▼◀.

*Réglages de la calculatrice*

– Appuyer sur la touche (SET UP) (par (SHIFT) (MENU)).

– Le passage d'un choix à l'autre se fait à l'aide du curseur : touches ▲ ▶▼◀ et les touches (F1), (F2)…

– Quitter l'écran avec la touche (EXIT).

*Touches utiles*

– (AC/ON) efface tout ce qui est à l'écran.

– (DEL) efface le caractère situé sous le curseur.

– (INS) permet d'insérer des caractères sous le curseur.

– [→] permet de stocker une valeur en mémoire.
– [X, θ, T] permet d'obtenir l'écriture de la variable pour une fonction ou une suite.
– [F ↔ D] ou $a + \frac{b}{c} \leftrightarrow \frac{d}{c}$ par [SHIFT] [F ↔ D] permet de donner le résultat sous forme de fraction.
– La flèche du curseur ▲ permet de revenir au calcul précédent pour le modifier.
– Revenir à l'écran précédent avec la touche [EXIT].

## B. Fonctions

– La touche [MENU] puis TABLE permet de choisir le menu fonction tableau de valeurs, alors que [MENU] puis GRAPH permet de choisir le menu graphique.

**• Entrer la fonction.**

– $f(x) = 3(e^2 - x)\ln x$ s'obtient avec la séquence de touches suivante :

[3] [(] [$e^x$] [2] [–] [X, θ, T] [)] [ln] [X, θ, T] [)]

– Attention aux parenthèses et à bien respecter les priorités de calcul.

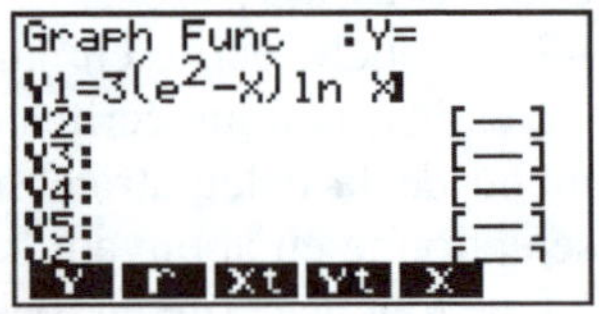


**• Afficher la courbe** dans [MENU] GRAPH avec la touche DRAW.

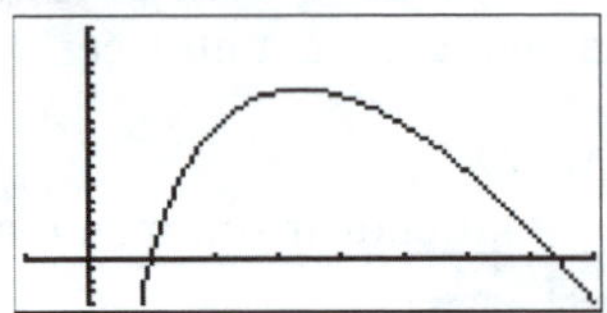

**• Gérer la fenêtre graphique** avec la touche [V – Window] (par [2nde] [F3]).

– Xmin, Xmax et Ymin, Ymax sont les valeurs minimales de $x$ (abscisses) et $y$ (ordonnées) sur l'écran.

– scale et dot donnent l'écart entre deux graduations sur chaque axe et le nombre de pixels.

– Afficher le tableau de valeurs dans [MENU] TABLE avec la touche TABL.

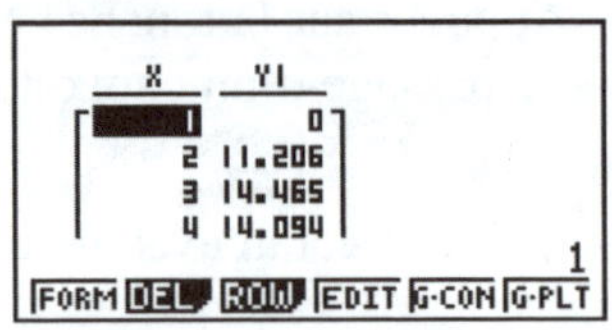


– Gérer le tableau de valeurs avec la touche SET.
Définir la première valeur avec Start, la fin avec End et le pas du tableau avec Step (ou Pitch).

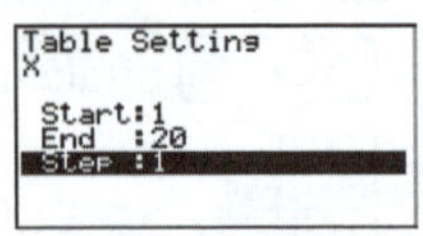

– Dans le menu GRAPH, lorsque la courbe a été tracée, la touche G – Solv (par SHIFT F5) permet de déterminer graphiquement des intersections entre les courbes et l'axe des abscisses avec ROOT ; MIN donne le minimum, MAX donne le maximum, Y.ICPT donne le point d'intersection avec l'axe des ordonnées…
En appuyant ensuite sur ▷, Y.CAL donne la valeur de la fonction pour un $x$ donné, X.CAL donne la valeur de $x$ pour un $y$ donné (et donc on a la solution de l'équation $f(x) = y$), $\int dx$ permet de calculer l'intégrale entre les bornes $a$ et $b$ choisies en se déplaçant sur la courbe (on a aussi le domaine qui est colorié). *(voir écran 1)*

– Dans le menu RUN OPTN CALC d/dx VAR GRPH Y 1 puis la touche ▶ du curseur donne le nombre dérivé en une valeur à choisir. *(voir écran 2)*

– Dans le menu GRAPHE ou TABLE, on peut obtenir le graphe ou le tableau de valeurs de la dérivée de la fonction entrée en Y1 avec pour Y2 OPTN CALC d/dx Y 1 EXE (qui fait apparaître un X) puis DRAW donne la courbe de la dérivée et TABL le nombre dérivé de la fonction dans le tableau de valeurs. *(voir écran 3)*

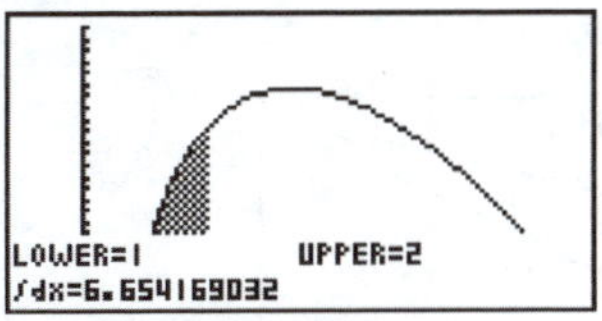

Écran 1

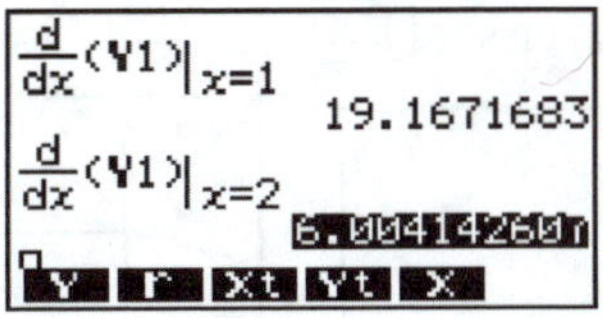

Écran 2

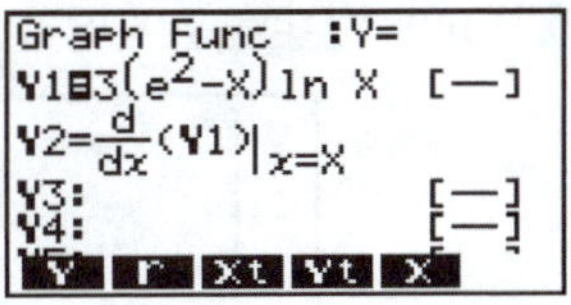

Écran 3

– Dans le menu RUN pour calculer $\int_a^b f(x)\,\mathrm{d}x$, faire MENU RUN OPTN CALC $\int dx$ VARS GRPH Y 1 puis compléter les bornes $a$ et $b$ voulues en se déplaçant avec le curseur.

## C. Suites

• Choisir le menu suites avec MENU RECUR puis TYPE pour le type de suite :
– F1 si $a_n$ est connu en fonction de $n$.
– F2 si on a une relation entre $a_{n+1}$ et $a_n$.
– La touche $na_n$ permet d'écrire $n$, $a_n$, $b_n$ ou $c_n$ et regroupe les deux cas précédents.

• **Entrer la suite** comme une fonction puis les éléments pour la définir avec SET :
– La première valeur de $n$ dans Start.
– La dernière valeur de $n$ dans End.
– L'expression de $a_n$ (comme pour une fonction) :
  – $n$ s'obtient avec n, $a_n$ avec $a_n$ ;
  – si la suite $(a_n)$ est définie par une relation de récurrence, entrer le premier terme dans $a_0$ ou $a_1$.

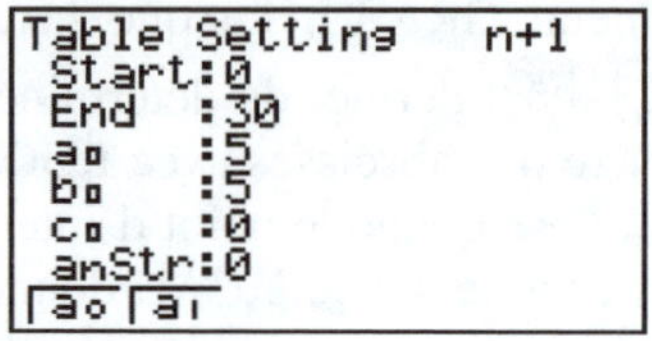


• **Afficher le tableau de valeurs** avec TABLE.

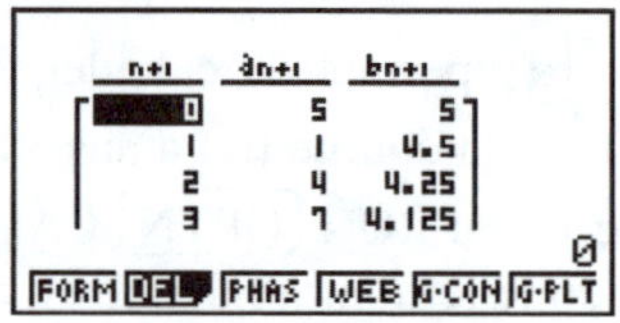


• **Afficher la représentation graphique**

– Choisir TABLE puis G.PLT.

– Dans le cas d'une suite définie par une relation de récurrence $a_{n+1} = f(a_n)$, il est possible de faire afficher la représentation graphique en escalier en choisissant WEB puis Trace, puis appuyer sur EXE.

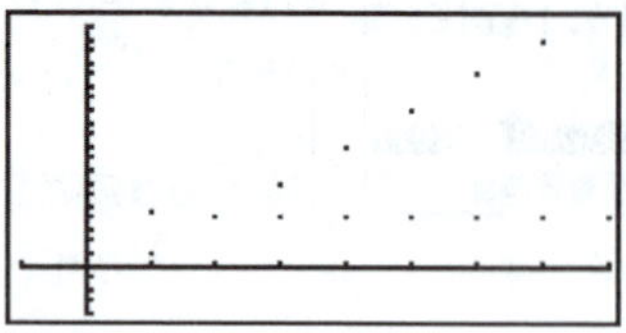

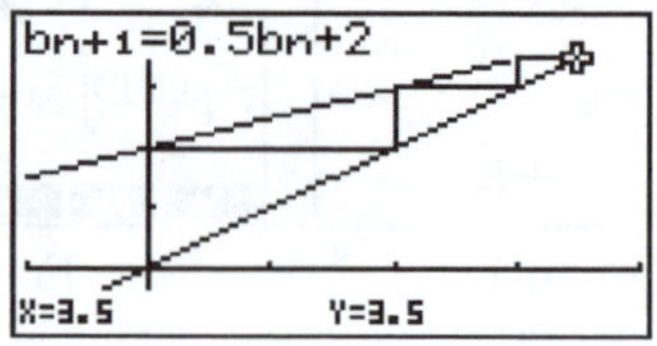


## D. Probabilités

*Espérance et écart-type d'une loi de probabilité*

• Remplir les listes dans MENU STAT en plaçant en List 1 les valeurs prises par la variable aléatoire et en List 2 les probabilités associées (effectifs dans le cas de séries statistiques).

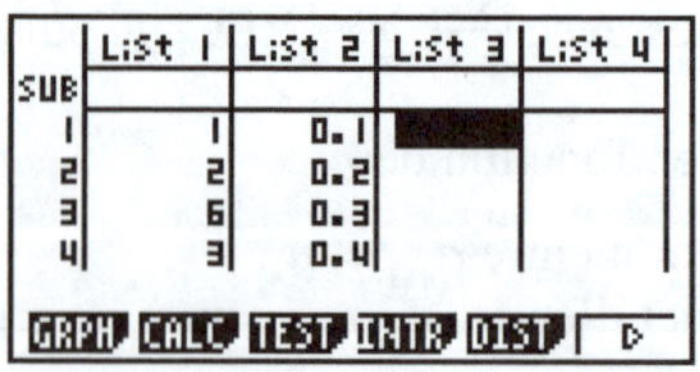


• Les opérations sur les listes se font par exemple en se plaçant sur List 3 avec OPTN LIST List 1 × List 2 pour faire le produit des deux premières listes.

• Pour obtenir l'espérance (ou la moyenne) et l'écart-type, dans MENU STAT, choisir CALC et 1VAR en vérifiant bien dans SET qu'on a l'affichage suivant :

À l'affichage, $\overline{x}$ représente l'espérance et σx l'écart-type.

### *Calculer le coefficient binomial* $\binom{n}{k}$

- Dans OPTN, choisir PROB puis nCr.
- $\binom{5}{3}$ se tape 5 nCr 3.

### *Loi binomiale suivie par la variable aléatoire X*

- $P(X = k)$ s'obtient avec Bpd dans OPTN, choisir STAT DIST BINM Bpd.
- $P(X = 5)$ pour la loi binomiale B(30 ; 0,4) se tape Bpd (5,30,0.4).
- $P(X \leqslant k)$ s'obtient avec Bcd dans OPTN, choisir STAT DIST BINM Bcd.
- $P(X \leqslant 5)$ pour la loi binomiale B(30 ; 0,4) se tape Bcd (5,30,0.4).

### *Loi normale suivie par la variable aléatoire X, d'espérance $\mu$ et d'écart- type $\sigma$*

- $P(a \leqslant X \leqslant b)$ s'obtient avec Ncd MENU, choisir STAT DIST NORM Ncd.

Attention ! En général, on cherche $P(X \leqslant x)$. Pour cela, on utilise la règle suivante :

– si $x \geqslant \mu$, $P(X \leqslant x) = 0,5 + P(\mu \leqslant X \leqslant x)$ ;

– si $x \leqslant \mu$, $P(X \leqslant x) = 0,5 - P(x \leqslant X \leqslant \mu)$.

- $P(X \leqslant 100)$ pour la loi normale $\mathcal{N}(200 ; 50^2)$ se tape 0,5 – Ncd puis Lower : 100 ; Upper : 200 $\sigma$ : 50 $\mu$ : 200.
- Rechercher $x$ tel que $P(X \leqslant x) = k$ (avec $0 < k < 1$) s'obtient avec InvN dans MENU, choisir STAT DIST NORM InvN.
- $P(X \leqslant x) = 0,2$ pour la loi normale $\mathcal{N}(200 ; 50^2)$ se tape InvN puis Area : 0.2 ; $\sigma$ : 50 $\mu$ : 200.

## E. Matrices

- MENU ▷MAT EXE, permet de remplir la matrice [A] avec la dimension, puis les éléments de la matrice (ne pas oublier de quitter EXIT).

- Le calcul matriciel A×B s'effectue par Mat A × Mat B EXE.

Mat s'obtient par SHIFT 2.

- Le calcul matriciel $A^{-1}$ s'effectue par Mat A $x^{-1}$.

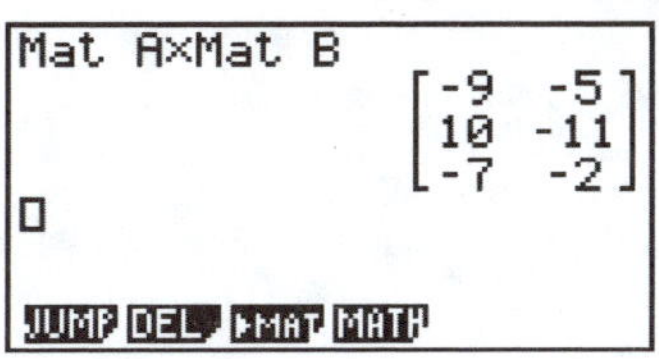


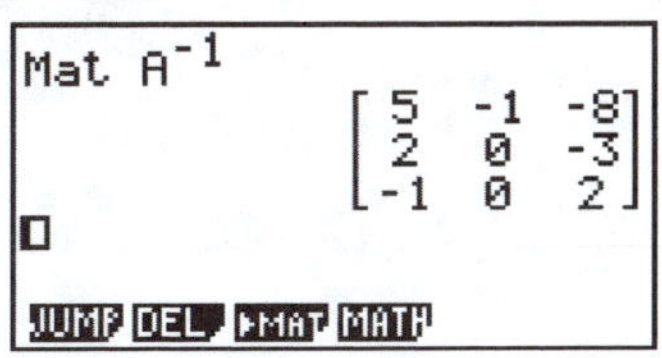

CHAPITRE 1

# Suites

## 1 Suites géométriques

### A. Définitions

■ La suite $(u_n)$ est géométrique de raison $q$ signifie que :

$$\text{quel que soit } n \in \mathbb{N}, \quad u_{n+1} = u_n \times q$$

*« On passe d'un terme au terme suivant en multipliant toujours par le même nombre q. »*

$$u_n \xrightarrow{\times q} u_{n+1}$$

■ **Si la suite $(u_n)$ est une suite géométrique de raison $q$, et de premier terme $u_0$, alors :**

– *pour tout entier naturel n :* $u_n = u_0 \times q^n$.

– *pour tous entiers naturels n et k :* $u_n = u_k \times q^{n-k}$.

■ Pour démontrer qu'une suite est géométrique, on calcule $u_{n+1}$ en fonction de $u_n$.

■ Si, pour tout entier naturel $n$, $u_{n+1} = u_n \times q$, avec $q$ non nul, alors la suite est géométrique.

***Remarque :*** Les suites géométriques modélisent des phénomènes à variation relative constante :

$$\frac{u_{n+1} - u_n}{u_n} = \frac{u_{n+1}}{u_n} - 1 = \frac{q \times u_n}{u_n} - 1 = q - 1$$

et $q - 1$ est une constante (ne dépend pas de $n$).

### B. Somme des termes

■ Soit $(u_n)$ une suite géométrique de raison $q$ avec $q$ différent de 1, de premier terme $u_0$, et $n$ entier naturel.

La somme des $n + 1$ premiers termes de la suite est égale à :

$$S = \underbrace{u_0 + u_1 + u_2 + \ldots + u_{n-1} + u_n}_{(n+1)\text{ termes}} = u_0 \times \frac{1 - q^{n+1}}{1 - q}$$

$u_0$ : premier terme ; $n+1$ : puissance « nombre de termes »

***Somme de termes consécutifs :*** Si $q$ est différent de 1 :

$$S_n = \text{premier terme} \times \frac{(1 - \text{raison}^{\text{nombre de termes}})}{(1 - \text{raison})}$$

## 2 Suites géométriques de premier terme 1

### A. Définitions et variations

■ Somme des puissances consécutives d'un réel strictement positif différent de 1.

$$1 + q + q^2 + q^3 + \ldots + q^n = \frac{1 - q^{n+1}}{1 - q}$$

■ La suite $(u_n)$ de terme général $u_n = q^n$ est une suite géométrique de raison $q$, $q > 0$, et de premier terme $u_0 = 1$.

■ La suite $(u_n)$ est : **croissante si $q > 1$.**

**décroissante si $0 < q < 1$.**

**constante si $q = 1$.**

*On parle de croissance ou de décroissance exponentielle et on retrouve une allure similaire du nuage de points avec la courbe des fonctions exponentielles.*

### B. Limites

■ Pour tout entier naturel $n$ et tout réel strictement positif $q$, on a :

**Si $0 < q < 1$, alors $\lim\limits_{n \to +\infty} q^n = 0$ et on dit que la suite converge vers 0.**

**Si $q = 1$, alors $\lim\limits_{n \to +\infty} q^n = 1$.**

**Si $q > 1$, alors $\lim\limits_{n \to +\infty} q^n = +\infty$.**

***Remarque :*** Le sens de variation et la limite d'une suite géométrique quelconque se déduisent aisément des propriétés précédentes en fonction de la valeur et du signe de $u_0$.

## 3 Suites arithmético-géométriques

■ Les **suites arithmético-géométriques** se rencontrent dans la modélisation de certains flux de population (apport fixe et fuite proportionnelle), mais aussi dans les plans de remboursement.

■ Une suite arithmético-géométrique est une suite satisfaisant une relation de récurrence entre deux termes consécutifs du type :

**Pour tout entier naturel $n$ et pour $u_0$ donné, $u_{n+1} = a \times u_n + b$, avec $a$ et $b$ réels quelconques.**

***Remarque :*** Les suites arithmético-géométriques sont également abordées dans le chapitre 11 de spécialité sur les graphes probabilistes.

***Exemple :*** Le nombre d'arbres d'une forêt, en milliers d'unités, est modélisé par la suite $(u_n)$ où $u_n$ désigne le nombre d'arbres, en milliers, au cours de l'année $(2013 + n)$. En 2013, la forêt possède 50 000 arbres. Afin d'entretenir cette forêt vieillissante, un organisme régional d'entretien des forêts décide d'abattre chaque année 5 % des arbres existants et de replanter 3 000 arbres.
***La situation peut être modélisée par :*** $u_0 = 50$, car la forêt possède 50 000 arbres en 2013, et pour tout entier naturel $n$, par la relation :

$u_{n+1} = 0{,}95u_n + 3$, car, chaque année, 5 % des arbres sont abattus.

La population est donc multipliée par $\left(1 - \frac{5}{100}\right)$ soit 0,95, à laquelle il faut ajouter les 3 000 arbres plantés.
La suite $(u_n)$ est une suite arithmético-géométrique avec $a = 0{,}95$ et $b = 3$.

## 1 Tableur, suite géométrique et recherche d'un rang vérifiant une condition donnée

**EXERCICE TYPE**

Un laboratoire pharmaceutique souhaite tester le temps de réaction d'un nouvel antibiotique contre le bacille de Koch responsable des tuberculoses. Pour cela, on dispose d'une culture de $10^{10}$ bactéries dans laquelle on introduit l'antibiotique. On remarque que le nombre de bactéries est divisé par quatre toutes les heures.

**• Partie A**

On a créé la feuille de calcul suivante donnant le nombre de bactéries en fonction du temps $n$ en heures :

| | A | B |
|---|---|---|
| 1 | Nombre d'heures $n$ | Nombre de bactéries |
| 2 | 0 | 10 000 000 000 |
| 3 | 1 | |
| 4 | 2 | |
| 5 | 3 | |
| 6 | 4 | |
| 7 | 5 | |
| 8 | 6 | |

**1°** Quelle formule va-t-on entrer dans la cellule B3 pour calculer le nombre de bactéries au bout d'une heure, de sorte qu'en recopiant cette formule vers le bas on puisse compléter les lignes suivantes ?

**2°** On a recopié la formule ci-dessus jusqu'en B18.
Quelle formule se trouve en B18 ?
Que représente concrètement la valeur calculée dans cette cellule ?

**• Partie B**

On note $u_0$ le nombre de bactéries au moment de l'introduction de l'antibiotique.
Soit $(u_n)$ avec $n$ entier naturel, la suite représentant le nombre de bactéries contenues dans la culture $n$ heures après l'introduction de l'antibiotique.

**1°** Exprimer $u_{n+1}$ en fonction de $u_n$.

**2°** En déduire que la suite $(u_n)$ est une suite géométrique de raison 0,25.

**3°** Exprimer $u_n$ en fonction de $n$.

**4°** Calculer au bout de combien d'heures le nombre de bactéries deviendra inférieur à 100.

## CORRIGÉ COMMENTÉ

### • Partie A

1° Le nombre de bactéries étant divisé par 4 chaque heure, il faut donc diviser le contenu de la cellule B2 par 4. Dans la cellule B3, il faut écrire : « =B2/4 ».

2° La formule écrite dans la cellule B18 sera : « =B17/4 ».
En A18, on aura 16 comme valeur ; donc la cellule B18 donne la population de bactéries au bout de 16 heures.

### • Partie B

1° Le nombre de bactéries étant divisé par 4 chaque heure, le nombre de bactéries est donc multiplié par 0,25 chaque heure. On en déduit la relation :

$$u_{n+1} = u_n \times 0{,}25 \text{ pour tout } n \text{ entier naturel.}$$

2° On a donc une suite géométrique de raison 0,25 et de premier terme $u_0 = 10^{10}$.

3° $u_n = u_0 \times q^n$, donc $u_n = 10^{10} \times 0{,}25^n$.

4° On cherche $n$ tel que $u_n < 100$, soit $10^{10} \times 0{,}25^n < 10^2$.

$$10^{10} \times 0{,}25^n < 10^2 \Leftrightarrow 0{,}25^n < \frac{10^2}{10^{10}}$$

$$\Leftrightarrow \ln(0{,}25^n) < \ln(10^{-8})$$ car la fonction ln est strictement croissante sur $]0\,;+\infty[$

$$\Leftrightarrow n\ln(0{,}25) < \ln(10^{-8})$$ pour $a > 0$ et $n$ entier, $\ln(a^n) = n\ln(a)$

$$\Leftrightarrow n > \frac{\ln(10^{-8})}{\ln(0{,}25)}$$

$\ln(0{,}25) < \ln 1 = 0$, donc il faut changer le sens de l'inégalité.

$\dfrac{\ln(10^{-8})}{\ln(0{,}25)} \approx 13{,}3$ ; c'est donc au bout de 14 heures que le nombre de bactéries sera inférieur à 100.

La dernière question est justifiée de manière rigoureuse en utilisant le logarithme népérien mais il est possible d'envisager une résolution avec la calculatrice, un tableur ou même un algorithme, comme ce sera proposé dans certains des exercices corrigés.
Il est envisageable de ne donner qu'une valeur approchée dans un premier temps suivant l'ordre des chapitres choisi par le professeur.

## À RETENIR

- Dans l'utilisation d'un tableur, comme de la calculatrice, il faut faire attention à l'initialisation. Le numéro de la ligne du tableau ne correspond pas en général à l'indice de la suite.
- Si chaque terme de la suite est obtenu en multipliant le terme précédent par un nombre constant, alors la suite est géométrique, de raison le nombre trouvé.

• On exprime ensuite $u_n$ en fonction de $n$ en utilisant une des deux relations suivantes :

– **Pour tout entier naturel $n$ :** $u_n = u_0\ q^n$ *si le premier terme connu est $u_0$.*

– **Pour tous entiers naturels $n$ et $k$ :** $u_n = u_k\ q^{n-k}$ *si le premier terme connu n'est pas $u_0$. L'indice k est alors celui du premier terme connu.*

• Pour calculer le nombre d'heures nécessaires pour atteindre un certain seuil, on est amené à résoudre une inéquation en utilisant l'expression de $u_n$ trouvée. En général, on obtient une valeur approchée de la solution car $n$ doit toujours être un entier naturel.

• La valeur de $n$ est celle qui précède ou suit immédiatement (suivant l'énoncé de l'exercice) la valeur approchée obtenue dans la résolution.

## 2 Somme des termes d'une suite géométrique

### EXERCICE TYPE

**La légende du jeu d'échecs**

Un roi Indien avait promis une récompense à qui lui trouverait une distraction. Sissa, inventeur présumé du jeu d'échecs, lui demanda un grain de riz pour la première case de l'échiquier, deux sur la deuxième et ainsi de suite en doublant à chaque fois la quantité posée sur la case précédente.

Déterminer le nombre de grains de riz posés sur l'échiquier de 64 cases.

### CORRIGÉ COMMENTÉ

On appelle $u_n$ le nombre de grains de riz sur la $n^{\text{ième}}$ case.

On a donc $u_1 = 1,\ u_2 = 2,\ u_3 = 4\ldots$

Le nombre de grains de riz double d'une case à la suivante, donc :

$$u_{n+1} = u_n \times 2.$$

Le nombre de grains de riz est donc modélisé par une suite géométrique de raison 2 et de premier terme $u_1 = 1$.

Le nombre total de grains de riz est $N = u_1 + u_2 + \ldots + u_{64}$.

En utilisant la somme des termes consécutifs d'une suite géométrique, on obtient :

$$N = 1 + 2 + 2^2 + 2^3 + \ldots + 2^{63} = \frac{1 - 2^{64}}{1 - 2} = 2^{64} - 1$$

$$= 18\ 446\ 744\ 073\ 709\ 551\ 615 \text{ grains de riz.}$$

Sur la 64$^{e}$ case, il y a $2^{63}$ grains de riz, car, sur la première case, on commence à $2^0$ grains de riz.

***Remarque :*** Un grain de riz pèse environ 25 mg, soit 0,000 000 025 tonne ; donc en multipliant par le nombre de grains de riz, on obtient environ 461 milliards de tonnes. La production mondiale de riz en 2010 est d'environ 710 millions de tonnes ; il faudrait donc approximativement 650 ans pour remplir l'échiquier avec une telle production.

## À RETENIR

- La première étape est la modélisation de la suite. On appelle $u_n$ le nombre qui va varier ; ici, le nombre de grains de riz sur une case.
- On exprime $u_{n+1}$ en fonction de $u_n$ pour obtenir une relation du type $u_{n+1} = u_n \times q$, ce qui permet de démontrer qu'une suite est géométrique et de déterminer sa raison $q$.
- Il est parfois plus judicieux de débuter au rang 1 (ici, pour la 1re case) pour avoir une cohérence avec l'énoncé.
- La question posée doit permettre de savoir si l'on doit calculer un terme de la suite ou la somme des termes.
- Dans cet exercice, on veut le nombre de grains de riz sur l'échiquier ; on utilise donc la formule donnant la somme des termes d'une suite géométrique :

$$S_n = \text{premier terme} \times \frac{(1 - \text{raison}^{\text{nombre de termes}})}{(1 - \text{raison})}$$

- ***Attention :*** Si le premier terme est $u_1$ et le dernier $u_{64}$, il y a 64 termes dans la suite ; mais si le premier était $u_0$ et le dernier $u_{64}$, le nombre de termes serait de 65 ! Il faut porter son attention sur le nombre de termes et sur le rang de départ.

## 3 Suites arithmético-géométriques

### EXERCICE TYPE

La société *Vélibre*, spécialisée dans la location de vélos, a été créée en janvier 2012 avec un parc de 150 vélos neufs.

Afin de conserver un parc de bonne qualité, le directeur de la société a décidé :
– de racheter 40 vélos neufs en janvier de chaque année ;
– de revendre 20 % des vélos en janvier 2013 et en janvier de chaque année suivante.

**1°** Pour tout nombre entier naturel $n$, modéliser le nombre approximatif de vélos du parc, noté $U_n$, en janvier de l'année 2012+$n$ par les termes d'une suite $(U_n)$.

**2°** Calculer $U_1$ et $U_2$.

**3°** Pour connaître l'évolution du nombre approximatif de vélos du parc, le directeur utilise un tableur. Voici un extrait de sa feuille de calcul :

| | A | B | C | D | E |
|---|---|---|---|---|---|
| 1 | Valeur de $n$ | Valeur de $U_n$ | | Valeur de $n$ | Valeur de $U_n$ |
| 2 | 0 | 150 | | 18 | 199,10 |
| 3 | 1 | 160 | | 19 | 199,28 |
| 4 | 2 | 168 | | 20 | 199,42 |
| 5 | 3 | 174,4 | | 21 | 199,54 |
| 6 | 4 | 179,52 | | 22 | 199,63 |
| 7 | 5 | 183,62 | | 23 | 199,70 |

| | A | B | C | D | E |
|---|---|---|---|---|---|
| 8 | 6 | 186,89 | | 24 | 199,76 |
| 9 | 7 | 189,51 | | 25 | 199,81 |
| 10 | 8 | 191,61 | | 26 | 199,85 |
| 11 | 9 | 193,29 | | 27 | 199,88 |
| 12 | 10 | 194,63 | | 28 | 199,90 |
| 13 | 11 | 195,71 | | 29 | 199,92 |
| 14 | 12 | 196,56 | | 30 | 199,94 |

*a*) Quelle formule a-t-il pu écrire avant de la recopier vers le bas dans la cellule B3 ?
*b*) Conjecturer le sens de variation de la suite $(U_n)$.
*c*) Quelle semble être la limite de la suite $(U_n)$ ?

4° Pour tout nombre entier naturel $n$, on pose $V_n = U_n - 200$.
*a*) Prouver que la suite $(V_n)$ est géométrique de raison 0,8.
Déterminer son premier terme.
*b*) En déduire, pour tout nombre entier naturel $n$, l'expression de $V_n$ puis celle de $U_n$ en fonction du nombre entier $n$.
*c*) Déterminer la limite de la suite $(U_n)$.
*d*) Démontrer que, pour tout nombre entier naturel $n$, on a :

$$U_{n+1} - U_n = 10 \times 0{,}8^n.$$

*e*) En déduire le sens de variation de la suite $(U_n)$.

5° La municipalité prévoit d'implanter de nouvelles bornes dans la ville afin d'offrir aux usagers 250 emplacements.
La société *Vélibre* pourra-t-elle satisfaire cette demande ?

## CORRIGÉ COMMENTÉ

1° Chaque année, 20 % des vélos sont revendus ; il en reste donc 80 %, soit $0{,}8U_n$. De plus, 40 vélos neufs sont achetés ; le nombre de vélos l'année 2012+$n$+1 est donc donné par $U_{n+1} = 0{,}8U_n + 40$ pour tout nombre entier naturel $n$.
Le nombre initial de vélos est donné par $U_0 = 150$.

2° $U_{n+1} = 0{,}8U_n + 40$ et $U_0 = 150$ ; donc $U_1 = 0{,}8U_0 + 40 = 0{,}8 \times 150 + 40 = 160$.
De même, $U_2 = 0{,}8\ U_1 + 40 = 0{,}8 \times 160 + 40 = 168$.
Le nombre de vélos en 2013 sera de 160 et de 168 en 2014.

3° Utilisation du tableur
*a*) Le directeur a utilisé la relation de récurrence entre $U_{n+1}$ et $U_n$, et, adaptée au tableur, il a dû écrire dans la cellule B3 : « =0,8*B2+40 ».
*b*) La suite semble croissante.
*c*) Elle semble tendre vers 200.

4° On introduit une suite auxiliaire. On considère la suite $(V_n)$ définie pour tout entier naturel $n$ par $V_n = U_n - 200$.

*a*) Pour tout entier $n$ : $V_{n+1} = U_{n+1} - 200$
$= 0{,}8U_n + 40 - 200$
$= 0{,}8U_n - 160$
$= 0{,}8\,(U_n - 200) = 0{,}8\,V_n$.

Transformer l'écriture pour faire apparaître $V_n$ .

La suite $(V_n)$ est donc une suite géométrique de raison 0,8. $V_0 = U_0 - 200 = -50$.
*b*) $V_n = V_0 \times 0{,}8^n = -50 \times 0{,}8^n$.
On exprime $U_n$ en fonction de $n$ : pour tout entier naturel $n$, $U_n = 200 + V_n$, soit $U_n = 200 - 50 \times (0{,}8)^n$.
*c*) $0 < 0{,}8 < 1$, donc $0{,}8^n$ tend vers 0 et la suite $(U_n)$ converge vers 200.
Le nombre de vélos, si la situation n'évolue pas, tend à se stabiliser à 200 vélos.
*d*) $U_{n+1} - U_n = 200 - 50 \times (0{,}8)^{n+1} - [200 - 50 \times (0{,}8)^n]$
$= -50 \times (0{,}8)^{n+1} + 50 \times (0{,}8)^n$
$= (0{,}8)^n \times [-50 \times 0{,}8 + 50]$
$= 10 \times 0{,}8^n$.
*e*) $10 \times 0{,}8^n > 0$, donc $U_{n+1} - U_n > 0$ et la suite $(U_n)$ est croissante.

5° La suite $(U_n)$ étant croissante et convergeant vers 200, on en déduit que, pour tout entier $n$, $U_n < 200$ ; si la municipalité ne change pas son principe de remplacement des vélos, elle ne pourra donc pas disposer des 250 vélos pour les emplacements prévus.

## À RETENIR

• **Pour modéliser une suite arithmético-géométrique sous la forme $u_{n+1} = a \times u_n + b$, on doit déterminer $a$ et $b$.**
– $a$ est le coefficient multiplicateur souvent obtenu à partir d'un pourcentage d'augmentation ou de réduction.
Si le nombre d'objets augmente de 10 %, alors $a = 1 + \frac{10}{100} = 1{,}1$.
Si le nombre d'objets diminue de 20 %, alors $a = 1 - \frac{20}{100} = 0{,}8$.
– $b$ est le nombre fixe d'objets ajoutés ou supprimés que l'on retrouve dans l'énoncé par une phrase du type « chaque année, 40 vélos neufs sont achetés » qui indique que $b = +40$.

• **Pour montrer qu'une suite $(u_n)$ est géométrique, il faut exprimer $u_{n+1}$ en fonction de $u_n$ et obtenir une relation du type $u_{n+1} = q \times u_n$** où $q$ est la raison de la suite.
Il faut ensuite utiliser la formule $u_n = u_0 \times q^n$ pour exprimer $u_n$ en fonction de $n$.

• **Pour étudier la limite d'une suite géométrique, on s'intéresse à la valeur de la raison $q$.**
– Si $0 < q < 1$, alors $q^n$ tend vers 0 et $(u_n)$ aussi.
– Si $q > 1$, alors $q^n$ tend vers $+\infty$ et :
$(u_n)$ tend vers $+\infty$ si $u_0 > 0$ ; $(u_n)$ tend vers $-\infty$ si $u_0 < 0$.

**1** ★ **15 min**

Soit $(u_n)$ une suite géométrique de raison $q$. *(Les 4 questions sont indépendantes.)*

1° $u_0 = -3$ et $q = 2$. Exprimer $u_n$ en fonction de $n$.

2° $u_4 = 2$ et $q = 3$. Calculer $u_{10}$.

3° $u_{12} = -2$ et $u_{14} = -18$. Calculer $q$, puis en déduire $u_n$.

4° Calculer la somme $S = 1 + 2 + 4 + \ldots + 8\,192$.

→ Corrigé p. 37

**2** ★ **10 min**

*Les deux questions sont indépendantes.*

1° Démontrer que la suite $(u_n)$ définie sur $\mathbb{N}$ par $u_n = 5^{3n+1}$ est une suite géométrique.

2° Les quatre premiers termes de la suite $(u_n)$ ont été calculés ci-contre avec un tableur.
La suite $(u_n)$ peut-elle être une suite géométrique ?
On justifiera la réponse donnée.

→ Corrigé p. 37

| $n$ | $u_n$ |
|---|---|
| 0 | 161 |
| 1 | 104,6 |
| 2 | 70,76 |
| 3 | 50,456 |

**3** ★★ **10 min**

1° L'algorithme ci-contre a été écrit avec le logiciel AlgoBox.
Que calcule cet algorithme ?

```
VARIABLES
  n EST_DU_TYPE NOMBRE
  u EST_DU_TYPE NOMBRE
DEBUT_ALGORITHME
  n PREND_LA_VALEUR 0
  u PREND_LA_VALEUR 15000
  TANT_QUE (u>= 7500) FAIRE
    DEBUT_TANT_QUE
    u PREND_LA_VALEUR u*0.85
    n PREND_LA_VALEUR n+1
    FIN_TANT_QUE
  AFFICHER n
  AFFICHER u
FIN_ALGORITHME
```

2° Le prix d'un véhicule se déprécie de 15 % chaque année. Mathieu a acheté sa voiture 15 000 € en 2012 et souhaite la vendre avant qu'elle n'ait perdu la moitié de sa valeur initiale.

```
Résultats
***Algorithme lancé***
n=5
u5=6655.5797
***Algorithme terminé***
```

En s'aidant du résultat de l'algorithme, indiquer en quelle année il doit la vendre.

→ Corrigé p. 37

**4** ★★ 25 min

Le président d'un club de football, mécontent des résultats de son équipe, décide de diminuer le salaire d'un de ses joueurs de 10 % chaque mois à partir de janvier 2012. Son salaire initial (décembre 2011) est de 50 000 euros mensuels.

1° Quel sera son salaire en janvier 2012 ?

2° Écrire un algorithme permettant de déterminer le mois au cours duquel son salaire sera inférieur à 5 000 euros mensuels.

3° À l'aide d'un logiciel ou de la calculatrice, donner la réponse à la question 2°.

→ *Corrigé p. 37*

**5** ★★ 40 min

Une maladie est apparue en 2005 dans un pays. Le nombre de nouveaux cas augmente chaque année de 15 % par rapport à ceux de l'année précédente. Pour le moment, un seul médicament permet de traiter une partie des symptômes de cette maladie mais sans la guérir. Il y avait 300 cas recensés en 2005.

On note $u_0$ le nombre de cas en 2005, $n$ le nombre d'années écoulées depuis 2005 et $u_n$ le nombre de nouveaux cas en $2005+n$.

1° Justifier que $u_n$ est le terme général d'une suite géométrique de raison 1,15.

2° Justifier que le nombre de nouveaux cas en 2008, arrondi à l'unité, est de 456.

3° En quelle année peut-on estimer que le nombre de nouveaux cas va dépasser, pour la première fois, les 10 000 personnes ?

4° En 2015, à combien peut-on estimer le nombre total de personnes qui auront contracté la maladie depuis son apparition ? *(Arrondir à l'unité.)*

5° On souhaite regrouper ces informations dans la feuille automatisée de calcul reproduite ci-dessous.

| | A | B | C |
|---|---|---|---|
| 1 | année | nombre de nouveaux cas | nombre total de malades |
| 2 | 2005 | 300 | 300 |
| 3 | 2006 | 345 | |
| 4 | 2007 | 397 | |
| 5 | 2008 | | |
| 6 | 2009 | | |
| 7 | 2010 | | |
| 8 | 2011 | | |
| 9 | 2012 | | |
| 10 | 2013 | | |
| 11 | 2014 | | |
| 12 | 2015 | | |

Quelle formule peut-on entrer dans la cellule C3 et recopier vers le bas jusqu'à la cellule C12 pour calculer les nombres totaux annuels de malades jusqu'en 2015 ?

→ *Corrigé p. 39*

**6** ★ 10 min

1° Une forêt, exploitée depuis le premier janvier 2005, voit sa population d'arbres diminuer de 10 % chaque année. En supposant que la déforestation se poursuive à ce rythme, la population d'arbres aura diminué le premier janvier 2010 d'environ :

❑ 41 % ❑ 50 % ❑ 59 %

2° On définit la suite $(u_n)$ par $u_0 = 4$ et, pour tout entier naturel $n$, par $u_{n+1} = 0{,}4\, u_n + 1\,200$.
On définit la suite $(v_n)$ pour tout entier naturel $n$ par $v_n = u_n - 2\,000$. Alors :

❑ la suite $(v_n)$ est arithmétique.
❑ la suite $(v_n)$ est géométrique.
❑ la suite $(u_n)$ est géométrique.

→ Corrigé p. 39

**7** ★★ 35 min

Deux arbres sont plantés en même temps en 2004 : un chêne et un peuplier. Le chêne mesure 2 m et le peuplier 50 cm. La taille du chêne augmente de 50 cm par an, celle du peuplier de 20 % par an.
On note $u_n$ la hauteur du chêne en « 2004 + $n$ ». $u_0$ est la hauteur du chêne en 2004. On définit ainsi une suite $(u_n)$.
On note $v_n$ la hauteur du peuplier en « 2004 + $n$ ». $v_0$ est la hauteur du peuplier en 2004. On définit ainsi une suite $(v_n)$.

1° Compléter le tableau ci-dessous.

| | | | | |
|---|---|---|---|---|
| **Année** | 2004 + $n$ | 2004 | 2005 | 2006 |
| **Rang de l'année** | $n$ | 0 | 1 | 2 |
| **Hauteur du chêne (en m)** | $u_n$ | 2 | | |
| **Hauteur du peuplier (en m)** | $v_n$ | 0,5 | | |

2° Quelle est la nature de la suite $(u_n)$ ? Justifier et exprimer $u_n$ en fonction de $n$.

3° Le propriétaire doit élaguer son chêne lorsqu'il dépasse les 20 m.
En quelle année doit-il faire l'élagage ?

4° Quelle est la nature de la suite $(v_n)$ ? Exprimer $v_n$ en fonction de $n$.

5° Quelle sera la taille du peuplier en 2024 ? (*Arrondir au décimètre.*)

6° En quelle année le peuplier dépassera-t-il le chêne ?

→ Corrigé p. 40

**8** ★★ 30 min

Soit $(u_n)$ la suite définie par $u_0 = 1$ et $u_{n+1} = 2u_n + 5$, $n$ étant un entier naturel.

**1°** Calculer les trois premiers termes de cette suite.

**2°** Représenter graphiquement cette suite en utilisant les droites d'équations :

$$y = x \quad \text{et} \quad y = 2x + 5.$$

**3°** On introduit la suite $(v_n)$ définie pour $n \in \mathbb{N}$ par $v_n = u_n + 5$.
Montrer que cette suite est géométrique.

**4°** En déduire son expression en fonction de $n$ puis celle de la suite $(u_n)$.

**5°** En déduire le sens de variation de la suite $(u_n)$ ainsi que sa limite.

➔ *Corrigé p. 40*

**9** ★★ **35 min**

Germaine est une retraitée de 60 ans en 2006. Le montant de sa retraite s'élève à 750 € net par mois. Ce montant augmente chaque année de 2 %. Germaine a trouvé un petit appartement dont le loyer lui revient à 250 € par mois. Ce loyer augmente de 15 € tous les ans.

**1°** On note $u_n$ le montant mensuel de son loyer lors de l'année 2006 + $n$.
On a ainsi $u_0 = 250$.
*a*) Justifier la nature de la suite $(u_n)$ ainsi définie.
*b*) Exprimer $u_n$ en fonction de $n$ et en déduire le montant mensuel du loyer en 2020.

**2°** On note $v_n$ le montant mensuel de sa retraite lors de l'année 2006 + $n$.
On a ainsi $v_0 = 750$.
*a*) Calculer $v_1$.
*b*) Justifier la nature de la suite $(v_n)$ ainsi définie.
*c*) Exprimer $v_n$ en fonction de $n$ puis calculer le montant mensuel de sa retraite en 2020. *(Arrondir à l'euro.)*

**3°** Germaine estime qu'elle aura des difficultés à payer son loyer quand celui-ci représentera plus de 40 % de sa retraite.
Elle simule sur tableur à la fois l'évolution de son loyer et de sa retraite et calcule 40 % du montant de sa retraite.
Quelles formules a-t-elle écrites dans les cellules E3 et F3 pour sa simulation ?

| | A | B | C | D | E | F |
|---|---|---|---|---|---|---|
| 1 | $n$ | année | âge de Germaine | $u_n$ | $v_n$ | 40 % de $v_n$ |
| 2 | 0 | 2006 | 60 | 250 € | 750,00 € | 300,00 € |
| 3 | 1 | 2007 | 61 | 265 € | 765,00 € | 306,00 € |
| 4 | 2 | 2008 | 62 | 280 € | 780,30 € | 312,12 € |
| 5 | 3 | 2009 | 63 | 295 € | 795,91 € | 318,36 € |
| 6 | 4 | 2010 | 64 | 310 € | 811,82 € | 324,73 € |
| 7 | 5 | 2011 | 65 | 325 € | 828,06 € | 331,22 € |
| 8 | 6 | 2012 | 66 | 340 € | 844,62 € | 337,85 € |
| 9 | 7 | 2013 | 67 | 355 € | 861,51 € | 344,61 € |
| 10 | 8 | 2014 | 68 | 370 € | 878,74 € | 351,50 € |
| 11 | 9 | 2015 | 69 | 385 € | 896,32 € | 358,53 € |
| 12 | 10 | 2016 | 70 | 400 € | 914,25 € | 365,70 € |
| 13 | 11 | 2017 | 71 | 415 € | 932,53 € | 373,01 € |
| 14 | 12 | 2018 | 72 | 430 € | 951,18 € | 380,47 € |
| 15 | 13 | 2019 | 73 | 445 € | 970,20 € | 388,08 € |

**4°** En s'aidant du tableau, déterminer à partir de quel âge Germaine aura des difficultés pour payer son loyer ?

→ *Corrigé p. 41*

**10** ★★ **30 min**

*Pour chacune des questions, une seule des réponses proposées (a, b, c ou d) est correcte.*

On injecte 10 cm³ d'un médicament $M_1$ à un malade. Ce dernier élimine petit à petit le médicament. On mesure chaque heure la quantité de produit actif restant dans son organisme.

On recommence ensuite l'expérience avec un autre médicament $M_2$.

On note $u_n$ la quantité de médicament $M_1$ restant dans l'organisme après $n$ heures, et $v_n$ la quantité de médicament $M_2$ restant dans l'organisme après $n$ heures.

Les suites $(u_n)$ et $(v_n)$ sont représentées ci-dessous.

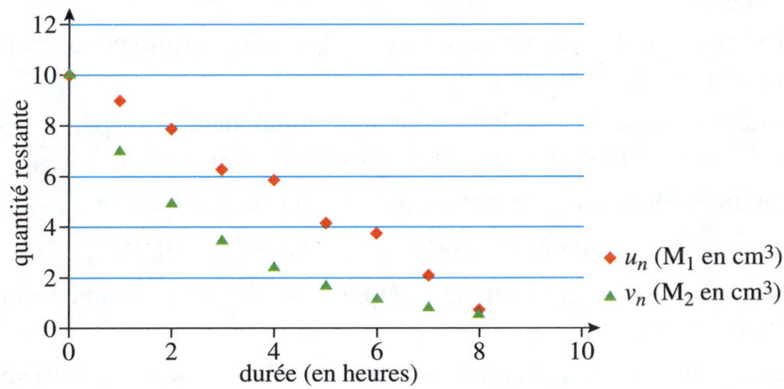


**1°** Le médicament $M_1$ n'est efficace que s'il en reste au moins 2 cm³ dans l'organisme ; sinon il faut procéder à une seconde injection.

Un malade ayant reçu le médicament $M_1$ nécessite une seconde injection au bout de :

*a)* 4 h 30 *b)* 7 h 15 *c)* 8 h *d)* 5 h

**2°** Les premières valeurs de $v_n$ apparaissent dans la feuille de calcul ci-après.

| | A | B | C | D | E | F | G | H | I | J |
|---|---|---|---|---|---|---|---|---|---|---|
| 1 | *n (en heures)* | 0 | 1 | 2 | 3 | 4 | 5 | 6 | 7 | 8 |
| 2 | $V_n$ (en cm³) | 10 | 7 | 4,9 | 3,43 | 2,4 | 1,68 | 1,18 | 0,83 | 0,58 |
| 3 | variation en cm³ | | -3,00 | -2,10 | -1,47 | -1,03 | -0,72 | -0,50 | -0,35 | -0,25 |
| 4 | variation en % | | -30 | -30 | -30 | -30 | -30 | -30 | -30 | -30 |

La formule qu'il a fallu insérer en C4 pour pouvoir ensuite compléter la ligne 4 en recopiant la formule vers la droite est :

*a)* = (7–10)/10*100 *b)* = (B2–C2)/C2*100

*c)* = C3*100/B2 *d)* = C3*100/$B$2

**3°** La feuille de calcul montre que la quantité de médicament $M_2$ présente dans l'organisme baisse de 30 % chaque heure. On peut en déduire que la suite $(v_n)$ est :

*a)* une suite arithmétique de raison – 30.

*b)* une suite géométrique de raison 1,30.

*c*) une suite géométrique de raison 0,70.

*d*) une suite arithmétique de raison $-\dfrac{30}{100}$.

4° Si l'on suppose que la quantité de médicament $M_2$ présente dans l'organisme continue de baisser au même rythme, elle sera en dessous de 0,2 $cm^3$ :

*a*) au bout de 17 heures. *b*) au bout de 12 heures et 55 minutes.

*c*) au bout de 11 heures. *d*) jamais.

→ Corrigé p. 41

**11** ★★★ **45 min**

On reprend le texte de l'exemple du cours sur les suites arithmético-géométriques (p. 23) et, à partir des résultats obtenus :

1° On considère la suite $(v_n)$ définie, pour tout entier naturel $n$, par $v_n = 60 - u_n$. Montrer que la suite $(v_n)$ est une suite géométrique de raison 0,95.

2° Calculer $v_0$ puis déterminer l'expression de $v_n$ en fonction de $n$.

3° Démontrer que, pour tout entier naturel $n$, $u_n = 60 - 10 \times (0{,}95)^n$.

4° Déterminer le nombre d'arbres de la forêt en 2015. On donnera une valeur approchée arrondie à l'unité.

5° Vérifier que, pour tout entier naturel $n$, on a l'égalité $u_{n+1} - u_n = 0{,}5 \times (0{,}95)^n$. En déduire la monotonie de la suite.

6° Déterminer l'année à partir de laquelle le nombre d'arbres de la forêt aura dépassé de 10 % le nombre d'arbres de la forêt en 2010.

7° Déterminer la limite de la suite $(u_n)$. Interpréter.

→ Corrigé p. 42

**1** → Énoncé p. 30 1° $u_n = u_0 \times q^n = -3 \times 2^n$.

$U_n = q^{n-k} \times U_k$.

2° $u_{10} = u_4 \times q^{10-4} = 2 \times 3^6 = 2 \times 729 = 1\,458$.

3° $u_{14} = u_{12} \times q^2 \Leftrightarrow -18 = -2 \times q^2 \Leftrightarrow q^2 = 9 \Leftrightarrow q = 3$ ou $q = -3$.
Par définition de la raison d'une suite géometrique $q > 0$, donc $q = 3$.

• $u_n = u_{12} \times q^{n-12} = -2 \times 3^{n-12} = \dfrac{-2 \times 3^n}{3^{12}} = \dfrac{-2 \times 3^n}{531\,441}$.

4° $S = 2^0 + 2^1 + 2^2 + \ldots + 2^{13}$. On reconnaît la somme des 14 premiers termes d'une suite géométrique de raison 2. En appliquant la formule, on obtient :

$$S = \frac{1-2^{14}}{1-2} = \frac{1-16\,384}{-1} = 16\,383.$$

**2** → Énoncé p. 30 1° $\dfrac{u_{n+1}}{u_n} = \dfrac{5^{3(n+1)+1}}{5^{3n+1}} = \dfrac{5^{3n+4}}{5^{3n+1}} = 5^{3n+4-(3n+1)} = 5^3 = 125.$

Pour montrer qu'une suite est géométrique, on calcule pour tout $n$ : $\dfrac{U_{n+1}}{U_n}$.

La suite $(u_n)$ est donc une suite géométrique de raison 125.

2° $\dfrac{u_1}{u_0} = \dfrac{104{,}6}{161} \approx 0{,}649\,7$ et $\dfrac{u_2}{u_1} = \dfrac{70{,}76}{104{,}6} \approx 0{,}676\,5$ donc $\dfrac{u_1}{u_0} \neq \dfrac{u_2}{u_1}$.

Les nombres $u_0$, $u_1$ et $u_2$ ne suivent donc pas une progression géométrique.

**3** → Énoncé p. 30 1° L'algorithme calcule les termes successifs d'une suite géométrique de raison 0,85, puisque « *u* prend_la_valeur *u**0,85 », et de premier terme 15 000, puisque « *u* prend_la_valeur 15 000 » en initialisation. L'algorithme s'arrête dès que la valeur de *u* est inférieure à 7 500.

2° Chaque année, le prix du véhicule se déprécie de 15 % ; il est donc multiplié par 0,85. La valeur initiale est de 15 000 € et Mathieu souhaite la vendre avant que son prix soit inférieur à 7 500 €. On se retrouve dans le champ d'application de l'algorithme précédent qui s'arrête après le calcul du 5e terme.
C'est donc en 2017 que le véhicule aura une valeur marchande inférieure à la moitié de sa valeur initiale.
De ce fait, Mathieu devra vendre sa voiture en 2016.

**4** → Énoncé p. 31 1° Le salaire est multiplié par $\left(1 - \dfrac{10}{100}\right)$, soit par 0,9 ; $50\,000 \times 0{,}9 = 45\,000$.

Enlever $t$ % à un nombre $N$, c'est multiplier $N$ par $1 - \dfrac{t}{100}$.

Le salaire de janvier 2012 sera de 45 000 €.

2° Soit $n$ l'entier naturel correspondant au rang du mois et $u_n$ le réel correspondant au salaire au mois $n$. L'algorithme doit calculer le rang du mois au cours duquel le salaire sera inférieur à 5 000 €. On peut donc faire calculer les salaires successifs jusqu'à obtenir un salaire inférieur à 5 000 €.
Le salaire est diminué de 10 % chaque mois ; il suit donc une progression géométrique de premier terme 50 000 et de raison 0,9.

| | **commentaires** |
|---|---|
| **Variables** | |
| $n$ et $u_n$ sont les deux variables à déclarer. | |
| **Début de l'algorithme** | |
| ***Initialisation*** | |
| $n$ est initialisé à 0 | |
| $u_n$ est initialisé à $u_0 = 50\,000$ | |
| ***Calcul*** | |
| Tant que $u_n > 5\,000$ | *test à chaque itération de la valeur de $u_n$* |
| $u_n$ reçoit la valeur $u_n \times 0,9$ | *calcul de $u_{n+1} = u_n \times 0,9$* |
| $n$ reçoit la valeur $n$+1 | *$n$ a un rôle de compteur et augmente tant que la réponse au test est oui* |
| ***Résultat*** | |
| Faire afficher la valeur de $n$. | *c'est le résultat du rang du mois avec premier salaire inférieur à 5 000 €* |
| Faire afficher la valeur de $u_n$. | *salaire obtenu* |
| **Fin de l'algorithme** | |

L'algorithme écrit avec le logiciel AlgoBox :

```
Code de l'algorithme
▾ VARIABLES
      n EST_DU_TYPE NOMBRE
      u EST_DU_TYPE NOMBRE
▾ DEBUT_ALGORITHME
      n PREND_LA_VALEUR 0
      u PREND_LA_VALEUR 50000
  ▾   TANT_QUE (u>5000) FAIRE
        DEBUT_TANT_QUE
        u PREND_LA_VALEUR u*0.9
        n PREND_LA_VALEUR n+1
        FIN_TANT_QUE
      AFFICHER "u"
      AFFICHER n
      AFFICHER "="
      AFFICHER u
  FIN_ALGORITHME
```

```
Résultats
***Algorithme lancé***
u22=4923.8545
***Algorithme terminé***
```

3° AlgoBox donne $u_{22} < 5\,000$.
L'indice 0 correspondant à décembre 2011 et l'indice 1 à janvier 2012, c'est en octobre 2012 que le salaire sera inférieur à 5 000 € pour la première fois.

**5** → Énoncé p. 31 1° Chaque année, le nombre de cas est multiplié par $1 + \frac{15}{100} = 1{,}15$.

> Ajouter $t$ % à un nombre $N$, c'est multiplier $N$ par $1 + \frac{t}{100}$.

On a donc $u_{n+1} = u_n \times 1{,}15$. La suite $(u_n)$ est donc une suite géométrique de raison 1,15 et de premier terme $u_0 = 300$.

2° On en déduit que $u_n = u_0 \times q^n = 300 \times 1{,}15^n$. En 2008, qui correspond à $n = 3$, $u_3 = 300 \times 1{,}15^3 \approx 456{,}2$. Il y aura 456 cas à l'unité près.

3° Il faut résoudre l'inéquation d'inconnue $n$ :

$$u_n > 10\,000 \text{ ou } 300 \times 1{,}15^n > 10\,000, \text{ soit } 1{,}15^n > \frac{100}{3}.$$

La fonction logarithme népérien étant croissante :

$$u_n > 10\,000 \Leftrightarrow \ln(1{,}15^n) = n \ln(1{,}15) > \ln\left(\frac{100}{3}\right)$$

$$\Leftrightarrow n > \frac{\ln\left(\frac{100}{3}\right)}{\ln(1{,}15)} \quad \text{car } \ln(1{,}15) > 0.$$

$\dfrac{\ln\left(\frac{100}{3}\right)}{\ln(1{,}15)} \approx 25{,}09$, donc 26 arrondi à l'unité (année) supérieure.

Le nombre de nouveaux cas va dépasser pour la première fois les 10 000 personnes en 2031 (2005 + 26).

4° 2015 correspond à $n = 10$ ; donc, d'après la formule de la somme des termes d'une suite géométrique, le nombre total de personnes ayant contracté la maladie depuis son apparition est égal à $300 \times \frac{1 - 1{,}15^{11}}{1 - 1{,}15} \approx 7\,304{,}8$.

> $S = 1^{\text{er}} \text{ terme} \times \dfrac{1-q^{\text{nombre de termes}}}{1-q}$.

Donc, environ 7 305 personnes au total auront contracté la maladie depuis son apparition.

5° La formule à écrire et à copier dans la cellule C3 est « =C2+B3 ».

**6** → Énoncé p. 32 1° Le nombre d'arbres diminue chaque année de 10 % ; la population est donc multipliée par 0,9 chaque année. Elle suit donc une progression géométrique de raison 0,9.

Au 1er janvier 2010, la population initiale aura été multipliée par $0{,}9^5$, soit par 0,590 49. Il restera alors environ 59 % de la population initiale ; 41 % des arbres auront donc disparu.

2° $v_{n+1} = u_{n+1} - 2\,000 = 0{,}4\,u_n + 1\,200 - 2\,000 = 0{,}4\,u_n - 800$

$$= 0{,}4\left(u_n - \frac{800}{0{,}4}\right) = 0{,}4\,(u_n - 2\,000) = 0{,}4\,v_n.$$

La suite $(v_n)$ est donc géométrique de raison 0,4.

**7** → *Énoncé p. 32* 1°

| Année | 2004 + *n* | 2004 | 2005 | 2006 |
|---|---|---|---|---|
| **Rang de l'année** | $n$ | 0 | 1 | 2 |
| **Hauteur du chêne (en m)** | $u_n$ | 2 | 2,5 | 3 |
| **Hauteur du peuplier (en m)** | $v_n$ | 0,5 | 0,6 | 0,72 |

$U_n = U_0 + n \times r.$

2° Chaque année, le chêne grandit de 0,5 $m$ ; donc sa hauteur $u_n$ vérifie $u_{n+1} = u_n + 0{,}5$. La suite $(u_n)$ est donc une suite arithmétique de raison 0,5 et de premier terme 2. On a $u_n = u_0 + 0{,}5n = 2 + 0{,}5n$.

3° On cherche $n$ tel que $u_n > 20$, qui équivaut à $2 + 0{,}5n > 20$, qui équivaut à $n > 36$. C'est donc pour $n = 37$, soit en 2041, qu'il devra élaguer son chêne.

$V_n = q^n V_0.$

4° Une augmentation de 20 % d'une quantité revient à multiplier cette quantité par 1,20. Donc, chaque année, la taille du peuplier est multipliée par 1,2 et sa hauteur vérifie $v_{n+1} = v_n \times 1{,}2$.
La suite $(v_n)$ est une suite géométrique de raison 1,2 et de premier terme 0,5.
On a $v_n = v_0 \times 1{,}2^n = 0{,}5 \times 1{,}2^n$.

5° L'année 2024 correspond à $n = 20$, $v_{20} = 0{,}5 \times 1{,}2^{20} \approx 19{,}2$ m (arrondi à 0,1 près).

6° On cherche $n$ tel que $v_n > u_n$ qui équivaut à $0{,}5 \times 1{,}2^n > 2 + 0{,}5n$.
Le calcul (avec la calculatrice) des termes des deux suites permet de répondre à la question : on a $v_{16} < u_{16}$ et $v_{17} > u_{17}$.
C'est donc pour $n = 17$, soit en 2021, que le peuplier dépassera le chêne.
*Résolution à l'aide de la calculatrice :*
• Entrer les deux fonctions $f(x) = 0{,}5 \times 1{,}2^x$ et $g(x) = 2 + 0{,}5x$. (Il n'est pas nécessaire de passer en mode suites.)
• Faire afficher le tableau de valeurs par pas de 1 en prenant comme valeur de départ 0.

**8** → *Énoncé p. 33* 1° $u_1 = 7$ ; $u_2 = 19$ ; $u_3 = 43$.

2° Graphique ci-contre.

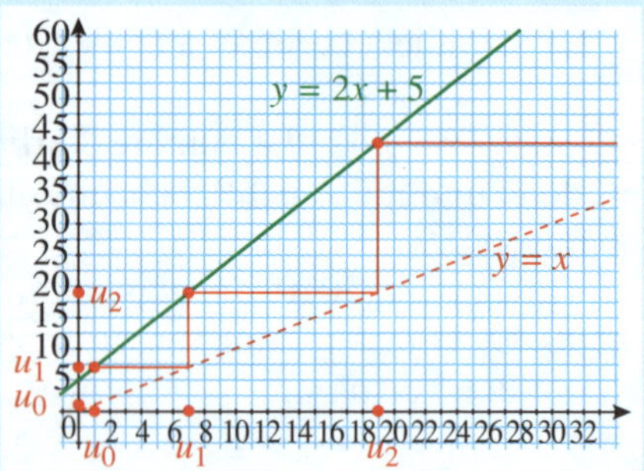


3° $v_{n+1} = u_{n+1} + 5 = (2u_n + 5) + 5$
$v_{n+1} = 2u_n + 10 = 2(u_n + 5) = 2v_n$.
**La suite $(v_n)$ est donc une suite géométrique de raison 2.**

4° $v_n = v_0 \times 2^n = 6 \times 2^n$. $\mathbf{u_n = 6 \times 2^n - 5}$.

5° $u_{n+1} - u_n = 6 \times 2^{n+1} - 5 - (6 \times 2^n - 5)$
$u_{n+1} - u_n = 6(2^{n+1} - 2^n) = 6 \times 2^n(2 - 1)$
$u_{n+1} - u_n = 6 \times 2^n$
$6 \times 2^n > 0$ donc **la suite $(u_n)$ est strictement croissante**.

$2 > 1$ donc $\lim\limits_{n \to +\infty} 2^n = +\infty$ et $\lim\limits_{n \to +\infty} (6 \times 2^n - 5) = +\infty$.

Donc **la suite $(u_n)$ a pour limite $+\infty$.**

$\lim\limits_{n \to +\infty} q^n = +\infty$ lorsque $q > 1$.

**9** → *Énoncé p. 34* 1° *a)* La suite $(u_n)$ est arithmétique de raison $r = 15$ car on passe d'un terme au suivant en ajoutant le même nombre : 15.

*b)* $u_n = u_0 + nr = 250 + 15n$.
2020 correspond à $n = 14$ et $u_{14} = 250 + 14 \times 15 = 250 + 210 = 460$.
En 2020, le loyer sera de 460 €.

2° *a)* Ajouter 2 %, c'est multiplier par 1,02 ; donc $v_1 = 750 \times 1{,}02 = 765$.

*b)* La suite $(v_n)$ est géométrique de raison 1,02 car on passe d'un terme au suivant en multipliant par le même nombre 1,02.

*c)* $v_n = q^n \times v_0 = 1{,}02^n \times 750$, d'où $v_{14} = 1{,}02^{14} \times 750 \approx 990$.
En 2020, le montant mensuel de la retraite sera de 990 €.

3° Dans la cellule E3, elle doit écrire « =E2*1,02 » et, dans la cellule F3, elle doit écrire « =E3*0,4 ».

Une formule est toujours précédée du symbole =.

4° D'après le tableau, on a $u_6 = 340$ ; $v_6 \approx 844$ et 40 % de $v_6 \approx 338 < u_6 = 340$.
Par contre, $u_5 = 325$ ; $v_5 \approx 828$ et 40% de $v_5 \approx 331 > u_5 = 325$.
C'est donc au bout de 6 ans que Germaine aura des difficultés à payer son loyer ; elle aura alors 66 ans.

**10** → *Énoncé p. 35* **Réponses** : 1° *b*. 2° *c*. 3° *c*. 4° *c*.

1° 7 h après l'injection, il reste à peine 2 cm³ de produit ; une 2ᵉ injection est donc nécessaire au bout de 7 h 15. Le graphique indique qu'au bout de 8 h, il reste moins de 1 cm³ de produit ; il n'est donc plus efficace.

2° Une variation en % se calcule par la formule :
$$\frac{v_f - v_i}{v_i} \times 100 = \frac{\text{C2} - \text{B2}}{\text{B2}} \times 100 = \frac{\text{C3}}{\text{B2}} \times 100.$$
La différence entre la valeur finale C2 et la valeur initiale B2 est calculée à la ligne 3, dans la cellule C3.

taux de variation = $\dfrac{\text{valeur finale} - \text{valeur initiale}}{\text{valeur initiale}} \times 100.$

3° Une baisse de 30 % signifie que chaque heure la quantité de médicament $M_2$ est multipliée par $\left(1 - \dfrac{30}{100}\right)$, soit 0,7. Elle suit donc une progression géométrique de raison 0,7.

4° On cherche $n$ tel que $10 \times 0{,}7^n < 0{,}2$ .

$$10 \times 0{,}7^n < 0{,}2 \Leftrightarrow 0{,}7^n < 0{,}02 \Leftrightarrow n \times \ln(0{,}7) < \ln(0{,}02) \Leftrightarrow n > \frac{\ln(0{,}02)}{\ln(0{,}7)}$$

car $\ln(0{,}7) < 0$ et $\dfrac{\ln(0{,}02)}{\ln(0{,}7)} \approx 10{,}97$.

C'est donc au bout de 11 h que la quantité de médicament sera inférieure à 0,2 cm³.

**11** → Énoncé p. 36 1° Pour tout entier $n$, on a :

$$v_{n+1} = 60 - u_{n+1} = 60 - (0{,}95u_n + 3) = -0{,}95u_n + 57 = 0{,}95\left(-u_n + \frac{57}{0{,}95}\right)$$
$$= 0{,}95\,(60 - u_n) = 0{,}95\,v_n.$$

La suite $(v_n)$ est donc une suite géométrique de raison 0,95.

2° $v_0 = 60 - u_0 = 10$ et $v_n = v_0 \times 0{,}95^n = 10 \times 0{,}95^n$.

3° Pour tout entier naturel $n$, on a :

$$u_n = 60 - v_n = 60 - 10 \times (0{,}95)^n.$$

> $v_n = 60 - u_n \Leftrightarrow u_n = 60 - v_n$.

4° $u_5 = 60 - 10 \times (0{,}95)^5 \approx 52{,}262$.

Le nombre d'arbres de la forêt en 2015 sera donc approximativement de 52 262.

5° Pour tout entier naturel $n$ :

$$u_{n+1} - u_n = 60 - 10 \times (0{,}95)^{n+1} - (60 - 10 \times (0{,}95)^n)$$
$$= -10 \times (0{,}95)^{n+1} + 10 \times (0{,}95)^n = 10 \times [-(0{,}95)^{n+1} + (0{,}95)^n]$$
$$= 10 \times (0{,}95)^n \times [-0{,}95 + 1] = 0{,}5 \times (0{,}95)^n.$$

Pour tout entier naturel $n$, $0{,}5 \times (0{,}95)^n > 0$ ; donc $u_{n+1} - u_n > 0$.

La suite $(u_n)$ est donc croissante.

6° $50 + \dfrac{10}{100} \times 50 = 55$.

> Pour résoudre l'équation $0{,}95^n < 0{,}5$, on peut utiliser la calculatrice et la méthode de balayage.

On cherche alors $n$ tel que $u_n > 55$.

$u_n > 55 \Leftrightarrow 60 - 10 \times 0{,}95^n > 55$

$\Leftrightarrow -10 \times 0{,}95^n > -5 \Leftrightarrow 0{,}95^n < 0{,}5$

$u_n > 55 \Leftrightarrow \ln(0{,}95^n) < \ln(0{,}5)$

car la fonction ln est strictement croissante sur $]0\,;+\infty[$

$u_n > 55 \Leftrightarrow n\ln(0{,}95) < \ln(0{,}5)$ car, si $a > 0$ et $n$ entier, $\ln(a^n) = n \times \ln(a)$

$u_n > 55 \Leftrightarrow n > \dfrac{\ln(0{,}5)}{\ln(0{,}95)}$ car $\ln(0{,}95) < 0$

$\dfrac{\ln(0{,}5)}{\ln(0{,}95)} \approx 13{,}5$ ; donc c'est pour $n = 14$, soit en 2024, que le nombre d'arbres de la forêt aura dépassé de 10 % le nombre d'arbres de la forêt en 2010.

7° $0 < 0{,}95 < 1$ ; donc $\lim\limits_{n \to +\infty} 0{,}95^n = 0$ et $\lim\limits_{n \to +\infty} -10 \times 0{,}95^n = 0$.

La limite de la suite $(u_n)$ est donc égale à 60.

Le nombre d'arbres de la forêt tend vers 60 000 mais ne dépassera pas ce nombre.

CHAPITRE

# 2 Fonctions

## 1 Dérivation

■ Une fonction $f$ est dérivable en un réel $a$ de son ensemble de définition si le quotient $\frac{f(a+h)-f(a)}{h}$ admet une limite finie (un nombre réel) quand $h$ tend vers 0.

Cette limite, quand elle existe, se note $f'(a)$ et s'appelle **nombre dérivé** de $f$ en $a$.

### A. Tangente à une courbe

■ Soit $f$ une fonction dérivable en une valeur $a$ et $A$ le point de la courbe $\mathscr{C}_f$ d'abscisse $a$, alors la courbe $\mathscr{C}_f$ admet au point $A$ une tangente ayant pour **coefficient directeur le nombre $f'(a)$**.

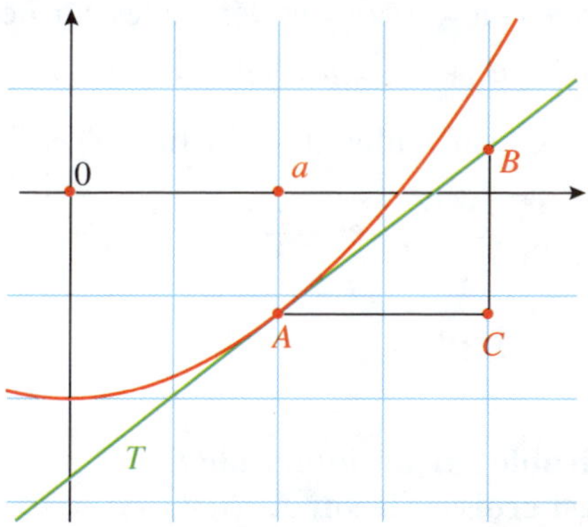


■ Une équation de la tangente en $A$ est donnée par $y = f'(a) \times (x - a) + f(a)$.

Donc $f'(a) = \frac{y_B - y_A}{x_B - x_A}$.

■ En particulier si $f'(a) = 0$, alors la courbe $\mathscr{C}_f$ admet une tangente parallèle à l'axe des abscisses au point $A$ d'abscisse $a$ et réciproquement si la courbe $\mathscr{C}_f$ admet une tangente parallèle à l'axe des abscisses au point $A$ d'abscisse $a$, alors $f'(a) = 0$.

### B. Fonction dérivée

■ Soit $f$ une fonction dérivable sur un intervalle $I$. La fonction, notée $f'$, qui à tout réel $x$ de $I$ associe son nombre dérivé $f'(x)$ est appelée **fonction dérivée** de $f$.

*Dérivées des fonctions usuelles*

| Fonction $f$ | Dérivée $f'$ | Intervalle de validité |
|---|---|---|
| $f(x) = k$ où $k \in \mathbb{R}$ | $f'(x) = 0$ | $\mathbb{R}$ |
| $f(x) = x$ | $f'(x) = 1$ | $\mathbb{R}$ |
| $f(x) = ax + b$ où $a, b \in \mathbb{R}$ | $f'(x) = a$ | $\mathbb{R}$ |
| $f(x) = x^n$ avec $n \geqslant 2$ | $f'(x) = nx^{n-1}$ | $\mathbb{R}$ |
| $f(x) = \frac{1}{x}$ | $f'(x) = -\frac{1}{x^2}$ | $]-\infty ; 0[$ ou $]0 ; +\infty[$ |
| $f(x) = \sqrt{x}$ | $f'(x) = \frac{1}{2\sqrt{x}}$ | $]0 ; +\infty[$ |

## C. Opérations sur les fonctions dérivées

*Théorème*

■ Soient $u$ et $v$ deux fonctions dérivables sur un intervalle $I$. $k$ est un nombre réel. Alors les fonctions $k\,u$, $u + v$, $u \times v$, $u^2$ sont dérivables sur $I$ et :

$$(ku)' = ku' \ ; \quad (u+v)' = u' + v' \ ; \quad (u \times v)' = u' \times v + u \times v' \ ; \quad (u^2)' = 2uu'$$

Si, de plus, $v$ ne s'annule pas sur $I$, alors les fonctions $\frac{1}{v}$ et $\frac{u}{v}$ sont dérivables sur $I$ et l'on a :

$$\left(\frac{1}{v}\right)' = -\frac{v'}{v^2} \quad \text{et} \quad \left(\frac{u}{v}\right)' = \frac{u'v - uv'}{v^2}.$$

## D. Dérivée et sens de variation

*Théorème*

**$f$ est une fonction dérivable sur un intervalle $I$.**
**• $f'(x) \geqslant 0$ sur $I \Leftrightarrow f$ est croissante sur $I$.**
**• $f'(x) \leqslant 0$ sur $I \Leftrightarrow f$ est décroissante sur $I$.**
**• $f'(x) = 0$ sur $I \Leftrightarrow f$ est constante sur $I$.**

*Remarques*

• Si $f'(x) > 0$ (ou ne s'annule qu'en un nombre fini de points) sur $I$, alors $f$ est strictement croissante sur $I$.

• Si $f'(x) < 0$ (ou ne s'annule qu'en un nombre fini de points) sur $I$, alors $f$ est strictement décroissante sur $I$.

*Théorème*

$f$ est une fonction dérivable sur un intervalle $I = ]a\ ;\ b[$. Soit $c \in I$.
Si $f$ admet un extremum en $c \in I$, alors $f'(c) = 0$.
Si la dérivée $f'$ de $f$ s'annule en changeant de signe en $c \in I$, alors $f$ admet un extremum en $c$.

***Remarque :*** Le théorème ne s'applique pas aux bornes $a$ et $b$ de $I$.

## 2 Continuité

### A. Définition

■ Une fonction $f$ est une fonction **continue sur un intervalle *I*** si elle est définie sur cet intervalle et si sa courbe représentative se trace d'un trait continu sans lever le crayon.

*Illustrations graphiques*

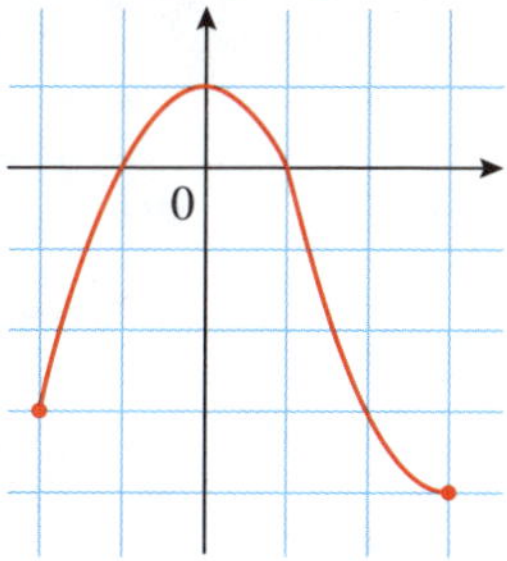


La fonction $f$ est continue sur $[-2\ ;\ 3]$.

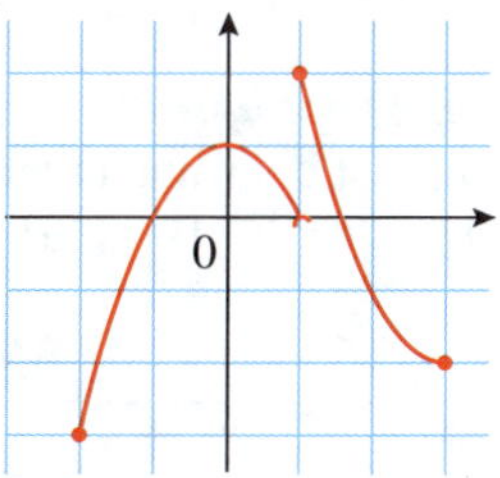


La fonction $g$ est discontinue en $x = 1$.

■ Les fonctions de référence $x \mapsto x^2$, $x \mapsto x^3$, $x \mapsto \sqrt{x}$ et $x \mapsto \dfrac{1}{\sqrt{x}}$ sont continues sur chaque intervalle de leur domaine de définition.

■ **Les fonctions dérivables sur un intervalle *I* sont continues sur cet intervalle *I*.** En particulier, les fonctions polynômes, rationnelles et irrationnelles sont continues sur chaque intervalle de leur ensemble de définition.

### B. Convention graphique

■ Les flèches obliques d'un tableau de variation indiquent à la fois la continuité et la stricte monotonie de la fonction dans l'intervalle considéré.

***Exemple***

| $x$ | $-5$ | $1$ | $3$ |
|---|---|---|---|
| $f(x)$ | $2$ ↘ | $-4$ | ↗ $10$ |

Par convention : la fonction $f$ est continue et strictement décroissante sur l'intervalle $[-5\ ;\ 1]$ ;
la fonction $f$ est continue est strictement croissante sur l'intervalle $[1\ ;\ 3]$.

## C. Théorème des valeurs intermédiaires et son corollaire

$f$ est une fonction **continue** sur un intervalle $[a\ ;\ b]$.
Pour tout réel $k$ compris entre $f(a)$ et $f(b)$, l'équation $f(x) = k$ possède **au moins une solution** dans l'intervalle $[a\ ;\ b]$.
De plus, si $f$ est une fonction **strictement monotone**, alors l'équation $f(x) = k$ possède une **unique** solution dans l'intervalle $[a\ ;\ b]$.

***Illustrations graphiques***
La fonction $f$ est continue et strictement décroissante sur $[-2\ ;\ 1]$ et $f(x) \in [-1\ ;\ 3]$.

| $x$ | $-2$ | $a$ | $1$ |
|---|---|---|---|
| $f(x)$ | $3$ ↘ | $2$ | ↘ $-1$ |

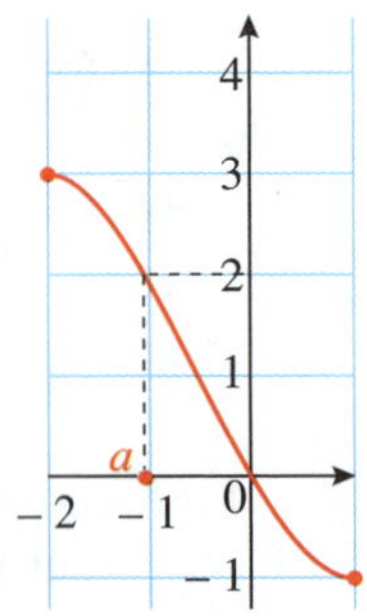


■ On peut donc affirmer, d'après le tableau de variation et le théorème des valeurs intermédiaires, que :
- l'équation $f(x) = 2$ a une unique solution notée $a$ dans $[-2\ ;\ 1]$ ;
- l'équation $f(x) = 4$ n'a pas de solution dans $[-2\ ;\ 1]$ car 4 n'est pas compris entre $-1 = f(1)$ et $3 = f(-2)$.

***Remarque :*** En aucun cas le théorème ne donne les solutions de l'équation $f(x) = k$. Il indique si l'équation possède ou non des solutions.

# 1 Étudier le sens de variation d'une fonction à partir de la courbe $\mathscr{C}_{f'}$ de sa dérivée

## EXERCICE TYPE

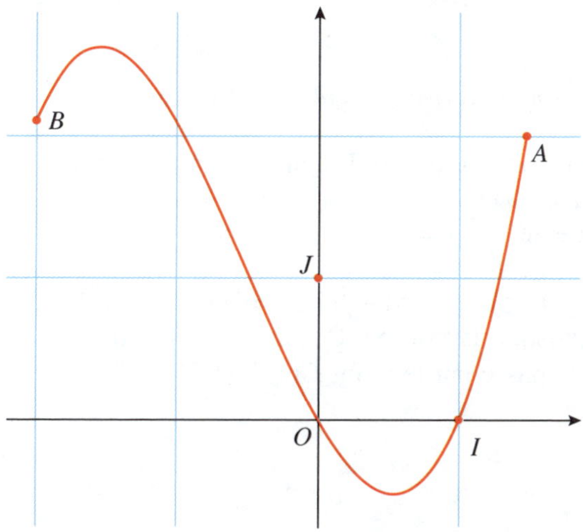


La courbe $\mathscr{C}_{f'}$ de la dérivée $f'$ d'une fonction $f$ définie sur l'intervalle $[-2 ; 1{,}5]$ est représentée ci-dessus dans le repère $(O ; I, J)$.
La courbe $\mathscr{C}_{f'}$ passe par les points $B(-2 ; 2{,}1)$, $A(1{,}5 ; 2)$, $O(0 ; 0)$, $I(1 ; 0)$.

**1°** Déduire de la courbe $\mathscr{C}_{f'}$ les variation de la fonction $f$.

**2°** Sachant que la courbe $\mathscr{C}_f$ passe par les points $C(-2 ; 0)$, $E(0 ; 3)$, $F(1 ; -2)$, $G(1{,}5 ; 1)$, dresser le tableau de variation de $f$.

**3°** Déterminer une équation des tangentes $T_E$ et $T_G$ à la courbe $\mathscr{C}_f$ aux points $E$ et $G$.

## CORRIGÉ COMMENTÉ

> Ne pas utiliser les variations de $f'$ mais le signe de $f'$ pour obtenir les variations de $f$.

**1°** La position de la courbe $\mathscr{C}_f'$ par rapport à l'axe des abscisses permet d'obtenir le signe de $f'$ :

| $x$ | $-2$ | | $0$ | | $1$ | | $1{,}5$ |
|---|---|---|---|---|---|---|---|
| Signe de $f'(x)$ | | $+$ | $0$ | $-$ | $0$ | $+$ | |

Par conséquent : $f$ est strictement croissante sur l'intervalle $[-2 ; 0]$ ;
$f$ est strictement décroissante sur l'intervalle $[0 ; 1]$ ;
$f$ est strictement croissante sur l'intervalle $[1 ; 1{,}5]$.

**2°** On en déduit le tableau de variation de la fonction $f$ :

| $x$ | $-2$ | | $0$ | | $1$ | | $1{,}5$ |
|---|---|---|---|---|---|---|---|
| $f'(x)$ | | $+$ | $0$ | $-$ | $0$ | $+$ | |
| $f(x)$ | $0$ | ↗ | $3$ | ↘ | $-2$ | ↗ | $1$ |

*(Les valeurs manquantes sont données par les coordonnées des points.)*

**3°** En $x = 0$, $f$ atteint son maximum. La tangente à la courbe $\mathscr{C}_f$ au point $E(0\,;\,3)$ est donc parallèle à l'axe $(Ox)$.
Équation de la tangente $T_E$ : $y = 3$.
Équation de la tangente $T_G$ :

$$y = f'(1{,}5)(x - 1{,}5) + f(1{,}5) = 2(x - 1{,}5) + 1 = 2x - 2,$$

avec $f'(1{,}5) = 2$, puisque la courbe $\mathscr{C}_{f'}$ passe par le point $A(1{,}5\,;\,2)$, et $f(1{,}5) = 1$, puisque la courbe $\mathscr{C}_f$ passe par le point $G(1{,}5\,;\,1)$.

**À RETENIR**

Voir page 49.

## 2 Étudier le sens de variation d'une fonction à partir de sa dérivée

**EXERCICE TYPE**

Soit la fonction $f$ définie sur $\mathscr{D} = [-5\,;\,-2[\, \cup\, ]-2\,;\,5]$ par :

$$f(x) = \frac{2x^2 + 3x}{x + 2}.$$

**1°** Calculer $f'(x)$.

**2°** Étudier le signe de $f'$. En déduire le tableau de variation de $f$.

**CORRIGÉ COMMENTÉ**

**1°** $f$ est une fonction rationnelle, donc une fonction dérivable sur son domaine de définition.

$f$ est de la forme $\frac{u}{v}$ et $f' = \dfrac{u'v - uv'}{v^2}$ avec $u(x) = 2x^2 + 3x$, $u'(x) = 4x + 3$, $v(x) = x + 2$ et $v'(x) = 1$.

Ainsi, $f'(x) = \dfrac{(4x+3)(x+2)-(2x^2+3x)\times 1}{(x+2)^2}$

$= \dfrac{4x^2+8x+3x+6-2x^2-3x}{(x+2)^2}$

$= \dfrac{2x^2+8x+6}{(x+2)^2}.$

**2°** Le signe de $f'(x)$ **est le même que** celui du polynôme $P(x) = 2x^2 + 8x + 6$ puisque $(x+2)^2 > 0$ sur $\mathcal{D}$.

Pour étudier le signe de $P(x)$, on calcule son discriminant :

$$\Delta = 8^2 - 4 \times 2 \times 6 = 64 - 48 = 16.$$

Comme $\Delta > 0$, le polynôme admet deux racines :

$x_1 = \dfrac{-8-4}{4} = \dfrac{-12}{4} = -3$ et $x_2 = \dfrac{-8+4}{4} = \dfrac{-4}{4} = -1.$

Donc ici puisque $a = 2 > 0$, on obtient le tableau de signe suivant :

> Le signe de $P(x) = ax^2 + bx + c$ est le même que celui de $a$ sauf entre les racines quand elles existent. Ne pas oublier d'ordonner $P(x)$.

| $x$ | $-5$ | | $-3$ | | $-2$ | | $-1$ | | $5$ |
|---|---|---|---|---|---|---|---|---|---|
| Signe de $f'(x)$ | | + | 0 | − | ‖ | − | 0 | + | |

On en déduit le tableau de variation de $f$ :

| $x$ | $-5$ | | $-3$ | | $-2$ | | $-1$ | | $5$ |
|---|---|---|---|---|---|---|---|---|---|
| $f'(x)$ | | + | 0 | − | ‖ | − | 0 | + | |
| $f(x)$ | $-\dfrac{35}{3}$ | ↗ | $-9$ | ↘ | ‖ | ↘ | $-1$ | ↗ | $\dfrac{65}{7}$ |

## À RETENIR

- **Pour étudier les variations d'une fonction :**

– on détermine le signe de la dérivée, graphiquement si cela est permis (méthode 1) ou après calcul de la dérivée (méthode 2) ;

– on dresse le tableau de variation de la fonction à partir de la règle liant le signe de $f'$ et les variations de $f$ ;

– on complète le tableau par le calcul ou la lecture des coordonnées des points remarquables (extremums et bornes).

- Attention à **ne pas confondre « sens de variation »** (une rédaction avec une phrase justifiant les variations est attendue) **et « tableau de variation » !**

## 3 Déterminer le nombre de solutions de l'équation $f(x) = k, k \in \mathbb{R}$

**EXERCICE TYPE**

Soit la fonction $f$ définie sur $[-4 ; 4]$ par $f(x) = -x^3 + 3x^2 + 1$.

**1°** Construire et justifier le tableau de variation de la fonction $f$.

**2°** En déduire que l'équation $f(x) = 0$ possède une unique solution $a$ sur l'intervalle $[-4 ; 4]$.

**3°** Déterminer une valeur approchée de $a$ à $10^{-1}$ près.

**CORRIGÉ COMMENTÉ**

**1°** $f$ est une fonction polynôme, donc $f$ est dérivable sur $[-4 ; 4]$.
Pour tout $x \in \mathbb{R}$, $f'(x) = -3x^2 + 6x = -3x(x-2)$.
Les racines du polynôme du second degré $f'(x)$ sont 0 et 2 *(il est inutile ici de calculer le discriminant $\Delta$).*
En utilisant la règle du signe d'un trinôme du second degré, on en déduit le tableau de signe suivant :

> Ajouter le 0 dans le tableau de variations pour trouver la position de la solution de $f(x) = 0$.

| $x$ | $-4$ | | $0$ | | $2$ | | $4$ |
|---|---|---|---|---|---|---|---|
| Signe de $f'(x)$ | | $-$ | $0$ | $+$ | $0$ | $-$ | |

ainsi que le tableau de variation de $f$ :

| $x$ | $-4$ | | $0$ | | $2$ | | $4$ |
|---|---|---|---|---|---|---|---|
| $f'(x)$ | | $-$ | $0$ | $+$ | $0$ | $-$ | |
| $f(x)$ | 113 | ↘ | 1 | ↗ | 5 | ↘ 0 ↘ | $-15$ |

**2°** Sur l'intervalle $[-4 ; 2]$, 1 est le minimum de $f$ ou encore $f(x) \geqslant 1$. L'équation $f(x) = 0$ n'admet donc pas de nombre solution.
Sur l'intervalle $[2 ; 4]$, la flèche indique que $f$ est continue et strictement décroissante, $f(x)$ passant de 5 à $-15$. Donc, d'après le théorème des valeurs intermédiaires, l'équation $f(x) = 0$ possède un unique nombre solution noté $a$ tel que $2 < a < 4$.

**3°** En utilisant le tableau de valeurs de la calculatrice, on obtient $f(3,1) > 0$ et $f(3,11) < 0$. Donc une valeur approchée de $a$ à $10^{-1}$ est $a \approx 3,1$.

## À RETENIR

• **Pour déterminer le nombre de solutions d'une équation du type $f(x) = k$, $k \in \mathbb{R}$ :**

– on dresse le tableau de variation de la fonction $f$ ;

– on applique le théorème des valeurs intermédiaires sur chaque intervalle $[a ; b]$ où $f$ est strictement monotone ;

– sur chaque intervalle, il existe 0 ou 1 solution suivant que $k$ appartient ou pas à l'intervalle $[f(a) ; f(b)]$.

• Pour déterminer une valeur approchée ou un encadrement de l'une des solutions, on utilise le tableau de valeurs de la calculatrice par balayage.

Pour obtenir une valeur approchée de la solution à 0,1 près, il faut un encadrement de la solution à 0,01 près.

**1** ★ **20 min**

La fonction $f$ est définie et dérivable sur $[-4\,;-2[\cup]-2\,;5]$.
Un logiciel de calcul formel affiche le tableau ci-dessous.

| **factoriser(deriver($f(x)$))** |
|---|
| $\dfrac{(x-4)(-x+3)}{(x+2)}$ |

Étudier le sens de variation de la fonction $f$.

→ Corrigé p. 57

**2** ★ **10 min**

La courbe $\mathscr{C}_f$ ci-contre représente dans le repère $(O\,;I,J)$, une fonction $f$ définie et dérivable sur $[-3{,}5\,;2{,}5]$.

Les tangentes à la courbe $\mathscr{C}_f$ aux points $A$ et $B$ sont parallèles à l'axe des abscisses.

La tangente à $\mathscr{C}_f$ au point $N$ est la droite $(ON)$.

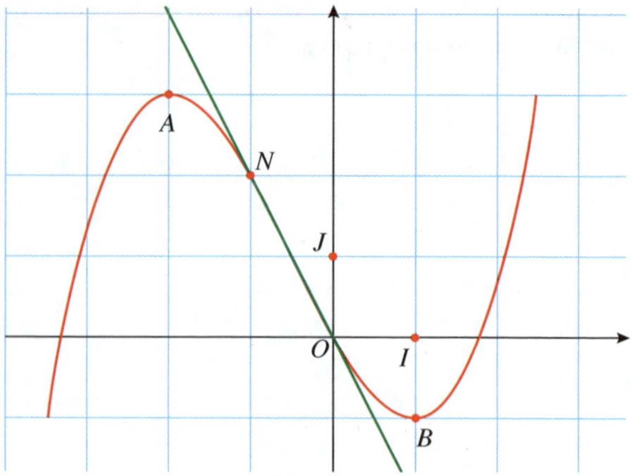


1° Déterminer graphiquement :
$f(1)$ ; $f'(1)$ ;
$f(-1)$ ; $f'(-1)$.

2° Résoudre graphiquement les inéquations :
*a)* $f(x) \geqslant 0$ ;
*b)* $f'(x) < 0$.

3° Déterminer l'équation réduite de la droite $(ON)$.

→ Corrigé p. 57

**3** ★ **5 min**

La courbe ci-contre est celle de la dérivée d'une fonction $f$ définie sur $\mathbb{R}$.
Parmi les trois courbes ci-après, laquelle est susceptible de représenter $f$ ?
Justifier votre choix.

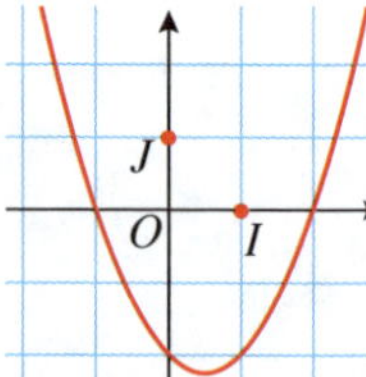

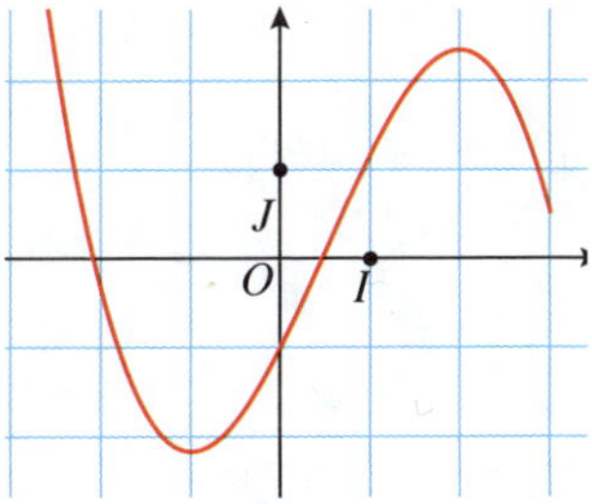


**courbe 1**

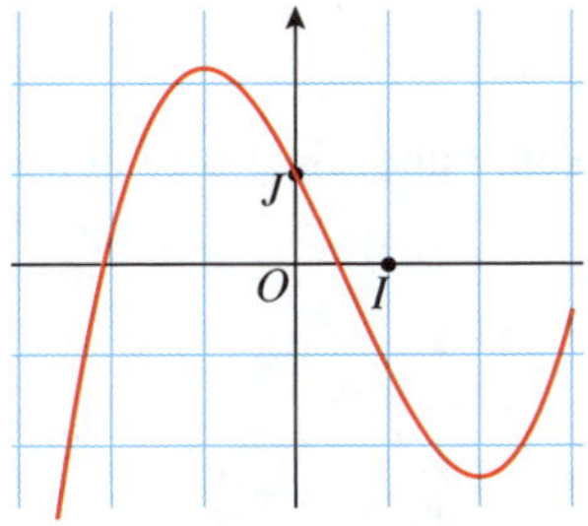


**courbe 2**

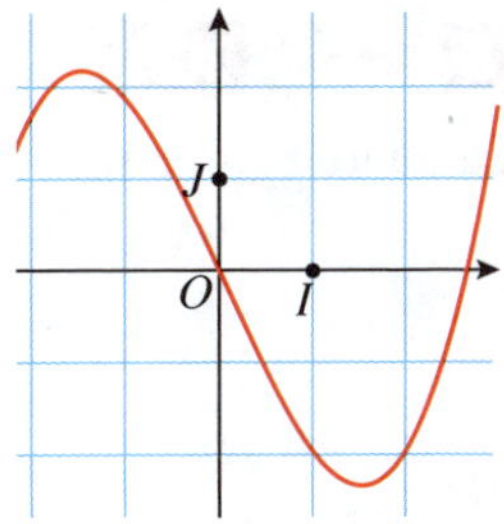


**courbe 3**

→ Corrigé p. 58

### 4 ★ 5 min

Pour chacune des fonctions $f$ et $g$, on donne le tableau de variation ci-dessous. Indiquer le nombre de solutions de l'équation proposée, en précisant pour chacune un intervalle auquel elle appartient, le plus précis possible.

**1°** $f(x) = 0$

| $x$ | $-4$ | | $-1$ | | $0$ | $0{,}5$ | | $1$ | | $6$ |
|---|---|---|---|---|---|---|---|---|---|---|
| $f'(x)$ | | $+$ | $0$ | $-$ | ‖ | | $-$ | $0$ | $+$ | |
| $f(x)$ | $-5$ | ↗ | $-2$ | ↘ | ‖ | $5$ | ↘ | $-1$ | ↗ | $2$ |

**2°** $g(x) = -2$

| $x$ | $0$ | | $2$ | | $5$ | | $8$ |
|---|---|---|---|---|---|---|---|
| $g'(x)$ | | $-$ | $0$ | $+$ | $0$ | $-$ | |
| $g(x)$ | $2$ | ↘ | $-1$ | ↗ | $3$ | ↘ | $-10$ |

→ Corrigé p. 58

### 5 ★ 10 min

On donne le tableau de variation d'une fonction $h$. $m$ est un nombre réel. Déterminer, suivant les valeurs de $m$, le nombre de solutions de l'équation $h(x) = m$.

| $x$ | $-2$ | | $2$ | | $4$ |
|---|---|---|---|---|---|
| $h'(x)$ | | $-$ | $0$ | $+$ | |
| $h(x)$ | $2$ | ↘ | $-2$ | ↗ | $-1$ |

→ Corrigé p. 58

**6** ★★ **20 min**

La courbe ci-dessous représente une fonction $f$ définie sur $]0\ ;+\infty[$ par :

$$f(x) = ax + b + \frac{c}{x}.$$

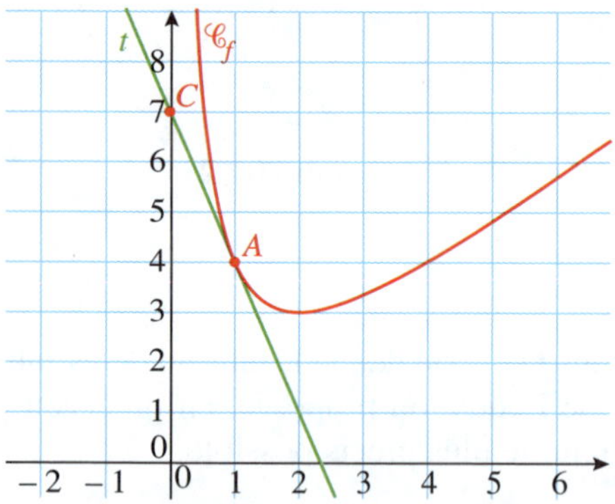


La droite $(t)$ est tangente à la courbe au point $A(1\ ;4)$.

**1°** Par lecture graphique, déterminer $f(1)$ ; $f'(1)$ et $f'(2)$.

**2°** Déterminer en fonction de $a$, $b$, $c$ l'expression de $f'(x)$.

**3°** Déduire des questions précédentes les valeurs de $a$, $b$, $c$. → Corrigé p. 59

**7** ★★ **40 min**

$g$ est la fonction définie sur $]0\ ;+\infty[$ par $g(x) = \frac{1}{x} + \frac{x^2}{2}$.

**1°** Représenter $g$ à l'écran de la calculatrice.

***a)*** Conjecturer le nombre de solutions de l'équation $g(x) = 2$.

***b)*** Donner à 0,1 près la valeur de chacune des solutions à l'aide de la calculatrice.

**2°** Montrer que $g'(x) = \frac{(x-1)(x^2+x+1)}{x^2}$.

**3°** En déduire le signe de $g'$ et dresser le tableau de variation de $g$.

**4°** Calculer $g(0{,}5)$ et $g(2)$ puis faire figurer ces valeurs sur le tableau de variation. Démontrer la conjecture faite à la question **1° *a)***. → Corrigé p. 59

**8** ★★★ **55 min**

**Partie A**

Soit $f$ la fonction définie sur $]0\ ;200]$ par $f(x) = x + \frac{400}{x}$.

1° Calculer $f(5)$.

2° Déterminer l'expression de $f'(x)$ pour tout réel $x$ de l'intervalle ]0 ; 200].

3° Étudier le signe de $f'(x)$ sur ]0 ; 200].
En déduire le tableau de variation de la fonction $f$ sur ]0 ; 200].

4° À l'aide du tableau de variation de $f$, déterminer le nombre de solutions de l'équation $f(x) = 50$. Justifier.
À l'aide du tableau de la calculatrice, déterminer les valeurs exactes de ces solutions.

**Partie B**

Une entreprise fabrique une quantité $x$, comprise entre 0 et 200, d'un certain objet.
Le coût total de production, exprimé en dizaines d'euro, de $x$ objets est noté $C(x)$.
Le coût moyen unitaire de production, exprimé en dizaines d'euros, est représenté par la fonction $f$.
Ainsi, pour tout réel $x$ de l'intervalle ]0 ; 200], on a $f(x) = \dfrac{C(x)}{x}$.

1° Déterminer l'expression de $C(x)$ pour tout réel $x$ de l'intervalle ]0 ; 200]. *(On pose $C(0) = 0$.)*

2° Chaque objet est vendu $a$ euros. Montrer que la production est rentable uniquement pour $a > 40$.

3° On décide que $a = 50$. Pour quelles quantités la production est-elle rentable ? Justifier.

4° Montrer que le bénéfice est $B(x) = -x^2 + 50x - 400$.

5° Pour quelle quantité produite le bénéfice est-il maximal ?
Quel est alors ce bénéfice ?

→ *Corrigé p. 60*

**9** ★★★ **45 min**

1° La fonction $g$ est définie sur [0 ; 20] par $g(x) = x^3 - 3x - 4$.
*a*) Étudier les variations de $g$ et dresser son tableau de variation.
*b*) Montrer que l'équation $g(x) = 0$ possède une unique solution notée $\alpha$.
Donner un encadrement de $\alpha$, à 0,01 près, à l'aide de la calculatrice.
*c*) En déduire le signe de $g$ sur [0 ; 20].

2° La fonction $f$ est définie sur ]0 ; 20] par $f(x) = x - 1 + \dfrac{3x + 2}{x^2}$.
*a*) Justifier que $f'(x) = \dfrac{g(x)}{x^3}$.
*b*) En déduire le sens de variation de $f$ sur ]0 ; 20].

→ *Corrigé p. 61*

**10** ★★★ 45 min

La fonction $f$ est définie sur $[-2\ ;\ 1]$ par $f(x) = x^3 + 3x^2 - 1$.

**Partie A**

1° *a*) Déterminer $f'(x)$.

*b*) Étudier le signe de $f'(x)$ et dresser le tableau de variation de $f$ sur $[-2\ ;\ 1]$.

*c*) Montrer que l'équation $f(x) = 0$ possède une unique solution $\alpha$ sur l'intervalle $[0\ ;\ 1]$.

**Partie B**

On se propose de déterminer un encadrement de $\alpha$ à l'aide de l'algorithme suivant :

***Entrée :*** $n$, $a$, $b$, $m$, $P$ sont des variables du type nombre
***Initialisation :*** Lire $n$.
Affecter à $a$ la valeur 0.
Affecter à $b$ la valeur 1.
***Traitement :*** Tant que $b - a > 10^{-n}$
| Affecter à $m$ la valeur $\dfrac{a+b}{2}$.
| Affecter à $P$ la valeur $f(a) \times f(m)$.
| | Si $P > 0$, affecter à $a$ la valeur $m$.
| | Sinon affecter à $b$ la valeur $m$.
***Affichage :*** Afficher $a$.
Afficher $b$.

2° *a*) Compléter l'étape 1 du tableau ci-dessous.

*b*) Justifier le nombre 0,125 de la colonne $P$.

*c*) Quelle valeur de $n$ a-t-on entré en lançant l'algorithme ?
Quel rôle joue le nombre $n$ dans cet algorithme ?

| | ***m*** | ***P*** | ***a*** | ***b*** | ***b – a*** |
|---|---|---|---|---|---|
| **Initialisation** | – | | 0 | 1 | 1 |
| **Étape 1** | 0,5 | 0,125 | ..... | ..... | ..... |
| **Étape 2** | 0,75 | – 0,1386625 | 0,5 | 0,75 | 0,25 |
| **Étape 3** | 0,625 | – 0,0520019 | 0,5 | 0,625 | 0,125 |
| **Étape 4** | 0,5625 | – 0,01589965 | 0,5 | 0,5625 | 0,0625 |
| **Affichage** | | | 0,5 | 0,5625 | |

→ Corrigé p. 62

**1** → Énoncé p. 52 Pour déterminer le sens de variation de $f$, il faut étudier le signe de sa dérivée.

> $ax + b$ est du signe de $a$ après le « zéro ».

Le signe de $f'$ s'obtient aisément à l'aide du tableau ci-dessous.

| $x$ | $-4$ | | $-2$ | | $3$ | | $4$ | | $5$ |
|---|---|---|---|---|---|---|---|---|---|
| Signe de $x - 4$ | | $-$ | | $-$ | | $-$ | $0$ | $+$ | |
| Signe de $-x + 3$ | | $+$ | | $+$ | $0$ | $-$ | | $-$ | |
| Signe de $x + 2$ | | $-$ | $0$ | $+$ | | $+$ | | $+$ | |
| Signe de $f'(x)$ | | $+$ | ‖ | $-$ | $0$ | $+$ | $0$ | $-$ | |

On déduit du signe de $f'(x)$ que :

- $f$ est strictement croissante sur $[-4 ; -2[$ ;
- $f$ est strictement décroissante sur $]-2 ; 3]$ ;
- $f$ est strictement croissante sur $[3 ; 4]$ ;
- $f$ est strictement décroissante sur $[4 ; 5]$.

> $f'(x) \geqslant 0$ sur $I \Leftrightarrow f$ croissante sur $I$ ;
> $f'(x) \leqslant 0$ sur $I \Leftrightarrow f$ décroissante sur $I$.

**2** → Énoncé p. 52 **1°** $f(1) = -1$ car la courbe $\mathscr{C}_f$ passe par le point $B(-1 ; 1)$.
$f'(1) = 0$ car $\mathscr{C}_f$ admet une tangente parallèle à l'axe des abscisses en $x = 1$ ($f$ admet un extremum en $x = 1$).
$f(-1) = 2$ car la courbe $\mathscr{C}_f$ passe par le point $N(-1 ; 2)$.
$f'(-1)$ est le coefficient directeur de la tangente à $\mathscr{C}_f$ au point $N$, donc $f'(-1)$ est le coefficient directeur de la droite $(ON)$ :

$$f'(-1) = \frac{y_N - y_O}{x_N - x_O} = \frac{2}{-1} = -2.$$

**2° a)** Résoudre l'inéquation $f(x) \geqslant 0$, c'est déterminer l'abscisse de tous les points de $\mathscr{C}_f$ situés au-dessus de l'axe des abscisses : $S = [-3{,}3 ; 0] \cup [1{,}8 ; 2{,}5]$ (*aux erreurs de lecture graphique près*).

**b)** $f'(x) < 0 \Leftrightarrow f$ est strictement décroissante, donc $f'(x) < 0 \Leftrightarrow x \in\ ]-2 ; 1[$.
$S = ]-2 ; 1[$.

**c)** Équation réduite de la droite $(ON)$ : $y = ax + b$, avec $a = f'(-1) = -2$ et $b = 0$ (*ordonnée à l'origine*).
Équation réduite de la droite $(ON)$ : $y = -2x$.

**3** → Énoncé p. 52 Par lecture graphique, on obtient le tableau de signe de $f'$ ci-dessous :

| $x$ | $-\infty$ | | $-1$ | | $2$ | | $+\infty$ |
|---|---|---|---|---|---|---|---|
| Signe de $f'(x)$ | | $+$ | $0$ | $-$ | $0$ | $+$ | |

Il s'ensuit que :
- $f$ est strictement croissante sur $]-\infty\ ;-1]$ ;
- $f$ est strictement décroissante sur $[-1\ ;2]$;
- $f$ est strictement croissante sur $[2\ ;+\infty[$.

La courbe 2 est la courbe de $f$.

> Faire le lien entre la courbe et le signe de $f'$, et les variations de $f$.

**4** → Énoncé p. 53 **1°** • Sur $[-4\ ;0[$, $f(x) \leqslant -2$. L'équation $f(x) = 0$ n'admet pas de solution.

> Appliquer le théorème des valeurs intermédiaires sur chaque intervalle du tableau de variation.

• Sur $]0\ ;0{,}5]$, $f(x) \geqslant 5$. L'équation $f(x) = 0$ n'admet pas de solution.

• Sur $[0{,}5\ ;1]$, $f$ est continue et strictement décroissante. Par lecture du tableau de variation, sur $[0{,}5\ ;1]$, l'équation $f(x) = 0$ admet une unique solution notée $a$.

• Sur $[1\ ;6]$, $f$ est continue et strictement croissante. Par lecture du tableau de variation, sur $[1\ ;6]$, l'équation $f(x) = 0$ admet une unique solution notée $b$.

Au final, l'équation $f(x) = 0$ admet deux nombres solutions $a$ et $b$ avec $0{,}5 < a < 1$ et $1 < b < 6$.

**2°** • Sur $[0\ ;5]$, $g(x) > -1$. L'équation $g(x) = -2$ n'admet pas de solution.

• Sur $[5\ ;8]$, $g$ est continue et strictement décroissante. Par lecture du tableau de variation, sur $[5\ ;8]$, l'équation $g(x) = 0$ admet une unique solution notée $c$.

En conclusion, l'équation $g(x) = -2$ admet un unique nombre solution $c$ avec $5 < c < 8$.

**5** → Énoncé p. 53 Ci-contre une allure possible de la courbe de la fonction $h$.

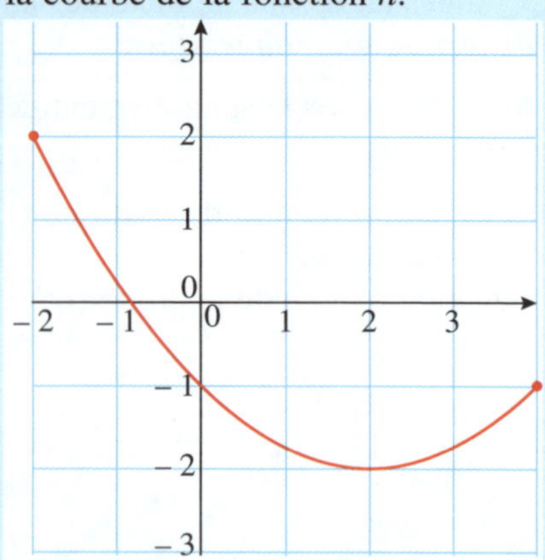


Elle permet de visualiser le nombre de solutions de l'équation.

La fonction $h$ est continue et strictement monotone sur chacun des intervalles $[-2\ ;2]$ et $[2\ ;4]$.

D'après le tableau de variation et le théorème des valeurs intermédiaires, on peut affirmer que :
- si $m < -2$, l'équation $h(x) = m$ n'admet pas de solution car $-2$ est le minimum de $h$ ;
- si $m = -2$, l'équation $h(x) = -2$ admet une unique solution $x = 2$ ;

• si $-2 < m \leqslant -1$, l'équation $h(x) = m$ admet deux nombres solutions $x_1$ et $x_2$ avec $-2 < x_1 < 2$ et $2 < x_2 \leqslant 4$ ;
• si $-1 < m \leqslant 2$, l'équation $h(x) = m$ admet un nombre solution $x_3$ avec $-2 \leqslant x_3 \leqslant 2$ ;
• si $m > 2$, l'équation $h(x) = m$ n'admet pas de solution car 2 est le maximum de $h$.

**6** → *Énoncé p. 54* 1° $f(1) = 4$ car la courbe passe par le point $A(1 ; 4)$.
$f'(1) = -3$ car c'est le coefficient directeur de la droite $(t)$.
$f'(2) = 0$ car la courbe admet au point de cordonnées $(2 ; 3)$ une tangente parallèle à l'axe des abscisses.

2° $f'(x) = a - \frac{c}{x^2}$.

$\left(\frac{1}{x}\right)' = \frac{-1}{x^2}$.

3° Traduisons les trois renseignements de la question 1°.
$f(1) = 4 \Leftrightarrow a + b + c = 4$ **(1)** ;
$f'(1) = -3 \Leftrightarrow a - c = -3$ **(2)** ;
$f'(2) = 0 \Leftrightarrow a - \frac{c}{4} = 0 \Leftrightarrow 4a - c = 0$ **(3)**.
De la relation **(2)**, il vient $a = c - 3$. En reportant dans la relation **(3)**, on a :
$4(c - 3) - c = 0$, donc $3c = 12$ et $c = 4$ puis $a = 1$.
En reportant dans la relation **(1)**, on obtient $1 + b + 4 = 4$, donc $b = -1$.
Au final, $f(x) = x - 1 + \frac{4}{x}$.

**7** → *Énoncé p. 54* 1° *a)* Il semble que l'équation $g(x) = 2$ possède deux nombres solutions notés $\alpha$ et $\beta$.
*b)* $\alpha \approx 0{,}5$ et $\beta \approx 1{,}7$.

Lire le nombre de point d'intersection de la courbe avec la droite $y = 2$.

2° $g'(x) = \frac{-1}{x^2} + x = \frac{x^3 - 1}{x^2}$.
Cette expression n'est pas l'expression demandée, donc nous vérifions qu'elle est égale à celle de l'énoncé.
Or, $(x - 1)(x^2 + x + 1) = x^3 + x^2 + x - x^2 - x - 1 = x^3 - 1$.
Donc $g'(x) = \frac{(x - 1)(x^2 + x + 1)}{x^2}$.

3° Le polynôme $P(x) = x^2 + x + 1$ est toujours positif. En effet, si l'on calcule son discriminant $\Delta$, on obtient $\Delta = b^2 - 4ac = 1^2 - 4 \times 1 \times 1 = 1 - 4 = -3$. Donc $\Delta < 0$, et, dans ce cas, $P(x)$ est toujours du signe de $a = 1$, donc strictement positif.
Comme $x^2 > 0$, alors le signe de $g'(x)$ est le même que celui de $x - 1$.

On a donc :

| $x$ | 0 | | 1 | | $+\infty$ |
|---|---|---|---|---|---|
| Signe de $g'(x)$ | ‖ | $-$ | 0 | $+$ | |

On en déduit le tableau de variation de $g$ :

| $x$ | 0 | | 0,5 | $\alpha$ | 1 | $\beta$ | 2 | 3 |
|---|---|---|---|---|---|---|---|---|
| $g'(x)$ | ‖ | $-$ | | | 0 | | $+$ | |
| $g(x)$ | ‖ | ↘ | 2,125 | 0 | 1,5 | 0 | 2,5 | ↗ |

Faire figurer $\alpha$ et $\beta$ dans le tableau.

avec $g(0{,}5) = \dfrac{1}{0{,}5} + \dfrac{(0{,}5)^2}{2} = 2 + 0{,}125 = 2{,}125$ et $g(2) = \dfrac{1}{2} + \dfrac{2^2}{2} = 0{,}5 + 2 = 2{,}5$.

4° Ainsi, d'après le tableau de variation et le théorème des valeurs intermédiaires, l'équation $g(x) = 2$ a deux nombres solutions notés $\alpha$ et $\beta$ avec $0{,}5 < \alpha < 1$ et $1 < \beta < 2$.

**8** *Énoncé p. 54*

## Partie A

1° $f(5) = 5 + \dfrac{400}{5} = 85$.

2° Pour tout $x \in ]0 ; 200]$ :

$$f'(x) = 1 - \frac{400}{x^2} = \frac{x^2 - 400}{x^2} = \frac{(x-20)(x+20)}{x^2}.$$

$\left(\dfrac{1}{x}\right)' = \dfrac{-1}{x^2}$ et $\left(\dfrac{400}{x}\right)' = 400 \times \left(\dfrac{1}{x}\right)'$

3° Le signe de $f'$ est donc le signe de $x - 20$ car $x^2 > 0$ et $x + 20 > 0$ sur $]0 ; 200]$.
On en déduit le tableau de variation ci-dessous.

| $x$ | 0 | 5 | | | 20 | | | 200 |
|---|---|---|---|---|---|---|---|---|
| $f'(x)$ | ‖ | | $-$ | | 0 | | $+$ | |
| $f(x)$ | ‖ | 85 | ↘ | 50 | 40 | 50 | ↗ | 202 |

4° • Si $x \in ]0 ; 5]$, $f(x) > 85$ ; l'équation $f(x) = 50$ n'admet donc pas de solution.
• Si $x \in [5 ; 20]$, alors, d'après le tableau de variation et le théorème des valeurs intermédiaires, l'équation $f(x) = 50$ admet une unique solution notée $\alpha$.
• Si $x \in [20 ; 200]$, alors, d'après le tableau de variation et le théorème des valeurs intermédiaires, l'équation $f(x) = 50$ admet une unique solution notée $\beta$.
Au final, l'équation $f(x) = 50$ admet deux nombres solutions.
À la calculatrice, on obtient $\alpha = 10$ et $\beta = 40$.

## Partie B

1° Pour $x \neq 0$, $f(x) = \dfrac{C(x)}{x} \Leftrightarrow C(x) = x \times f(x) = x^2 + 400$.

2° D'après le tableau de variation, le coût moyen unitaire est toujours supérieur à 40 €. La production n'est donc rentable que pour un prix de vente unitaire supérieur à 40 €, donc $a > 40$.

3° D'après la question 4° de la Partie A et le tableau de variation, la production n'est rentable que si l'on fabrique entre 10 et 40 objets, c'est-à-dire lorsque le coût moyen unitaire est inférieur à 50 €.

4° Si l'on vend $x$ objet à 50 € l'un, la recette est de $50x$.
Le bénéfice est alors :
$B(x) = 50x - (x^2 + 400) = -x^2 + 50x - 400$.

> Bénéfice = Recette – Coût.

5° $B(x) = -x^2 + 50x - 400$ est un trinôme du second degré dont le terme en $x^2$ a un coefficient négatif. Son tableau de variation est de la forme :

| $x$ | | $m$ | |
|---|---|---|---|
| $B(x)$ | ↗ | | ↘ |

> Attention ! Le coût est exprimé en dizaine d'euros.

avec $m = \dfrac{-50}{-2} = 25$.

***Rappel :*** l'abscisse du sommet de la parabole représentant le polynôme $ax^2 + bx + c$ est $m = \dfrac{-b}{2a}$.

Le bénéfice maximum sera donc obtenu pour 25 objets vendus.
$B(25) = -(25)^2 + 50 \times 25 - 400 = -625 + 1\,250 - 400 = 225$ dizaines d'euros, soit un bénéfice maximal de 2 250 €.

**9** *Énoncé p. 55*

1° *a)* Pour tout $x \in [0\,;\,20]$, $g'(x) = 3x^2 - 3 = 3(x^2 - 1) = 3(x-1)(x+1)$.
$x \in [0\,;\,20]$, donc $x \geqslant 0$ et $x + 1 > 0$ ; $g'(x)$ est donc du signe de $x - 1$.
On en déduit le tableau de variation ci-dessous.

| $x$ | 0 | | 1 | | 20 |
|---|---|---|---|---|---|
| $g'(x)$ | | – | 0 | + | |
| $g(x)$ | – 4 | ↘ | – 6 | ↗ | 7 936 |

*b*) Sur [0 ; 1], le maximum de $g$ est – 4 ; donc l'équation $g(x) = 0$ n'a pas de solution dans [0 ; 1].
Sur [1 ; 20], la fonction $g$ est continue et strictement croissante. D'après le tableau de variation et le théorème des valeurs intermédiaires, sur [1 ; 20] l'équation $g(x) = 0$ admet une unique solution.
À l'aide de la calculatrice : $g(2{,}19) \approx -0{,}067 < 0$ et $g(2{,}20) \approx 0{,}048 > 0$ ;
donc $2{,}19 < \alpha < 2{,}2$.

*c*) À partir du tableau de variation complété de $g$, on obtient le tableau de signe ci-dessous.

| $x$ | 0 | | 1 | $\alpha$ | | 20 |
|---|---|---|---|---|---|---|
| $g'(x)$ | | – | 0 | | + | |
| $g(x)$ | – 4 | ↘ | – 6 | ↗ 0 | ↗ | 7 936 |

| $x$ | 0 | | $\alpha$ | | 20 |
|---|---|---|---|---|---|
| Signe de $g(x)$ | | – | 0 | + | |

2° *a*) Pour tout $x \in ]0 ; 20]$, $f'(x) = 1 + \dfrac{3x^2 - (3x+2) \times 2x}{x^4} = 1 + \dfrac{3x^2 - 6x^2 - 4x}{x^4}$

$$= \frac{x^4 - 3x^2 - 4x}{x^4} = \frac{x(x^3 - 3x - 4)}{x^4}.$$

$$f'(x) = \frac{x^3 - 3x - 4}{x^3} = \frac{g(x)}{x^3}.$$

*b*) Puisque $x \in ]0 ; 20]$, alors $x > 0$ et donc $x^3 > 0$.
Ainsi, le signe de $f'$ est le même que celui de $g$ sur ]0 ; 20].
On en déduit que :
- $f$ est strictement décroissante sur $]0 ; \alpha]$ ;
- $f$ est strictement croissante sur $[\alpha ; 20]$.

## 10 *Énoncé p. 56*

### Partie A

1° *a*) Pour tout $x \in [-2 ; 1]$, $f'(x) = 3x^2 + 6x$
$= 3x(x + 2)$.

*b*) Le polynôme $f'(x)$ possède deux racines :
0 et – 2.

Les racines se lisent dans la factorisation. Inutile de calculer le discriminant Δ.

On obtient le tableau de signe ci-dessous.

| $x$ | $-2$ | | $0$ | | $1$ |
|---|---|---|---|---|---|
| Signe de $f'(x)$ | 0 | $-$ | 0 | $+$ | |

On en déduit le tableau de variation de $f$ :

| $x$ | $-2$ | | $\beta$ | | $0$ | | $\alpha$ | | $1$ |
|---|---|---|---|---|---|---|---|---|---|
| $f(x)$ | 3 | ↘ | 0 | ↘ | $-1$ | ↗ | 0 | ↗ | 3 |

*c*) À l'aide du tableau de variation et du théorème des valeurs intermédiaires, on peut affirmer que l'équation $f(x) = 0$ possède deux solutions : l'une sur l'intervalle $]-2\ ;0[$, notée $\beta$, et l'autre sur l'intervalle $]0\ ;1[$, qui sera notée $\alpha$.

## Partie B

**2°** *a*)

| | | | | | |
|---|---|---|---|---|---|
| Étape 1 | 0,5 | 0,125 | 0,5 | 1 | 0,5 |

*b*) La valeur de $P$ dans l'étape 1 est :
$f(0) \times f(0,5) = (-1) \times (-0,125) = 0,125$.

*c*) La valeur de $n$ qui a été rentrée au début de l'algorithme est $n = 1$.

> Bien comprendre le calcul et le rôle de chaque variable.

En effet, l'algorithme s'arrête lorsque $b - a$ est inférieur à une puissance 10 : ici, lorsque $b - a = 0,062\,5 < 0,1 = 10^{-1}$.
Le rôle de $n$ est d'indiquer la précision de l'encadrement de la solution $\alpha$ par $a$ et $b$. Dans le cas présent, $n = 1$ signifie que la solution $\alpha$ sera encadrée avec une précision maximale d'un dixième : $0,5 < \alpha < 0,562\,5$.

CHAPITRE
# 3 Fonction exponentielle

## 1 Fonction exponentielle

### A. Exemples de courbes de fonctions définies sur $\mathbb{R}$ par $x \mapsto q^x$ $(q > 0)$

■ On admet que toutes ces fonctions sont dérivables sur $\mathbb{R}$.
Si l'on observe quelques-unes de ces courbes, on remarque en particulier que :
- toutes les courbes passent par le point $A(0\ ;\ 1)$ ;
- si $q > 1$, alors la fonction est strictement croissante ;
- si $0 < q < 1$, alors la fonction est strictement décroissante ;
- en particulier pour $q > 1$, plus $q$ est grand et plus la fonction croît rapidement et pour $0 < q < 1$, plus $q$ est petit et plus la fonction décroît rapidement.

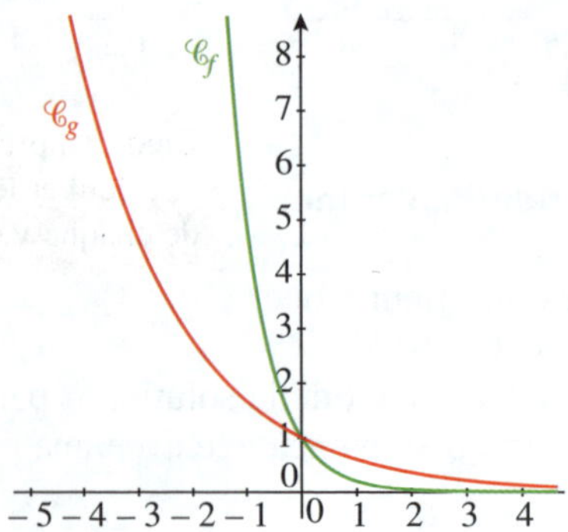


$f(x) = 0{,}2^x$ et $g(x) = 0{,}6^x$

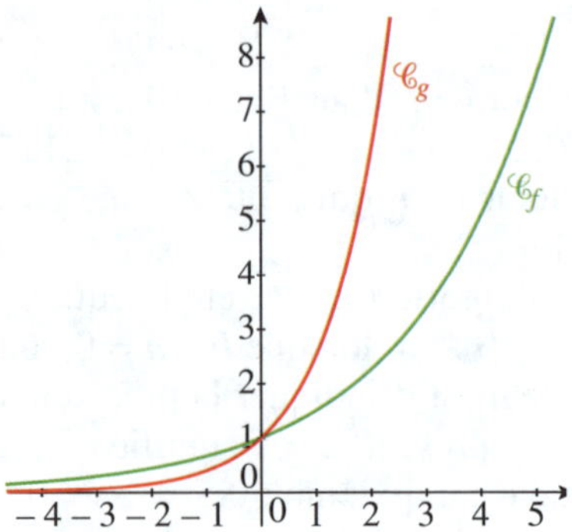


$f(x) = 1{,}5^x$ et $g(x) = 2{,}5^x$

### B. Propriétés algébriques

■ Nous admettons que les règles de calculs connues pour les exposants entiers s'appliquent à l'identique aux exposants réels.
Ainsi, pour tous réels $a$ et $b$ strictement positifs et pour tous réels $x$ et $y$, on a :

$$a^x \times a^y = a^{x+y}\ ;\quad (a^x)^y = a^{xy}\ ;\quad \frac{a^x}{a^y} = a^{x-y}\ ;$$
$$a^x \times b^x = (ab)^x\ ;\quad \left(\frac{1}{a}\right)^x = \frac{1}{a^x} = a^{-x}\ ;\quad \left(\frac{a}{b}\right)^x = \frac{a^x}{b^x}\ ;$$
$$a^{\frac{x}{2}} = \sqrt{a^x}.$$

*Exemples*

$2^{2,5} \times 2^{0,5} = 2^{2,5+0,5} = 2^3 = 8$ ;

$\dfrac{6^{3,2}}{6^{1,2}} = 6^{3,2-1,2} = 6^2 = 36$ ;

$(3^{\sqrt{2}})^{\sqrt{8}} = 3^{\sqrt{16}} = 3^4 = 81$.

## C. Fonction exponentielle

*Définition*

■ On admet qu'il existe un unique nombre $q$ pour lequel la fonction $x \mapsto q^x$ admet pour nombre dérivé 1 en $x = 0$.

■ Ce nombre se note e et la fonction correspondante s'appelle « fonction exponentielle de base e ».
La fonction se note **exp :** $\mathbf{exp(x) = e^x}$.
e est égal environ à 2,72.

*Propriétés élémentaires*

La fonction exponentielle est à valeurs dans $\mathbb{R}^{+*}$:

$$\textbf{pour tout } x \in \mathbb{R}, \ \exp(x) = e^x > 0.$$

$\exp'(0) = 1$ *(par définition)*
$\exp(0) = 1$ ou $e^0 = 1$
$\exp(1) = e$ ou $e^1 = e$
Pour tous réels $x$ et $y$ :

$$e^x \times e^y = e^{x+y} \ ; \qquad (e^x)^y = e^{xy} \ ; \qquad \frac{e^x}{e^y} = e^{x-y} \ ; \qquad \frac{1}{e^x} = e^{-x}.$$

*Propriétés de la fonction exponentielle*

■ La fonction exponentielle est sa propre dérivée : pour tout $x \in \mathbb{R}$,

$$\exp'(x) = (e^x)' = e^x.$$

■ La fonction exponentielle est strictement croissante sur $\mathbb{R}$.

Pour tous réels $x$ et $y$ : $e^x = e^y \Leftrightarrow x = y$.

$e^x > e^y \Leftrightarrow x > y$.

En particulier :
$e^x = 1 \Leftrightarrow x = 0$ ;
$e^x > 1 \Leftrightarrow x > 0$.

On obtient le tableau de variation suivant :

| $x$ | $-\infty$ | $0$ | $1$ | $+\infty$ |
|---|---|---|---|---|
| $\exp'(x) = e^x$ | $+$ | $+$ | $+$ | |
| $\exp(x) = e^x$ | $0$ ↗ | $1$ ↗ | $e$ ↗ | |

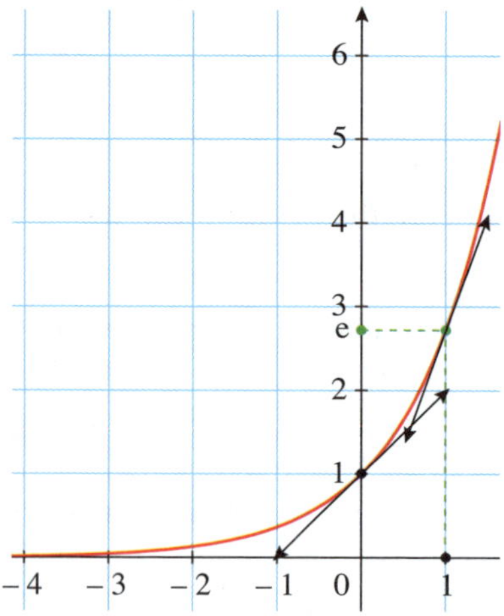


et la courbe ci-contre.
Tangentes en $x = 0$ : $y = x + 1$
et en $x = 1$ : $y = ex$.

## 2 Exponentielle d'une fonction

### A. Théorème

■ Soit $u$ une fonction dérivable sur un intervalle $I$.
Alors la fonction $f$: $x \mapsto e^{u(x)}$ est dérivable sur $I$ et, pour tout $x \in I$ :

$$f'(x) = u'(x) \times e^{u(x)}.$$

■ En particulier, étant donné que, pour tout nombre réel $x$, $e^{u(x)} > 0$, les fonctions $f'$ et $u'$ ont le même signe, donc les fonctions **$u$ et $e^u$ ont le même sens de variation.**

### B. Exemples

■ $f$ est définie sur $\mathbb{R}$ par $f(x) = e^{-2x}$,
alors pour tout $x \in \mathbb{R}$, $f'(x) = -2 \times e^{-2x} = -2e^{-2x}$.

■ $g$ est définie sur $\mathbb{R}$ par $g(x) = e^{-3x^2}$,
alors pour tout $x \in \mathbb{R}$, $g'(x) = -6x \times e^{-3x^2} = -6xe^{-3x^2}$.

**De façon générale, si $f(x) = e^{ax+b}$ avec $a$ et $b \in \mathbb{R}$, alors $f'(x) = ae^{ax+b}$.**

## 1 Connaître l'allure de la représentation graphique de la fonction : $x \mapsto q^x$ ($q > 0$)

### EXERCICE TYPE

Sur le graphique ci-dessous sont représentées les fonctions $f$, $g$, $h$ et $k$ définies sur $\mathbb{R}$ par :

$$f(x) = (2{,}7)^x \; ; \quad g(x) = (0{,}3)^x \; ; \quad h(x) = (0{,}7)^x \; ; \quad k(x) = (\sqrt{2})^x.$$

Associer chaque fonction à sa courbe.

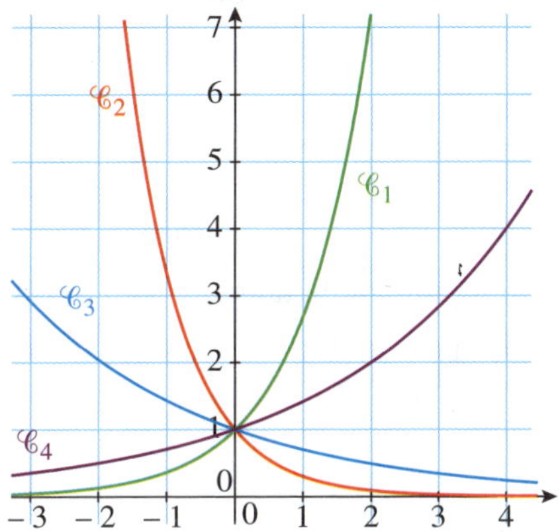


### CORRIGÉ COMMENTÉ

Puisque 2,7 et $\sqrt{2}$ sont supérieurs à 1, les fonctions $f$ et $k$ sont strictement croissantes et leurs courbes sont $\mathscr{C}_1$ ou $\mathscr{C}_4$.
Comme $2{,}7 > \sqrt{2}$, alors la croissance de $f$ est plus rapide que celle de $k$.
$\mathscr{C}_1$ est donc la courbe de $f$ ; $\mathscr{C}_4$ est la courbe de $k$.
Puisque 0,3 et 0,7 sont inférieurs à 1, les fonctions $g$ et $h$ sont strictement décroissantes et leurs courbes sont $\mathscr{C}_2$ ou $\mathscr{C}_3$.
Puisque $0{,}3 < 0{,}7$, alors la décroissance de $g$ est plus rapide que celle de $h$.
$\mathscr{C}_2$ est donc la courbe de $g$ ; $\mathscr{C}_3$ est la courbe de $h$.

### À RETENIR

• **Pour reconnaître la représentation graphique d'une fonction exponentielle $f : x \mapsto q^x$ ($q > 0$)** parmi plusieurs fonctions exponentielles, on procède en deux étapes :
– on a : $q > 1 \Leftrightarrow f$ strictement croissante et $0 < q < 1 \Leftrightarrow f$ strictement décroissante ;
– pour $q > 1$, plus $q$ est grand et plus la croissance est rapide ; et pour $0 < q < 1$, plus $q$ est petit et plus la décroissance est rapide.
– si $q = 1$, la fonction est constante et égale à 1.

## 2 Étudier une fonction comportant des exponentielles

### EXERCICE TYPE

$f(x) = (x + 2)e^{-x}$ pour tout $x$ de l'intervalle $[-2{,}5 ; 2]$.

On note $(C)$ la courbe représentative de $f$ dans un repère orthonormé.

**1°** Le point $A\left(1 ; \frac{3}{e}\right)$ est-il situé sur la courbe $(C)$ ?

**2°** Déterminer l'expression de $f'(x)$ pour tout $x$ de l'intervalle $[-2{,}5 ; 2]$.

**3°** Étudier le signe de $f'(x)$ selon $x$ et en déduire le tableau de variation de $f$ sur l'intervalle $[-2{,}5 ; 2]$.

**4°** Déterminer le nombre de solutions de l'équation $f(x) = 1$ sur l'intervalle $[-2{,}5 ; 2]$.

Donner pour chaque solution une valeur approchée au dixième.

**5°** Déterminer l'équation réduite de la tangente $(T)$ à $(C)$ en $x = 0$.

**6°** Dans un repère orthonormé d'unité 1 cm, tracer la courbe $(C)$ représentative de la fonction $f$ ainsi que la tangente $(T)$.

### CORRIGÉ COMMENTÉ

**1°** $f(1) = (1 + 2)e^{-1} = 3 \times \frac{1}{e} = \frac{3}{e}$. Donc le point $A\left(1 ; \frac{3}{e}\right)$ est situé sur la courbe $(C)$.

**2°** $f$ est de la forme $u \times v$ avec $u(x) = x + 2$ et $v(x) = e^{-x}$ ;
$u'(x) = 1$ et $v'(x) = -e^{-x}$ et $f' = u'v + uv'$.
Pour tout $x$ de l'intervalle $[-2{,}5 ; 2]$, $f'(x) = 1 \times e^{-x} - (x + 2)e^{-x} = -(x + 1)e^{-x}$.

**3°** Le sens de variation de $f$ est donné par le signe de sa dérivée $f'$ :
Pour tout réel $x$ de l'intervalle $[-2{,}5 ; 2]$, $e^{-x} > 0$ ; donc le signe de $f'(x)$ est le même que celui de $-(x + 1)$, à savoir :
$f'(x) > 0 \Leftrightarrow x \in [-2{,}5 ; -1[$ ; $f'(x) < 0 \Leftrightarrow x \in ]-1 ; 2]$ ; $f'(x) = 0 \Leftrightarrow x = -1$.
On en déduit le tableau de variation ci-dessous.

| $x$ | $-2{,}5$ | | $-1$ | | $2$ |
|---|---|---|---|---|---|
| $f'(x)$ | | + | 0 | − | |
| $f(x)$ | $-0{,}5e^{2{,}5} \approx -6{,}1$ | ↗ | $e$ | ↘ | $\frac{4}{e^2} \approx 0{,}54$ |

Ne pas oublier de calculer les images pour compléter le tableau.

4° D'après le tableau de variation de $f$ et le théorème des valeurs intermédiaires, l'équation $f(x) = 1$ possède deux nombres solutions $a$ et $b$ avec :

$$-2{,}5 < a < -1 \quad \text{et} \quad -1 < b < 2.$$

À l'aide de la calculatrice, on obtient :

$$-1{,}85 < a < -1{,}84,$$

donc $a \approx -1{,}8$ et $1{,}14 < b < 1{,}15$, donc $b \approx 1{,}1$.

5° L'équation réduite de la tangente $(T)$ à $(C)$ en $x = 0$ est :

$$y = f'(0)(x - 0) + f(0),$$

avec $f'(0) = -(0 + 1)\,e^0 = -1$
et $f(0) = (0 + 2)\,e^0 = 2$ ;
donc $(T) : y = -x + 2$.

6° Voir la courbe ci-contre.

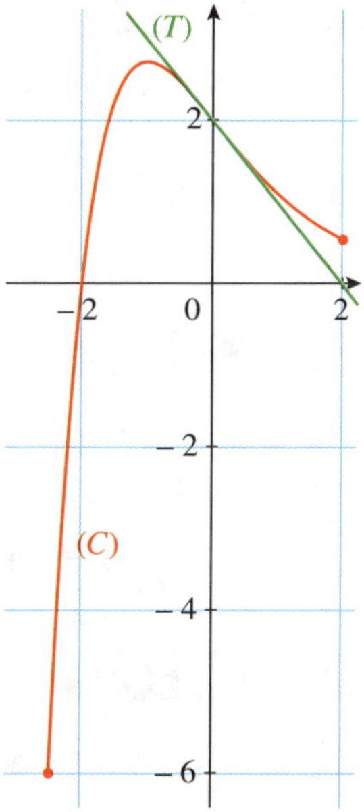


## À RETENIR

**• Pour étudier les variations d'une fonction comportant des exponentielles :**

– on détermine la dérivée en appliquant les formules suivantes :

$$(e^x)' = e^x \quad \text{et} \quad (e^u)' = u'e^u$$

– on factorise la dérivée à l'aide d'une exponentielle lorsque cela est possible. Le signe de la dérivée dépend alors de l'autre facteur, puisqu'une exponentielle est toujours strictement positive.

**1** ★ 15 min

Simplifier l'écriture des nombres suivants :

$A = \dfrac{(e^3)^{-2}}{e^2 \times e^3}$ ; $B = \dfrac{e^{3x+1}}{e^{2x-3}}$ ; $C = e^x(e^x - 2) - (e^x - 1)^2$ ; $D = (e^{2x} - e^x)(1 + e^{-x})$.

➔ Corrigé p. 76

**2** ★★ 40 min

Résoudre dans $\mathbb{R}$ les équations et inéquations suivantes :

1° $e^{2x-1} = 1$ ; $e^{3x-5} = e$ ; $e^{x^2-2x} = \dfrac{1}{e}$ ; $e^x(e^x - 1) = 0$ ; $2e^x - 2 < 1 - e^x$ ; $e^{3x-5} > e^4$.

2° $e^{\frac{1}{x+1}} = e^{-2x+1}$ $(x \neq -1)$ ; $e^{2x+1} < e^{-x^2+4}$.

➔ Corrigé p. 76

**3** ★ 20 min

Déterminer les dérivées des fonctions suivantes :

• pour tout $x$ réel :

$f(x) = xe^x$, $g(x) = (2x - 1)e^{1-x}$, $h(x) = \dfrac{x^2 + 1}{e^x}$, $k(x) = e^{3x^2-1} - e^{-2x}$;

• pour $x \neq 0$, $m(x) = \dfrac{e^x}{x}$, $n(x) = e^{\frac{1}{x}}$.

➔ Corrigé p. 77

**4** ★ 10 min

Calculer la valeur acquise par un capital de 2 000 € placé à intérêts composés au taux de 6 % annuel durant 2 ans, durant 3 ans et demi, durant 5 ans et 4 mois (*arrondir à l'euro*).

➔ Corrigé p. 78

**5** ★★ 25 min

Pour tout $x \in \mathbb{R}$, $f(x) = e^{4x} - e^{2x}$.

1° Montrer que, pour tout $x \in \mathbb{R}$, $f(x)$ peut s'écrire de deux autres manières :

• $f(x) = (e^{2x} - e^x)(e^{2x} + e^x)$ ;

• $f(x) = e^x(e^{2x} + e^x)(e^x - 1)$.

2° Parmi ces trois écritures, laquelle est la plus appropriée pour déterminer le signe de $f(x)$ ? Justifier la réponse.

➔ Corrigé p. 78

**6** ★ 10 min

Déterminer le sens de variation des fonctions suivantes sans calculer leurs dérivées :
$f(x) = e^{-2x+1}$, $x \in \mathbb{R}$ ; $g(x) = e^{x^2}$, $x \in \mathbb{R}$ ; $h(x) = e^{\frac{1}{x}}$, $x \in \mathbb{R}^*$.

→ Corrigé p. 79

**7** ★★ 30 min

Soit $f$ la fonction définie sur $I = [-1 ; 3]$ par $f(x) = x^2 e^{1-x}$ et $\mathcal{C}_f$ sa représentation graphique dans un repère orthonormé.

1° Déterminer l'expression de $f'$, la dérivée de $f$.

2° Étudier le signe de $f'$. En déduire le tableau de variation de $f$ sur $I$.

3° Déterminer l'équation de la tangente $(T)$ à la courbe $\mathcal{C}_f$ au point d'abscisse 1.

→ Corrigé p. 79

**8** ★★★ 30 min

1° Déterminer les taux trimestriel et annuel équivalents à un taux mensuel de 1,2 % (valeur approchée à $10^{-2}$ près).

2° Soit $a$ un nombre positif et $n$ un entier naturel non nul. On admet qu'il existe un unique nombre $T$ positif qui vérifie $T^n = a$.

Vérifier que $T = a^{\frac{1}{n}}$.

3° ***Application :*** Déterminer le taux mensuel moyen correspondant à un taux annuel global de 25 % (*valeur approchée à $10^{-2}$ près*).

→ Corrigé p. 80

**9** ★★ 15 min

L'évolution du PIB français en pourcentage est donnée par le tableau ci-dessous.

| **Année** | 1999 | 2000 | 2001 | 2002 | 2003 | 2004 |
|---|---|---|---|---|---|---|
| **Taux du PIB (%)** | + 3,2 | + 3,8 | + 2,1 | + 1,2 | + 0,5 | + 2,3 |

Calculer le taux de croissance annuel moyen arrondi au centième.

→ Corrigé p. 80

## 10 ★★ 35 min

On considère une fonction $f$ définie et dérivable sur $[-4; 3]$. La courbe de $f$ est donnée ci-après.
On admet que la courbe possède les propriétés suivantes :
- elle passe par le point $A(0 ; 5)$ ;
- la tangente en $A$ à la courbe passe par $B(-2 ; 4)$.

1° Placer les points $A$ et $B$, puis tracer la tangente à la courbe au point $A$.

2° Déterminer $f(0)$ et $f'(0)$.

3° On admet qu'il existe deux réels $a$ et $b$ tels que $f(x) = (ax + b)e^{0,5x}$.
Calculer $f'(x)$ en fonction de $a$ et $b$.

4° En utilisant les réponses obtenues à la question 2°, montrer que $a = -2$ et $b = 5$.

5° Déterminer graphiquement le nombre de solutions de l'équation $f(x) = 3$. À l'aide de la calculatrice, donner un encadrement au dixième de chacune des solutions de l'équation $f(x) = 3$.

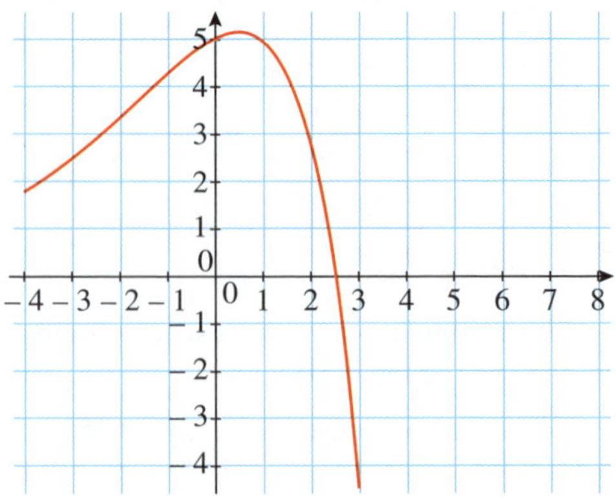


→ Corrigé p. 81

## 11 ★★★ 45 min

Une entreprise artisanale produit des parasols. Elle en fabrique entre 1 et 18 par jour. Le coût de fabrication unitaire est modélisé par une fonction $f$ définie et dérivable sur l'intervalle $[1 ; 18]$.
On note $x$ le nombre de parasols produits par jour et $f(x)$ le coût de fabrication unitaire exprimé en euros.
Dans le repère orthogonal ci-après, on a tracé la courbe représentative $\mathscr{C}$ de la fonction $f$ et la tangente $(T_A)$ au point A(5 ; 55). Le point B(10 ; 25) appartient à la tangente $(T_A)$.
On admet que, pour tout $x$ appartenant à l'intervalle $[1 ; 18]$, on a $f(x) = 2x + 5 + 40e^{-0,2x+1}$.

1° Déterminer graphiquement $f'(5)$ en expliquant la démarche.

2° Déterminer l'expression de $f'(x)$ pour tout $x$ appartenant à l'intervalle $[1 ;18]$ et vérifier le résultat de la question 1.

3° Montrer que $2 - 8e^{-0,2x+1} \geqslant 0$ est équivalente à $x \geqslant 5 + 5\ln 4$.

4° En déduire le signe de $f'(x)$ et le tableau de variation de $f$ ; les valeurs seront arrondies au centime d'euro.

5° Déterminer le nombre de parasols que doit fabriquer l'entreprise pour que le coût de fabrication unitaire soit minimal.

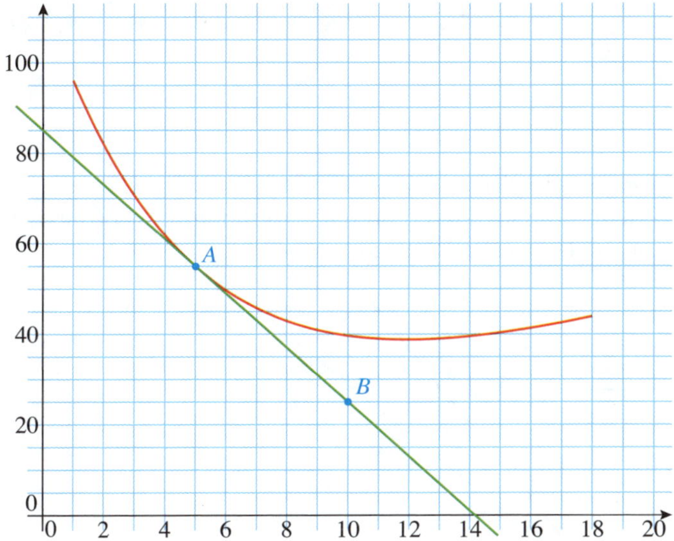


→ Corrigé p. 82

**12** ★★★ **60 min**

Une entreprise fabrique un médicament. Les coûts sont exprimés en milliers d'euros et les quantités en tonnes.

1° Le coût marginal pour une production de $x$ tonnes est donné pour $x \in [0 ; 40]$ par la fonction $f$ définie par $f(x) = 1{,}5\,e^{0{,}05x}$.
On rappelle que le coût marginal $f(x)$ est le coût de fabrication de la $(x+1)^{\text{ième}}$ tonne.
*a*) Calculer $f(0)$, $f(20)$, $f(30)$, $f(40)$. (*Arrondir à $10^{-3}$.*) Interpréter $f(0)$.
*b*) Étudier les variations de $f$.
*c*) Vérifier que la fonction $g$ définie sur $[0 ; 40]$ par $g(x) = 30\,e^{0{,}05x}$ vérifie :

$$g'(x) = f(x).$$

2° Le coût total de production de $x$ tonnes est une fonction $t$ définie sur $[0 ; 40]$ qui doit vérifier :
- $t'(x) = f(x)$ ;
- les coûts fixes de production s'élèvent à 30 milliers d'euros.

*a*) Justifier que la fonction $g$ vérifie les deux conditions ci-dessus.
Dans toute la suite du problème, on pose $t = g$.

*b*) Calculer pour tout $x \in [0\ ;\ 40]$, $\dfrac{t(x+1)}{t(x)}$ et vérifier que ce nombre est constant.

*c*) De quel pourcentage le coût total augmente-t-il quand la production augmente d'une tonne ?

→ *Corrigé p. 83*

**13** ★★★ **55 min**

## Partie A

On considère la fonction $f$ définie sur l'intervalle $[0\ ;\ 5]$ par $f(x) = x + 1 + \mathrm{e}^{-x+0,5}$. On a représenté ci-dessous, dans un plan muni d'un repère orthonormé, la courbe $C$ représentative de la fonction $f$ et la droite $\Delta$ d'équation $y = 1,5x$.

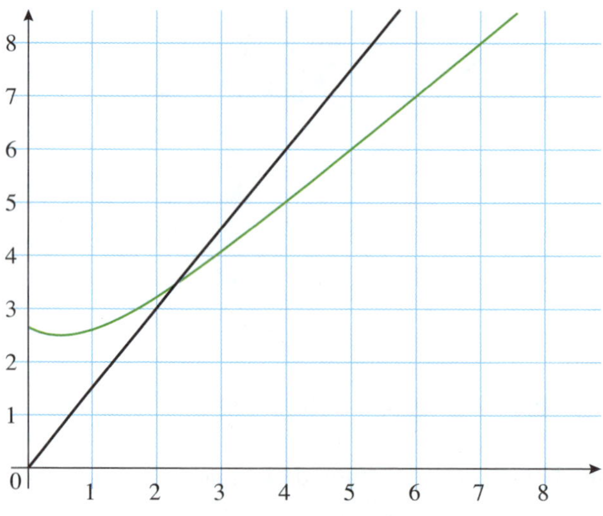


**1°** *a*) Vérifier que, pour tout $x$ appartenant à l'intervalle $[0\ ;\ 5]$, on a $f'(x) = 1 - \mathrm{e}^{-x+0,5}$, où $f'$ désigne la fonction dérivée de $f$.

*b*) Résoudre dans l'intervalle $[0\ ;\ 5]$ l'inéquation $f'(x) \geqslant 0$.

*c*) Dresser le tableau de variations de la fonction $f$ sur l'intervalle $[0\ ;\ 5]$.

**2°** On note $\alpha$ l'abscisse du point d'intersection de $C$ et $\Delta$.

*a*) Donner, par lecture graphique, un encadrement de $\alpha$ à 0,5 près.

*b*) Résoudre graphiquement sur l'intervalle $[0\ ;\ 5]$ l'inéquation $f(x) < 1,5x$.

## Partie B

Une entreprise fabrique des cartes à puces électroniques à l'aide d'une machine.
La fonction $f$, définie dans la partie A, représente le coût d'utilisation de la machine en fonction de la quantité $x$ de cartes produites, lorsque $x$ est exprimé en centaines de cartes et $f(x)$ en centaines d'euros.

**1°** ***a)*** Déduire de la partie *A* le nombre de cartes à produire pour avoir un coût minimal d'utilisation de la machine.

***b)*** Chaque carte fabriquée par la machine est vendue 1,50 €.
La recette perçue pour la vente de $x$ centaines de cartes vaut donc $1{,}5x$ centaines d'euros.
Vérifier que le bénéfice obtenu, en centaines d'euros, par la vente de $x$ centaines de cartes est donné par : $B(x) = 0{,}5x - 1 - \mathrm{e}^{-x+0{,}5}$.

**2°** ***a)*** Montrer que la fonction $B$ est strictement croissante sur l'intervalle [0 ; 5].

***b)*** Montrer que, sur l'intervalle [0 ; 5], l'équation $B(x) = 0$ admet une unique solution comprise entre 2,32 et 2,33.

**3°** On dira que l'entreprise réalise un bénéfice lorsque $B(x) > 0$.
Indiquer la quantité minimale qui doit figurer sur le carnet de commandes de l'entreprise pour que celle-ci puisse réaliser un bénéfice. → *Corrigé p. 83*

**1** → Énoncé p. 70

$A = \dfrac{(e^3)^{-2}}{e^2 \times e^3} = \dfrac{e^{3\times(-2)}}{e^{2+3}} = \dfrac{e^{-6}}{e^5} = e^{-6-5} = e^{-11}.$

$e^a \times e^b = e^{a+b}$ ; $\dfrac{e^a}{e^b} = e^{a-b}$ ; $(e^a)^b = e^{ab}$.

$B = \dfrac{e^{3x+1}}{e^{2x-3}} = e^{3x+1-(2x-3)} = e^{x+4}.$

$C = e^x(e^x - 2) - (e^x - 1)^2 = (e^x)^2 - 2e^x - ((e^x)^2 - 2e^x + 1)$

$= (e^x)^2 - 2e^x - (e^x)^2 + 2e^x - 1 = -1.$

$D = (e^{2x} - e^x)(1 + e^{-x}) = e^{2x} + e^{2x-x} - e^x - e^{x-x} = e^{2x} + e^x - e^x - e^0 = e^{2x} - 1.$

**2** → Énoncé p. 70

1° • $e^{2x-1} = 1 \Leftrightarrow 2x - 1 = 0$ (car $e^x = 1 \Leftrightarrow x = 0$)

$\Leftrightarrow x = \dfrac{1}{2}$. $\quad$ $\boldsymbol{S = \left\{\dfrac{1}{2}\right\}}$.

$e^a = e^b \Leftrightarrow a = b.$

• $e^{3x-5} = e \Leftrightarrow e^{3x-5} = e^1$

$\Leftrightarrow 3x - 5 = 1$ (car pour tous réels $x$ et $y$ : $e^x = e^y \Leftrightarrow x = y$)

$\Leftrightarrow 3x = 6$

$\Leftrightarrow x = 2.$ $\quad$ $\boldsymbol{S = \{2\}}$.

• $e^{x^2-2x} = \dfrac{1}{e} \Leftrightarrow e^{x^2-2x} = e^{-1}$

$\Leftrightarrow x^2 - 2x = -1$ (car pour tous réels $x$ et $y$: $e^x = e^y \Leftrightarrow x = y$).

$\Leftrightarrow x^2 - 2x + 1 = 0$

$\Leftrightarrow (x-1)^2 = 0 \Leftrightarrow x - 1 = 0 \Leftrightarrow x = 1.$ $\quad$ $\boldsymbol{S = \{1\}}$.

• $e^x(e^x - 1) = 0 \Leftrightarrow e^x = 0$ ou $e^x - 1 = 0$ car un produit de facteurs est nul si, et seulement si, l'un des facteurs au moins est nul.

Mais, pour tout $x$ réel, $e^x > 0$,

donc $e^x(e^x - 1) = 0 \Leftrightarrow e^x - 1 = 0 \Leftrightarrow e^x = 1 \Leftrightarrow x = 0.$ $\quad$ $\boldsymbol{S = \{0\}}$.

• Pour tout réel $x$ , $2e^x - 2 < 1 - e^x \Leftrightarrow 2e^x + e^x < 1 + 2$

$\Leftrightarrow 3e^x < 3$

$\Leftrightarrow e^x < 1$

$\Leftrightarrow x < 0.$ $\quad$ $\boldsymbol{S = ]-\infty\ ;\ 0[}$.

• $e^{3x-5} > e^4 \Leftrightarrow 3x - 5 > 4$ (car pour tous réels $x$ et $y$ : $e^x > e^y \Leftrightarrow x > y$).

$\Leftrightarrow 3x > 9$

$\Leftrightarrow x > 3.$ $\quad$ $\boldsymbol{S = ]3\ ;\ +\infty[}$.

2° • Pour $x \neq -1$, $e^{\frac{1}{x+1}} = e^{-2x+1} \Leftrightarrow \dfrac{1}{x+1} = -2x + 1$ (car $e^a = e^b \Leftrightarrow a = b$)

$\Leftrightarrow 1 = (-2x + 1)(x + 1)$

$\Leftrightarrow 1 = -2x^2 - 2x + x + 1 \Leftrightarrow 2x^2 + x = 0$

$\Leftrightarrow x(2x + 1) = 0.$

Un produit de facteurs est nul si, et seulement si, un des facteurs est nul ; donc soit $x = 0$, soit $2x + 1 = 0$, c'est-à-dire $x = -\frac{1}{2}$. $\boldsymbol{S = \left\{0\ ;-\frac{1}{2}\right\}}$.

• Pour tout nombre réel $x$, $e^{2x+1} < e^{-x^2+4} \Leftrightarrow 2x + 1 < -x^2 + 4$

(car $e^a < e^b \Leftrightarrow a < b$)

$\Leftrightarrow x^2 + 2x - 3 < 0.$

Déterminons les racines du polynôme $x^2 + 2x - 3$.
On a $\Delta = 2^2 - 4 \times 1 \times (-3) = 16$, donc $\Delta > 0$.
Le polynôme admet deux racines : $x_1 = \frac{-2-4}{2} = -3$ et $x_2 = \frac{-2+4}{2} = 1$.
Le polynôme est du signe de $-a = -1 < 0$ entre les racines ; donc $\boldsymbol{S = ]-3\ ;1[}$.

**3** → *Énoncé p. 70*

• $f(x) = xe^x$, $x \in \mathbb{R}$.
$f$ est de la forme « $u \times v$ », avec $u(x) = x$ et $v(x) = e^x$ ; $u'(x) = 1$ et $v'(x) = e^x$ et $f' = u'v + uv'$.
Pour tout réel $x$, $f'(x) = 1 \times e^x + x \times e^x = (1 + x)e^x$.

• $g(x) = (2x - 1)e^{1-x}$, $x \in \mathbb{R}$.
$g$ est de la forme « $u \times v$ » avec $u(x) = 2x - 1$ et $v(x) = e^{1-x}$ ;
$u'(x) = 2$ et $v'(x) = -e^{1-x}$ puisque $(e^{ax+b})' = ae^{ax+b}$
$f' = u'v + uv'$ et donc pour tout réel $x$ :

$$g'(x) = 2e^{1-x} - (2x-1)\,e^{1-x} = (-2x+3)e^{1-x}.$$

> $(e^u)' = u' \times e^u$.

• $h(x) = \frac{x^2+1}{e^x}$, $x \in \mathbb{R}$.
$h$ est de la forme $\frac{u}{v}$ avec $u(x) = x^2 + 1$ et $v(x) = e^x$ ; $u'(x) = 2x$ et $v'(x) = e^x$ et $h' = \frac{u'v - uv'}{v^2}$.
Pour tout réel $x$ :

$$h'(x) = \frac{2xe^x - (x^2+1)e^x}{(e^x)^2} = \frac{-x^2+2x-1}{e^x} = \frac{-(x^2-2x+1)}{e^x} = -\frac{(x-1)^2}{e^x}.$$

• $k(x) = e^{3x^2-1} - e^{-2x}$, $x \in \mathbb{R}$.
Nous rappelons que $(e^u)' = u'e^u$ donc $(e^{3x^2-1})' = 6x \times e^{3x^2-1}$ et $(e^{-2x})' = -2e^{-2x}$.
Donc pour tout réel $x$, $k'(x) = 6x \times e^{3x^2-1} + 2e^{-2x}$.

• $m(x) = \frac{e^x}{x}$, $x \neq 0$.
$m$ est de la forme $\frac{u}{v}$ avec $u(x) = e^x$ et $v(x) = x$ ; $u'(x) = e^x$ et $v'(x) = 1$ et $m' = \frac{u'v - uv'}{v^2}$. Donc pour tout réel $x \neq 0$, $m'(x) = \frac{xe^x - 1 \times e^x}{x^2} = \frac{(x-1)e^x}{x^2}$.

• $n(x) = e^{\frac{1}{x}}, x \neq 0$.

$n$ est de la forme $e^u$ avec $u(x) = \frac{1}{x}$ et $u'(x) = \frac{-1}{x^2}$.

Pour tout $x \neq 0$ : $n'(x) = \frac{-1}{x^2} \times e^{\frac{1}{x}}$.

**4** → *Énoncé p. 70*

Augmenter le capital de 6 %, c'est le multiplier par $1 + \frac{6}{100} = 1{,}06$.

Sur une période de 2 ans, le capital sera multiplié par :

$$(1{,}06) \times (1{,}06) = (1{,}06)^2 = 1{,}123\,6.$$

Au bout de 2 ans, le capital sera de :

$$2\,000 \times 1{,}123\,6 = 2\,247{,}2, \text{ soit } 2\,247 \text{ €}.$$

Sur une période 3 ans et demi, le capital sera multiplié par $(1{,}06)^{3,5}$.

Au bout de 3 ans et demi, le capital sera de :

$$2\,000 \times (1{,}06)^{3,5} \approx 2\,452, \text{ soit } 2\,452 \text{ €}.$$

Sur une période de 5 ans et 4 mois, soit $\left(5 + \frac{1}{3}\right)$ ans ou encore $\frac{16}{3}$ d'année, le capital sera multiplié par $(1{,}06)^{\frac{16}{3}}$.

Au bout de 5 ans et 4 mois, le capital sera de $2\,000 \times (1{,}06)^{\frac{16}{3}} \approx 2\,729$.

> Intérêts composés à $t$ % signifie que, chaque année, le capital s'obtient en multipliant celui de l'année précédente par $1 + \frac{t}{100}$.

**5** → *Énoncé p. 70*

1° Pour tout $x \in \mathbb{R}$ :

$$(e^{2x} - e^x)(e^{2x} + e^x) = e^{4x} + e^{3x} - e^{3x} - e^{2x}$$
$$= e^{4x} - e^{2x} = f(x).$$

> Pour démontrer que deux expressions sont égales, il est souvent plus aisé de développer la forme factorisée.

Pour tout $x \in \mathbb{R}$ :

$$e^x(e^{2x} + e^x)(e^x - 1) = (e^{3x} + e^{2x})(e^x - 1) = e^{4x} + e^{3x} - e^{3x} - e^{2x} = f(x).$$

2° Pour déterminer le signe de $f(x)$, on utilise l'expression :

$$f(x) = e^x(e^{2x} + e^x)(e^x - 1).$$

En effet, une exponentielle étant toujours strictement positive, alors le signe de $f(x)$ est le même que celui de $(e^x - 1)$ puisque les deux autres facteurs sont strictement positifs.

On en déduit donc $f(x) = 0 \Leftrightarrow e^x - 1 = 0 \Leftrightarrow e^x = 1 \Leftrightarrow x = 0$ ;

$f(x) > 0 \Leftrightarrow e^x - 1 > 0 \Leftrightarrow e^x > 1 \Leftrightarrow x > 0$ ;

$f(x) < 0 \Leftrightarrow e^x - 1 < 0 \Leftrightarrow e^x < 1 \Leftrightarrow x < 0$.

Pour calculer l'expression de $f'(x)$, on utilise l'expression $f(x) = e^{4x} - e^{2x}$.

En effet $f'(x)$ s'obtient très facilement en utilisant la règle $(e^{kx})' = ke^{kx}$.

Ainsi, pour tout $x \in \mathbb{R}$, $f'(x) = 4e^{4x} - 2e^{2x}$.

**6** → *Énoncé p. 71*

• $f(x) = e^{-2x+1}$, $x \in \mathbb{R}$.

$f = e^u$ avec pour tout $x \in \mathbb{R}$, $u(x) = -2x + 1$.

> $u$ et $e^u$ ont les mêmes variations.

La fonction $u$ est une fonction affine dont le coefficient du terme « $x$ » est $-2 < 0$ ; $u$ est donc strictement décroissante sur $\mathbb{R}$. Comme les fonctions $u$ et $e^u$ ont le même sens de variation, il s'en suit que $f$ est strictement décroissante sur $\mathbb{R}$.

• $g(x) = e^{x^2}$, $x \in \mathbb{R}$. $g = e^u$ avec pour tout $x \in \mathbb{R}$, $u(x) = x^2$.

La fonction $u$ est la fonction carrée, strictement décroissante sur $]-\infty \,;\, 0]$ et strictement croissante sur $[0 \,;\, +\infty[$ ; donc la fonction $g$ est strictement décroissante sur $]-\infty \,;\, 0]$ et strictement croissante sur $[0 \,;\, +\infty[$.

• $h(x) = e^{\frac{1}{x}}$, $x \in \mathbb{R}^*$. $h = e^u$ avec pour tout $x \in \mathbb{R}^*$, $u(x) = \frac{1}{x}$.

La fonction $u$ est la fonction inverse, strictement décroissante sur chacun des intervalles $]-\infty \,;\, 0[$ et $]0 \,;\, +\infty[$ ; donc la fonction $h$ est strictement décroissante sur chacun des intervalles $]-\infty \,;\, 0[$ et $]0 \,;\, +\infty[$.

**7** → *Énoncé p. 71*

1° $f$ est de la forme « $u \times v$ », avec $u(x) = x^2$ et $v(x) = e^{1-x}$ ;
$u'(x) = 2x$ et $v'(x) = -e^{1-x}$ et $f' = u'v + uv'$.
Pour tout $x \in [-1 \,;\, 3]$, $f'(x) = 2xe^{1-x} - x^2e^{1-x} = (2x - x^2)e^{1-x} = x(2-x)e^{1-x}$.

2° Le signe de $f'$ est consigné dans le tableau ci-dessous.

| $x$ | $-1$ | | $0$ | | $2$ | | $3$ |
|---|---|---|---|---|---|---|---|
| $x$ | | $-$ | $0$ | $+$ | | $+$ | |
| $2-x$ | | $+$ | | $+$ | $0$ | $-$ | |
| $e^{1-x}$ | | $+$ | | $+$ | | $+$ | |
| Signe de $f'(x)$ | | $-$ | $0$ | $+$ | $0$ | $-$ | |

On en déduit le tableau de variation de $f$ :

| $x$ | $-1$ | | $0$ | | $2$ | | $3$ |
|---|---|---|---|---|---|---|---|
| $f'(x)$ | | $-$ | $0$ | $+$ | $0$ | $-$ | |
| $f(x)$ | $e^2$ | ↘ | $0$ | ↗ | $\frac{4}{e}$ | ↘ | $\frac{9}{e^2}$ |

3° L'équation réduite de la tangente $(T)$ à $\mathscr{C}_f$ en $x = 1$ est :

$$y = f'(1)(x-1) + f(1)$$

avec $f'(1) = 1 \times (2-1)e^0 = 1$ et $f(1) = 1^2 \times e^0 = 1$ donc $y = x - 1 + 1$ soit $y = x$.

Équation de la tangente à $\mathscr{C}_f$ au point d'abscisse $a$ : $y = f'(a) \times (x-a) + f(a)$.

**8** → Énoncé p. 71

1° Si le taux mensuel est de 1,2 %, cela signifie que le coefficient multiplicateur associé est :

$$1 + \frac{1,2}{100} = 1,012.$$

Toujours transformer les % en coefficient multiplicateur.

Donc, pour un trimestre (= trois mois), le coefficient multiplicateur sera :
$(1,012)^3 \approx 1,036\,43$, ce qui correspond à un taux trimestriel d'environ $1,036\,43 - 1 = 0,036\,4$ ; soit 3,64 %.
Pour un taux annuel (= 12 mois), le coefficient multiplicateur sera :
$(1,012)^{12} \approx 1,153\,9$, ce qui correspond à un taux annuel d'environ $1,153\,9 - 1 = 0,153\,9$ ; soit 15,39 %.

2° $a^{\frac{1}{n}} > 0$.

$(a^{\frac{1}{n}})^n = a^{\frac{1}{n} \times n} = a^{\frac{n}{n}} = a^1 = a$, donc $T = a^{\frac{1}{n}}$ car $T$ est l'**unique** nombre positif vérifiant $T^n = a$.

3° Si le taux annuel est de 25 %, cela signifie que le coefficient multiplicateur associé est $1 + \frac{25}{100} = 1,25$.

Le taux mensuel moyen est le taux $T$ qui vérifie $\left(1 + \frac{T}{100}\right)^{12} = 1,25$.

D'après la question 2°, $1 + \frac{T}{100} = 1,25^{\frac{1}{12}} \approx 1,018\,77$, soit $\frac{T}{100} \approx 0,018\,77$, c'est-à-dire $T \approx 1,88$ %.

**9** → Énoncé p. 71

Les six coefficients multiplicateurs sont dans l'ordre :

$1 + \frac{3,2}{100} = 1,032$ ; $1 + \frac{3,8}{100} = 1,038$ ; $1 + \frac{2,1}{100} = 1,021$ ;

$1 + \frac{1,2}{100} = 1,012$ ; $1 + \frac{0,5}{100} = 1,005$ ; $1 + \frac{2,3}{100} = 1,023$.

Le taux de croissance annuelle moyen est le taux qui, appliqué six fois de 1999 à 2004, aurait le même effet que les six taux cumulés durant ces 6 années.

De 1999 à 2004, le PIB en France a été multiplié par :

$$1{,}032 \times 1{,}038 \times 1{,}021 \times 1{,}012 \times 1{,}005 \times 1{,}023 \approx 1{,}138\,0.$$

On cherche donc un nombre positif $T$ tel que $T^6 = 1{,}138\,0$.

Ce nombre est $T = 1{,}138\,0^{\frac{1}{6}} \approx 1{,}021\,8$ *(voir exercice 8)*.
Ce qui correspond à un taux de croissance moyen d'environ $1{,}021\,8 - 1 = 0{,}021\,8$, soit environ 2,18 %.

**10** → *Énoncé p. 72*

1° Voir ci-contre.

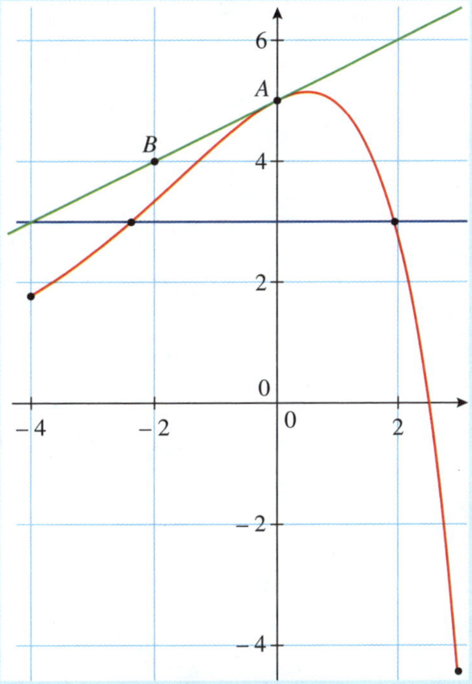


2° $f(0) = 5$, puisque $A(0\ ;\ 5)$ est un point de la courbe représentant $f$.
$f'(0)$ est, par définition, le coefficient directeur de la tangente à la courbe de $f$ au point d'abscisse 0, c'est-à-dire au point $A$.
$f'(0)$ est donc le coefficient directeur de la droite $(AB)$ :

$$f'(0) = \frac{y_B - y_A}{x_B - x_A} = \frac{4-5}{-2-0} = 0{,}5.$$

3° $f$ est de la forme « $u \times v$ »,
donc $f' = u'v + uv'$
avec $u(x) = ax + b$ ; $u'(x) = a$
$v(x) = e^{0,5x}$ ; $v'(x) = 0{,}5e^{0,5x}$

$(e^{kx})' = ke^{kx}$.

donc $f'(x) = ae^{0,5x} + 0{,}5(ax + b)$
$f'(x) = (0{,}5ax + a + 0{,}5b)e^{0,5x}$

4° $f(0) = (a \times 0 + b)e^{0,5\times 0}$
$= be^0 = b$.
Or $f(0) = 5$, d'après la question 2° ; donc $b = 5$.
D'après la question 3°, $f'(0) = (0 + a + 0{,}5b)e^0 = a + 2{,}5$.
Or, d'après la question 2°, $f'(0) = 0{,}5$, donc $a + 2{,}5 = 0{,}5$ ;
donc $a = -2$ et $f(x) = (-2x + 5)e^{0,5x}$.

5° Graphiquement, les solutions de l'équation $f(x) = 3$ sont les abscisses des points d'intersection de la droite d'équation $y = 3$ avec la courbe de $f$.
Sur le graphique, on observe deux nombres solutions $\alpha$ et $\beta$.
À la calculatrice, on obtient $-2{,}4 < \alpha < -2{,}3$ et $1{,}9 < \beta < 2$.

**11** → *Énoncé p. 72*

**1°** $f'(5)$ est le coefficient directeur de la tangente à la courbe au point $A$.

$$f'(5) = \frac{y_B - y_A}{x_B - x_A} = \frac{25 - 55}{10 - 5} = -\frac{30}{5} = -6$$

**2°** La fonction $f$ est dérivable sur [1 ; 18] et $f$ est de la forme $f = v + 40e^u$, donc $f' = v' + 40u'e^u$.

$v(x) = 2x + 5$ et $u(x) = -0{,}2x + 1$, d'où $v'(x) = 2$ et $u'(x) = -0{,}2$.

$f'(x) = 2 + 40(-0{,}2e^{-0{,}2x+1})$, soit $f'(x) = 2 - 8e^{-0{,}2x+1}$.

On vérifie le résultat de la question 1 : $f'(5) = 2 - 8\,e^{-0{,}2\times5+1} = 2 - 8\,e^{0} = 2 - 8 = -6$

**3°** $2 - 8e^{-0{,}2x+1} \geqslant 0 \Leftrightarrow -8e^{-0{,}2x+1} \geqslant -2$

$$\Leftrightarrow e^{-0{,}2x+1} \leqslant \frac{-2}{-8}$$

$$\Leftrightarrow e^{-0{,}2x+1} \leqslant \frac{1}{4}$$

$$\Leftrightarrow \ln\left(e^{-0{,}2x+1}\right) \leqslant \ln\left(\frac{1}{4}\right)$$

$$\Leftrightarrow -0{,}2x + 1 \leqslant -\ln 4$$

$$\Leftrightarrow -0{,}2x \leqslant -1 - \ln 4$$

$$\Leftrightarrow x \geqslant \frac{-1 - \ln 4}{-0{,}2}$$

$$\Leftrightarrow x \geqslant 5 + 5\ln 4$$

Diviser par un nombre négatif change le sens de l'inégalité.

$\ln\left(e^x\right) = x$.

$\ln\left(\frac{1}{a}\right) = -\ln a$, pour $a > 0$.

**4°** D'après la question précédente, on a $f'(x) \geqslant 0 \Leftrightarrow x \geqslant 5 + 5\ln 4$, d'où le tableau de variation de $f$.

| $x$ | 1 | | 5 + 5 ln 4 | | 18 |
|---|---|---|---|---|---|
| Signe de $f'(x)$ | | − | 0 | + | |
| Variations de $f$ | $f(1)$ ↘ | | $f(5 + 5\ln 4)$ | ↗ | $f(18)$ |

Les valeurs arrondies au centième d'euro sont :

$f(1) = 2 + 5 + 40e^{-0{,}2+1} \approx 96{,}02$

$f(5 + 5\ln 4) = 2 \times (5 + 5\ln 4) + 5 + 40e^{-0{,}2\times(5+5\ln 4)+1} \approx 38{,}86$

$f(18) = 2 \times 18 + 5 + 40e^{-0{,}2\times18+1} \approx 43{,}97$

**5°** $5 + 5\ln 4 \approx 11{,}93$, donc le coût minimal unitaire sera pour 11 ou 12 parasols.

$f(11) = 2 \times 11 + 5 + 40e^{-0{,}2\times11+1} \approx 39{,}05$ et

$f(12) = 2 \times 12 + 5 + 40e^{-0{,}2\times12+1} \approx 38{,}86$.

Le coût de fabrication unitaire minimal sera obtenu pour la fabrication de 12 parasols.

On doit choisir un nombre entier pour le nombre de parasols.

**12** → *Énoncé p. 73*

1° *a*) $f(0) = 1{,}5$ ; $f(20) = 1{,}5\mathrm{e} \approx 4{,}077$ ;
$f(30) = 1{,}5\mathrm{e}^{1,5} \approx 6{,}724$ ; $f(40) = 1{,}5\mathrm{e}^{2} \approx 11{,}084$.

Attention aux unités !

$f(0) = 1{,}5$ signifie que le coût de fabrication de la première tonne de médicaments est de 1 500 €.

*b*) Pour tout $x \in [0 ; 40]$, $f'(x) = 0{,}05 \times 1{,}5\mathrm{e}^{0,05x} = 0{,}075\mathrm{e}^{0,05x}$.
Donc, pour tout $x \in [0 ; 40]$, $f'(x) > 0$ car une exponentielle est toujours strictement positive.
Ainsi, la fonction $f$ est strictement croissante sur $[0 ; 40]$.

*c*) Pour tout $x \in [0 ; 40]$, $g(x) = 30\mathrm{e}^{0,05x}$.
Donc $g'(x) = 0{,}05 \times 30\mathrm{e}^{0,05x} = 1{,}5\mathrm{e}^{0,05x} = f(x)$.

2° *a*) On sait, d'après la question 1° *c*) que, pour tout $x \in [0 ; 40]$, $g'(x) = f(x)$. La première condition est vérifiée.
De plus, $g(0) = 30\mathrm{e}^{0} = 30 \times 1 = 30$, ce qui correspond à la deuxième condition.

Coûts fixes de production = coûts hors production ou coût pour 0 objet produit.

*b*) Pour tout $x \in [0 ; 40]$ :

$$\frac{t(x+1)}{t(x)} = \frac{1{,}5\mathrm{e}^{0,05(x+1)}}{1{,}5\mathrm{e}^{0,05x}} = \frac{1{,}5\mathrm{e}^{0,05x+0,05}}{1{,}5\mathrm{e}^{0,05x}} = \frac{1{,}5\mathrm{e}^{0,05x} \times \mathrm{e}^{0,05}}{1{,}5\mathrm{e}^{0,05x}} = \mathrm{e}^{0,05}.$$

*c*) $\dfrac{t(x+1)}{t(x)} = \mathrm{e}^{0,05} \Leftrightarrow t(x+1) = \mathrm{e}^{0,05} \times t(x)$.

Donc, d'après la question 2° *b*), quand la production augmente d'une unité le coût est multiplié par $\mathrm{e}^{0,05} \approx 1{,}051\,3$, le pourcentage d'augmentation est donc d'environ : $1{,}051\,3 - 1 = 0{,}051\,3$, soit 5,13 %.

Pour passer du coefficient multiplicateur au %, on enlève 1 et on multiplie par 100.

**13** → *Énoncé p. 74*

## Partie A

1° *a*) La fonction $f$ est dérivable sur $[0 ; 5]$ et $f$ est de la forme $f = v + \mathrm{e}^{u}$, donc $f' = v' + u'\mathrm{e}^{u}$.
$v(x) = x + 1$ et $u(x) = -x + 0{,}5$, d'où $v'(x) = 1$ et $u'(x) = -1$.
$f'(x) = 1 + (-1 \times \mathrm{e}^{-x+0,5})$, soit $f'(x) = 1 - \mathrm{e}^{-x+0,5}$.

*b)* $f'(x) \geqslant 0 \Leftrightarrow 1 - e^{-x+0,5} \geqslant 0$
$\Leftrightarrow -e^{-x+0,5} \geqslant -1$
$\Leftrightarrow e^{-x+0,5} \leqslant \dfrac{-1}{-1}$
$\Leftrightarrow \ln\left(e^{-x+0,5}\right) \leqslant \ln(1)$
$\Leftrightarrow -x + 0,5 \leqslant 0$
$\Leftrightarrow -x \leqslant -0,5$
$\Leftrightarrow x \geqslant 0,5$

$\ln\left(e^x\right) = x.$

*c)* D'après la question précédente, on a $f'(x) \geqslant 0 \Leftrightarrow x \geqslant 0,5$, d'où le tableau de variation de $f$.

| $x$ | 0 | | 0,5 | | 5 |
|---|---|---|---|---|---|
| Signe de $f'(x)$ | | – | 0 | + | |
| Variations de $f$ | $f(0)$ ↘ | | $f(0,5)$ | ↗ | $f(5)$ |

$f(0) = 1 + e^{0,5}$
$f(0,5) = 2,5$
$f(5) = 6 + e^{-4,5}$

**2° *a)*** L'abscisse du point d'intersection entre la courbe et la droite est comprise entre 2 et 2,5.
***b)*** La droite est en-dessous de la courbe sur $[0\,;\alpha[$ et au-dessus sur $]\alpha\,;5]$.
La solution de l'inéquation $f(x) < 1,5x$ est donc $]\alpha\,;5]$.

## Partie B

**1° *a)*** Le minimum de la fonction est obtenu pour $x = 0,5$, donc le coût d'utilisation de la machine est minimal lorsque 50 cartes sont produites.
***b)*** Pour tout $x \in [0\,;5]$, $B(x) = R(x) - f(x)$.
Soit $B(x) = 1,5x - \left(x + 1 + e^{-x+0,5}\right) = 1,5x - x - 1 - e^{-x+0,5}$
Donc : $B(x) = 0,5x - 1 - e^{-x+0,5}$

Bénéfice = Recette – Coûts.

**2° *a)*** $B(x) = 0,5x - 1 - e^{-x+0,5}$, donc $B'(x) = 0,5 - \left(-e^{-x+0,5}\right)$
Soit $B'(x) = 0,5 + e^{-x+0,5}$
Pour tout $x$ réel, $e^{-x+0,5} > 0$, donc $B'(x) > 0$.
La fonction $B$ est donc strictement croissante sur $[0\,;5]$.
***b)*** La fonction B est strictement croissante et continue, car dérivable, sur l'intervalle $[0\,;5]$, avec :
$B(0) = -1 - e^{0,5} < 0$ et $B(5) = 1,5 - e^{-4,5} \approx 1,5 > 0$ ;
donc, d'après le Théorème des Valeurs Intermédiaires, l'équation $B(x) = 0$ admet une unique solution $\alpha$.

$\alpha$ est la valeur exacte de la question 2 de la partie A.

$B(2{,}32) \approx -0{,}002 < 0$ et $B(2{,}33) \approx 0{,}0046 > 0$, donc $2{,}32 < \alpha < 2{,}33$.

**3°** L'entreprise réalise un bénéfice pour $B(x) > 0$.
À partir du tableau de variation, on obtient le signe de $B(x)$ :

| $x$ | 0 | 2,32 | $\alpha$ | 2,33 | 5 |
|---|---|---|---|---|---|
| Variations de $B$ | $B(0)$ | | 0 | | $B(5)$ |
| Signe de $B(x)$ | | $-$ | 0 | $+$ | |

$B(x) > 0 \Leftrightarrow x > \alpha$, et, en tenant compte des approximations, l'entreprise réalisera un bénéfice à partir de 233 cartes fabriquées et vendues.

CHAPITRE 4

# Fonction logarithme népérien

## 1 Fonction logarithme

### A. Définition

La **fonction logarithme népérien**, notée **ln**, est la fonction qui à tout nombre réel $x$ strictement positif associe le nombre réel $y$ tel que $e^y = x$.

$$\ln : ]0 ; +\infty[ \to \mathbb{R}$$
$$x \mapsto y = \ln(x) \quad \textbf{avec } e^y = x.$$

### B. Premières propriétés

*a*) $\ln(x)$ existe si, et seulement, si $x > 0$.
*b*) $\ln(1) = 0$ car $e^0 = 1$.
*c*) $\ln(e) = 1$ car $e^1 = e$.
*d*) Pour tout nombre réel $y$, $\ln(e^y) = y$.
*e*) Pour tout nombre réel $x > 0$, $e^{\ln(x)} = x$.
*f*) La courbe de la fonction ln est symétrique de celle de la fonction exponentielle par rapport à la droite d'équation $y = x$.

***Illustration***

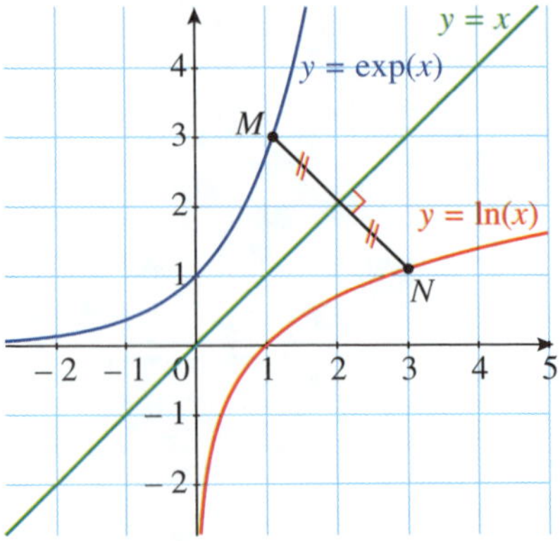


■ Lorsque le point $M$ décrit la courbe de la fonction exponentielle, le point $N$ décrit par symétrie par rapport à la droite d'équation $y = x$, la courbe de la fonction logarithme népérien.

■ En particulier, on peut observer que, pour tout réel $x > 0$ :

$$e^x > x > \ln(x).$$

## C. Propriétés algébriques

*a*) Pour tous réels $x$ et $y$ strictement positifs, et pour tout entier relatif $n$ :

$$\ln(x \times y) = \ln(x) + \ln(y) \ ; \quad \ln\left(\frac{x}{y}\right) = \ln(x) - \ln(y) \ ; \quad \ln(x^n) = n \times \ln(x).$$

*b*) Conséquences :

$$\ln\left(\frac{1}{x}\right) = -\ln(x) \ ; \qquad \ln(\sqrt{x}) = \frac{1}{2}\ln(x).$$

*c*) Exemples :

$\ln(2) + \ln(5) = \ln(10)$ ; $\ln(0{,}2) = \ln\left(\frac{2}{10}\right) = \ln\left(\frac{1}{5}\right) = \ln(1) - \ln(5) = -\ln(5)$.

$\ln(8) = \ln(2^3) = 3\ln(2)$ ; $\ln(2\sqrt{3}) = \ln(2) + \ln(\sqrt{3}) = \ln(2) + \frac{1}{2}\ln(3)$.

## D. Étude de la fonction logarithme népérien

■ La fonction **ln est définie sur $]0 ; +\infty[$**.

■ La fonction ln est dérivable sur $]0 ; +\infty[$ et, pour tout $x$ strictement positif, on a $(\ln(x))' = \frac{1}{x}$.

■ Comme $x > 0$ alors pour tout $x$, $(\ln(x))' = \frac{1}{x} > 0$.

La fonction **ln est donc strictement croissante sur $]0 ; +\infty[$**.

■ Le tableau de variation de la fonction ln est le suivant :

| $x$ | 0 | 1 | e | $+\infty$ |
|---|---|---|---|---|
| $(\ln(x))' = \frac{1}{x}$ | ‖ | + | | |
| $\ln(x)$ | ‖ | 0 ↗ | 1 ↗ | |

***Conséquences***

Pour tous réels strictement positifs $x$ et $y$ :

$$x < y \Leftrightarrow \ln(x) < \ln(y).$$
$$x > y \Leftrightarrow \ln(x) > \ln(y).$$
$$x = y \Leftrightarrow \ln(x) = \ln(y).$$

En particulier :

$$\ln(x) < 0 \Leftrightarrow 0 < x < 1$$
$$\ln(x) > 0 \Leftrightarrow x > 1$$
$$\ln(x) = 0 \Leftrightarrow x = 1$$
car $\ln(1) = 0$

## E. Courbe de la fonction logarithme népérien

Tangente en $x = 1$ : $y = x - 1$.

Tangente en $x = \text{e}$ : $y = \frac{1}{\text{e}}x$.

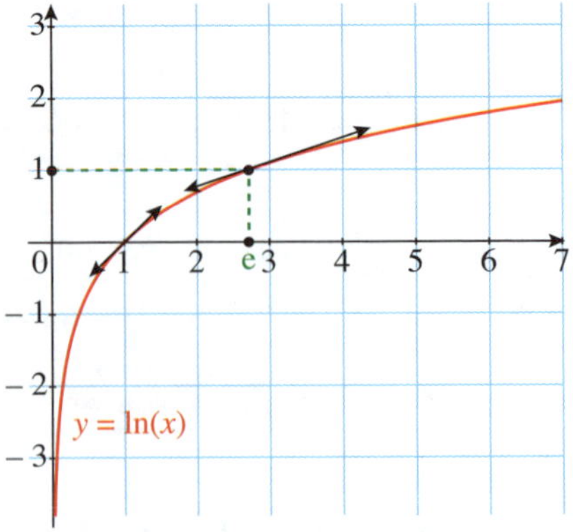


## 2 Équation $x^n = k$, avec $n$ entier naturel et $k$ réel strictement positif

***Exemple***

Résolution dans $]0 ; +\infty[$ de $x^6 = 17$.

Les nombres $x^6$ et 17 sont strictement positifs, donc :

$$x^6 = 17 \Leftrightarrow \ln(x^6) = \ln(17) \Leftrightarrow 6\ln(x) = \ln(17) \Leftrightarrow \ln(x) = \frac{\ln(17)}{6}$$

$$\Leftrightarrow \text{e}^{\ln(x)} = \text{e}^{\frac{\ln(17)}{6}} \Leftrightarrow x = \text{e}^{\frac{\ln(17)}{6}}.$$

La résolution de l'équation nécessite de connaître les propriétés des fonctions logarithme et exponentielle.

L'unique solution de l'équation dans l'intervalle $]0 ; +\infty[$ est donc $x = \text{e}^{\frac{\ln(17)}{6}}$.

***Remarque***

Si $k < 0$ ou si $k = 0$, il faudrait étudier au cas par cas, mais ce n'est pas au programme. De même, les solutions négatives ne sont pas recherchées avec la méthode précédente.

## 1 Résoudre une équation ou une inéquation comportant des logarithmes

### EXERCICE TYPE 1

Résoudre dans $\mathbb{R}$ l'équation $\ln(x-1)+\ln(x+1)=\ln(5-x)$.

### CORRIGÉ COMMENTÉ

1° On détermine le domaine de validité noté $D$ de cette équation, c'est-à-dire l'ensemble des réels $x$ pour lesquels cette équation a un sens.
En effet, il est nécessaire que les expressions figurant dans chaque logarithme soient positives : à savoir, $x-1>0$, $x+1>0$ et $5-x>0$.
Il faut donc que $x>1$ et $x>-1$ et $5>x$.
En conclusion, il faut que $x$ se situe dans l'intervalle $D=]1\ ;5[$.

2° On transforme l'équation en une équation de la forme $\ln(a)=\ln(b)$.
Pour tout réel $x$ de $D$, $\ln(x-1)+\ln(x+1)=\ln(5-x)$

$\Leftrightarrow \ln((x-1)\times(x+1))=\ln(5-x)$ car $\ln(a)+\ln(b)=\ln(ab)$.

$\Leftrightarrow \ln(x^2-1)=\ln(5-x)$

$\Leftrightarrow x^2-1=5-x$ car $\ln(a)=\ln(b)\Leftrightarrow a=b$

$\Leftrightarrow x^2+x-6=0$.

On calcule le discriminant de ce polynôme du second degré :

$$\Delta=b^2-4ac=1^2-4\times1\times(-6)=25.$$

$\Delta>0$, il y a donc deux racines :

$$x_1=\frac{-b-\sqrt{\Delta}}{2a}=\frac{-1-5}{2}=-3 \quad \text{et} \quad x_2=\frac{-b+\sqrt{\Delta}}{2a}=\frac{-1+5}{2}=2.$$

Mais $-3\notin D=]1\ ;5[$ donc $\boldsymbol{S=\{2\}}$.

Toujours vérifier si la solution appartient au domaine de définition avec des logarithmes.

### EXERCICE TYPE 2

Résoudre dans $\mathbb{R}$ l'inéquation $\ln(x-1)+\ln(x+1)<\ln(5-x)$.

### CORRIGÉ COMMENTÉ

La démarche est identique à celle de l'équation ci-dessus.
Le domaine de validité est toujours $D=]1\ ;5[$.

Résoudre, dans $D$, $\ln(x-1)+\ln(x+1)<\ln(5-x)$

revient à résoudre, dans $D$, $\ln((x-1)\times(x+1))<\ln(5-x)$

car $\ln(a)+\ln(b)=\ln(ab)$.

ou $\ln(x^2-1)<\ln(5-x)$

donc $x^2-1<5-x$

c'est-à-dire $x^2+x-6<0$.

$\ln(a)<\ln(b) \Leftrightarrow a<b$.

Le polynôme $x^2+x-6$ est du signe de $a=1>0$ sauf entre ses racines qui sont $-3$ et 2.

Donc $S = ]-3\ ;\ 2[\ \cap D = ]-3\ ;\ 2[\ \cap\ ]1\ ;\ 5[\ =\ ]1\ ;\ 2[$

## À RETENIR

- Avant de résoudre une équation ou une inéquation avec des logarithmes, **il faut déterminer le domaine de validité *D*** de celle-ci sachant que $\ln(a)$ existe lorsque $a>0$.
- **Pour résoudre une équation ou une inéquation avec des logarithmes,** on se ramène, en utilisant les propriétés algébriques des logarithmes, **à une équation du type ln *a* = ln *b* équivalente ou à une inéquation du type ln *a* < ln *b* équivalente.**
- En utilisant les propriétés de comparaison des logarithmes, on résout alors une équation du type $a=b$ ou une inéquation du type $a<b$.
- On conclut en *s*'assurant que les solutions trouvées sont dans $D$.

# 2 Étudier une fonction comportant des logarithmes

## EXERCICE TYPE

Soit $f$ la fonction définie sur $]0\ ;\ +\infty[$ par $f(x)=x(\ln x-3)$ et $(\tau)$ sa courbe représentative dans un repère orthonormé.

**1°** Calculer l'ordonnée des points $A$ et $B$, d'abscisses respectives 1 et $e^2$, situés sur $(\tau)$.

**2°** Déterminer les abscisses des points d'intersection de $(\tau)$ avec l'axe des abscisses.

**3°** Déterminer, pour tout $x>0$, l'expression de $f'(x)$.

**4°** Étudier le signe de $f'$ et en déduire le tableau de variation de $f$.

## CORRIGÉ COMMENTÉ

**1°** L'ordonnée du point $A$ d'abscisse 1 est :

$$f(1) = 1 \times (\ln(1) - 3) = -3 \qquad \text{car } \ln(1) = 0.$$

L'ordonnée du point B d'abscisse $e^2$ est :

$$f(e^2) = e^2 \times (\ln(e^2) - 3) = e^2 \times (2 - 3) = -e^2 \qquad \text{car } \ln(e^2) = 2\ln e = 2 \text{ et } \ln e = 1.$$

**2°** L'abscisse $x$ d'un point $M$ intersection de la courbe $(\tau)$ avec l'axe des abscisses vérifie $f(x) = 0$, ce qui est équivalent à $x(\ln x - 3) = 0$.
Comme $x \neq 0$, alors $\ln x - 3 = 0$ d'après la règle du produit nul

$$(a \times b = 0 \Leftrightarrow a = 0 \text{ ou } b = 0).$$

Donc $\ln x = 3$ ; donc $x = e^3$ $\quad(\ln x = y \text{ avec } x > 0 \Leftrightarrow x = e^y)$.
Il existe un seul point d'intersection entre $(\tau)$ et l'axe des abscisses : $M(e^3 ; 0)$.

**3°** $f$ est le produit de deux fonctions dérivables sur $]0 ; +\infty[$ :

$$f = u \times v, \text{ donc } f' = u'v + uv' \text{ avec } u(x) = x \text{ et } u'(x) = 1 ;$$

$$v(x) = \ln x - 3 \text{ et } v'(x) = \frac{1}{x}.$$

Pour tout $x > 0$, $f'(x) = 1 \times (\ln x - 3) + x \times \frac{1}{x} = \ln x - 3 + 1 = \ln x - 2$.

**4°** $f'(x) = 0 \Leftrightarrow \ln x - 2 = 0 \Leftrightarrow \ln x = 2 \Leftrightarrow x = e^2$ $\quad(\ln x = y \text{ avec } x > 0 \Leftrightarrow x = e^y)$.
$f'(x) > 0 \Leftrightarrow \ln x - 2 > 0 \Leftrightarrow \ln x > 2 \Leftrightarrow \ln x > \ln e^2 \Leftrightarrow x > e^2$
car $\ln(x) > \ln(y) \Leftrightarrow x > y$.
$f'(x) < 0 \Leftrightarrow \ln x - 2 < 0 \Leftrightarrow \ln x < 2 \Leftrightarrow \ln x < \ln e^2 \Leftrightarrow x < e^2$
car $\ln(x) < \ln(y) \Leftrightarrow x < y$.

On en déduit le tableau de variation de $f$ sur $]0 ; +\infty[$ :

| $x$ | 0 | | $e^2$ | | $+\infty$ |
|---|---|---|---|---|---|
| $f'(x)$ | | $-$ | 0 | $+$ | |
| $f(x)$ | | ↘ | $-e^2$ | ↗ | |

$f(e^2) = -e^2$, car la courbe $(\tau)$ passe par le point $B(e^2 ; -e^2)$.

> Toujours garder en tête les calculs précédents pour éviter de faire deux fois le même calcul.

À RETENIR

- **Pour étudier les variations d'une fonction comportant des logarithmes :**

– on détermine la dérivée en appliquant la formule suivante :

$$\text{pour } x > 0,\ (\ln x)' = \frac{1}{x}\ ;$$

– l'étude du signe de la dérivée conduit à la résolution d'inéquation du type :

$\ln x > m$ qui admet pour solution $x > \mathrm{e}^m$.

**1** ★ 5 min

Écrire les nombres suivants en fonction de ln 2 ou de ln 3 :

$\ln 9$ ; $\ln 6$ ; $\ln \frac{1}{4}$ ; $\ln 12$ ; $\ln \frac{8}{9}$ ; $\ln 8 - \ln 12$ ; $\ln \frac{1}{27} + \ln 9$ ; $\ln 2\sqrt{2}$.

→ Corrigé p. 100

**2** ★★ 45 min

Résoudre dans $\mathbb{R}$ les équations et inéquations suivantes :

*a*) $\ln(x + 1) = 2$ ;
*b*) $\ln x < -2$ ;
*c*) $\ln(x + 1) + \ln(2x) = \ln(-2x + 6)$ ;
*d*) $\ln(3 - x) - \ln(x - 1) = \ln 3$ ;
*e*) $\ln 3 + \ln x > \ln(x^2 - 4)$.

→ Corrigé p. 100

**3** ★★ 30 min

1° *a*) Résoudre dans $\mathbb{R}$ l'équation $X^2 - 5X + 6 = 0$.
*b*) En déduire les solutions de l'équation $(\ln x)^2 - 5\ln x + 6 = 0$.

2° Résoudre dans $\mathbb{R}$ l'équation $2e^{2x} + 3e^x - 2 = 0$.
(*Aide : on pourra poser* $X = e^x$.)

→ Corrigé p. 102

**4** ★ 20 min

1° Déterminer le plus petit entier naturel $n$ pour que $0{,}95^n < 0{,}5$.

2° ***Application :*** La population d'un village diminue de 7 % par an. Au bout de combien d'années cette population sera-t-elle inférieure au quart de la population initiale ?

→ Corrigé p. 102

**5** ★ 45 min

Déterminer dans chaque cas l'expression de $f'(x)$, où $f'$ désigne la dérivée de la fonction $f$ sur l'intervalle $I$, puis en déduire le sens de variation de la fonction $f$ sur I.

*a*) $f(x) = x\ln x$ $\quad I = ]0 ; +\infty[$.

*b*) $f(x) = \dfrac{\ln(x) + 1}{x}$ $\quad I = ]0 ; +\infty[$.

→ Corrigé p. 103

**6** ★ **20 min**

Pour chacune des quatre questions, une seule des quatre réponses proposées convient.

1° Le nombre $A = 2\ln\frac{e}{4} + 5\ln 2 + \ln\frac{8}{e}$ est égal à :

*a*) $1 + 4\ln 2$. *b*) $4\ln 2 + 3$. *c*) $2\ln 5 + 1$. *d*) $8\ln 2$.

2° L'inéquation $\ln(1 - x) > 1$ est équivalente à :
*a*) $x < 1 - e$. *b*) $x > -e$. *c*) $x > e - 1$. *d*) $x < 1$.

3° $f$ est une fonction définie sur $]0\ ;+\infty[$. Si $f'(x) = \ln(x) + 2$, alors $f(x) = \ldots$ :
*a*) $x\ln(x)$. *b*) $x\ln(x) + 2x$. *c*) $x\ln(x) + x$. *d*) $x\ln(x) - x$.

4° La tangente à la courbe de la fonction ln au point d'abscisse 1 a pour équation :
*a*) $y = 1$. *b*) $y = x + 1$. *c*) $y = x - 1$. *d*) $y = -x + 1$.

→ *Corrigé p. 104*

**7** ★★ **25 min**

**Partie 1**

Résoudre l'équation $x^5 = 8$.

**Partie 2**

Le tableau ci-dessous donne l'évolution du PIB (en valeur) en France entre 2000 et 2012 :

| **Année** | 2000 | 2001 | 2002 | 2003 | 2004 | 2005 | 2006 |
|---|---|---|---|---|---|---|---|
| **Valeur** | 1 439,6 | 1 495,6 | 1 542,9 | 1 587,9 | 1 655,6 | 1 718,0 | 1 798,1 |

| **Année** | 2007 | 2008 | 2009 | 2010 | 2011 | 2012 |
|---|---|---|---|---|---|---|
| **Valeur** | 1 886,8 | 1 933,2 | 1 885,8 | 1 936,7 | 2 001,4 | 2 032,3 |

Source *INSEE*, base 2005

1° Calculer le pourcentage d'évolution $p$ entre les années 2000 et 2012 du PIB de la France en valeur (*arrondir à 0,1%*).

2° Calculer une valeur approchée du taux moyen $t$ en % d'augmentation annuelle sur cette période.

→ *Corrigé p. 105*

**8** ★★ 40 min

La capacité pulmonaire d'une personne est la quantité d'air (mesurée en litres) pouvant être inspirée.
Dans le cas d'une inspiration forcée, à partir de 10 ans, la capacité pulmonaire (en litres) d'une personne peut être modélisée en fonction de son âge $x$ (en années) par la fonction $f$ définie par :

$$f(x) = \frac{110\,(\ln(x) - 2)}{x}.$$

**1°** On donne ci-dessous la courbe ($C$) représentative de la fonction $f$ sur l'intervalle [10 ; 100] dans un repère orthogonal. En utilisant la courbe ($C$) :
*a*) Estimer graphiquement à quel âge la capacité pulmonaire est maximale, puis donner cette capacité ;
*b*) Estimer graphiquement l'âge à partir duquel un adulte a une capacité pulmonaire inférieure à celle d'un enfant de 10 ans.

**2°** On note $f'$ la fonction dérivée de la fonction $f$ sur l'intervalle [10 ; 100].
*a*) Vérifier que pour tout nombre réel $x$ de l'intervalle [10 ; 100] :

$$f'(x) = 110 \times \frac{3 - \ln(x)}{x^2}.$$

*b*) Déterminer le signe de $f'$ sur [10 ; 100].
*c*) Dresser le tableau de variation de la fonction $f$ sur l'intervalle [10 ; 100].
*d*) Déterminer la valeur exacte du maximum de $f$ puis la valeur arrondie à $10^{-2}$ près.

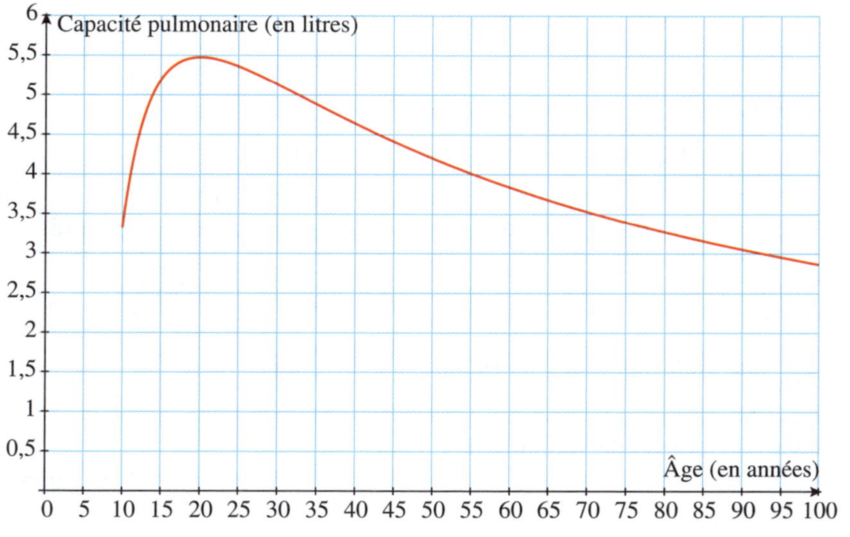


→ Corrigé p. 105

**9** ★★★ **60 min**

## Partie A

On considère la fonction $g$ définie sur $]0 ; +\infty[$ par $g(x) = \ln x + 2x^2 - 3$.

1° On note $g'$ la dérivée de $g$ sur $]0 ; +\infty[$. Calculer $g'(x)$ pour tout $x$ de l'intervalle $]0 ; +\infty[$.

2° Étudier le signe de $g'$ et en déduire le sens de variation de $g$.

3° Calculer $g(1)$ et $g(2)$. En déduire que l'équation $g(x) = 0$ possède une unique solution, notée $\alpha$ (alpha) dans $]0 ; +\infty[$, puis en déduire le tableau de signe de la fonction $g$ sur $]0 ; +\infty[$.

## Partie B

On considère l'algorithme suivant :

| | |
|---|---|
| ***Entrée :*** | $P$ est un réel strictement positif. |
| ***Initialisation :*** | $x$ prend la valeur 1, $y$ prend la valeur $-1$, $z$ prend la valeur 1. |
| ***Traitement :*** | tant que $y < 0$ :<br>    $x$ prend la valeur $x + P$,<br>    $y$ prend la valeur $g(x)$,<br>    $z$ prend la valeur $x - P$. |
| ***Affichage :*** | afficher $z$<br>afficher « $<$ alpha $<$ »<br>afficher $x$ |

1° Faire fonctionner l'algorithme avec $P = 0,1$.

2° Que fait cet algorithme ? Quel affichage obtient-on en sortie ?

3° On fait fonctionner l'algorithme avec une certaine valeur de $P$. On obtient $1,18 < \text{alpha} < 1,21$ en sortie. Quelle valeur de $P$ avait-on choisie en entrée ?

## Partie C

On considère la fonction $f$ définie sur $]0 ; +\infty[$ par $f(x) = \dfrac{2}{x} - \dfrac{\ln x}{x} + 2x - 5$.

1° Montrer que, pour tout réel $x$ de l'intervalle $]0 ; +\infty[$, $f'(x) = \dfrac{g(x)}{x^2}$.

2° En déduire le tableau de variation de $f$.

→ Corrigé p. 107

**10** ★★ 45 min *Les parties* A *et* B *sont indépendantes.*

## Partie A

La courbe ($\mathscr{C}$) ci-dessous représente, dans un repère orthonormé, une fonction $f$ définie et dérivable sur $]0\ ;+\infty[$. On note $f'$ la fonction dérivée de $f$.
La courbe ($\mathscr{C}$) passe par les points $A(\mathrm{e}\ ;0)$ et $B(1\ ;-1)$.
La courbe ($\mathscr{C}$) admet une tangente parallèle à l'axe des abscisses au point $B$ d'abscisse 1 et la tangente au point $A$ d'abscisse e passe par le point $D(0\ ;-\mathrm{e})$.

Par lecture graphique :

*a)* Déterminer une équation de la droite ($AD$) ;

*b)* Déterminer $f(1)$ et $f'(1)$ ;

*c)* Déterminer le tableau de variation de $f$ sur $]0\ ;5]$ ;

*d)* Établir le tableau de signe de $f'$ sur $]0\ ;5]$.

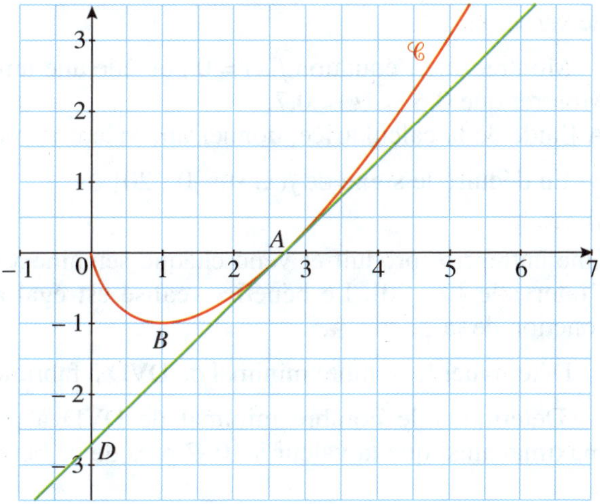


## Partie B

On considère la fonction $g$ définie sur $]0\ ;+\infty[$ par $g(x)=x(\ln x-1)$.
On note $g'$ la fonction dérivée de $g$.

*a)* Résoudre sur $]0\ ;+\infty[$ l'équation $g(x)=0$.

*b)* Montrer que, pour tout réel $x$ de $]0\ ;+\infty[$, $g'(x)=\ln x$.

*c)* En déduire le signe de $g'(x)$ sur $]0\ ;+\infty[$ et le sens de variation de $g$.

*d)* Dresser le tableau de variation de $g$ sur l'intervalle $]0\ ;5]$.

*e)* Donner une équation de la tangente à la courbe $\mathscr{C}_g$ de la fonction $g$ aux points d'abscisses 1 et e.

→ Corrigé p. 108

**11** ★★ 45 min

On considère la fonction $f$, définie sur l'intervalle $]0\ ;20]$ par :

$$f(x)=(3\mathrm{e}^2-x)\ln x+10.$$

## Partie A

1° Calculer la valeur exacte de $f(\mathrm{e}^2)$, puis donner une valeur approchée à 0,001 près.

2° Montrer que, pour tout $x$ de $]0\ ;20]$, $f'(x)=-\ln x+\dfrac{3\mathrm{e}^2}{x}-1$, où $f'$ désigne la dérivée de la fonction $f$.

3° Un logiciel de calcul formel permet d'établir le tableau de variation de la fonction $f'$ suivant :

| $x$ | $0$ | | $e^2$ | | $20$ |
|---|---|---|---|---|---|
| $f'(x)$ | ‖ | ↘ | $0$ | ↘ | |

*a*) À l'aide de ce tableau, donner le sens de variation de $f'$ puis donner le signe de $f'(x)$ sur $]0 ; 20]$.
*b*) En déduire le sens de variation de la fonction $f$ sur $]0 ; 20]$ et dresser son tableau de variation.

4° Montrer que l'équation $f(x) = 0$ possède une unique solution notée $\alpha$.
Montrer que $0{,}6 < \alpha < 0{,}7$.
À l'aide de la calculatrice, donner une valeur approchée de $\alpha$ à 0,01 près.

5° En déduire le signe de $f(x)$ sur $]0 ; 20]$.

### Partie B

Une entreprise produit et vend chaque semaine $x$ milliers de DVD, $x$ appartenant à l'intervalle $]0 ; 20]$. Le bénéfice réalisé est égal à $f(x)$ milliers d'euros, où $f$ est la fonction de la partie A.

1° Déterminer le nombre minimal de DVD à fabriquer pour que le bénéfice soit positif.

2° Déterminer le nombre minimal de DVD à produire pour que le bénéfice soit maximal ainsi que la valeur à 10 € près de ce bénéfice maximal.

→ *Corrigé p. 110*

## 12 ★★★ 50 min

Une entreprise produit et vend des composants électroniques. Sa capacité mensuelle de production est comprise entre 1 000 et 30 000 pièces. On suppose que toute la production est commercialisée.
*Les parties A et B peuvent être traitées de façon indépendante.*

### Partie A

On donne ci-dessous $R$ et $C$, les représentations graphiques des fonctions recette et coût sur l'intervalle $[1 ; 30]$.
Par lecture graphique, donner une estimation des valeurs demandées.
Les unités graphiques sont en milliers de pièces sur l'axe des abscisses et en milliers d'euros sur l'axe des ordonnées.

1° Quel est le coût de production de 21 000 pièces ?

2° Pour quelles quantités de pièces produites l'entreprise réalise-t-elle un bénéfice ?

3° Pour quel nombre de pièces produites le bénéfice est-il maximal ?

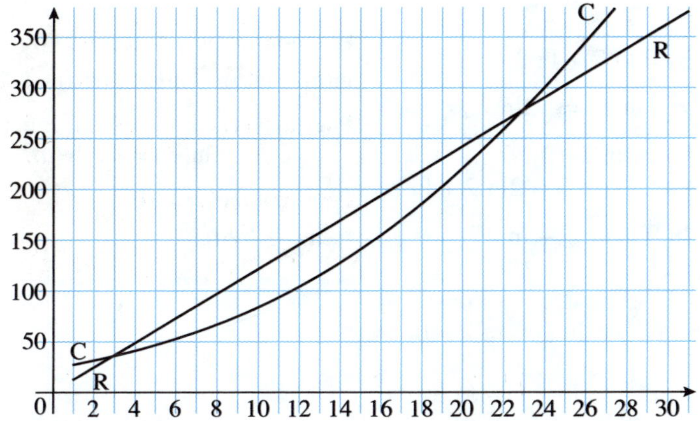


## Partie B

Le bénéfice en milliers d'euros, réalisé pour la production et la vente de $x$ milliers de pièces, est donné sur l'intervalle [1 ; 30] par :
$B(x) = -0{,}5x^2 + 6x - 20 + 2x\ln(x)$.

1° Montrer que $B'(x) = -x + 8 + 2\ln(x)$, où B′ est la dérivée de $B$ sur l'intervalle [1 ; 30].

2° On admet que $B''(x) = -1 + \dfrac{2}{x}$, où B″ est la dérivée seconde de $B$ sur l'intervalle [1 ; 30]. Justifier le tableau de variation ci-dessous de la fonction dérivée $B'$.

| $x$ | 1 | | 2 | | 30 |
|---|---|---|---|---|---|
| Signe de $B''(x)$ | | + | 0 | – | |
| Variation de $B'(x)$ | 7 | ↗ | $6 + 2\ln 2$ | ↘ | $-22 + 2\ln 30$ |

3° *a*) Montrer que l'équation $B'(x) = 0$ admet une unique solution $\alpha$ sur l'intervalle [1 ; 30].

*b*) Donner une valeur approchée de $\alpha$ au millième.

4° En déduire le signe de $B'(x)$ sur l'intervalle [1 ; 30] et donner le tableau de variation de la fonction $B$ sur ce même intervalle.

5° Quel est le nombre de pièces à produire, à l'unité près, pour que l'entreprise réalise un bénéfice maximal ?
Quel est ce bénéfice maximal (arrondi au millier d'euros) ?

→ *Corrigé p. 111*

**1** → Énoncé p. 93

$\ln 9 = \ln 3^2 = 2\ln 3.$

$\ln 6 = \ln(2 \times 3) = \ln 2 + \ln 3.$

$\ln \frac{1}{4} = -\ln 4 = -\ln 2^2 = -2\ln 2.$

$\ln 12 = \ln(2 \times 6) = \ln 2 + \ln 6$
$= \ln 2 + \ln 2 + \ln 3 = 2\ln 2 + \ln 3.$

$\ln \frac{8}{9} = \ln 8 - \ln 9 = \ln 2^3 - \ln 3^2$
$= 3\ln 2 - 2\ln 3.$

$\ln 8 - \ln 12 = \ln \frac{8}{12} = \ln \frac{2}{3} = \ln 2 - \ln 3.$

$\ln \frac{1}{27} + \ln 9 = \ln \frac{9}{27} = \ln \frac{1}{3} = -\ln 3.$

$\ln 2\sqrt{2} = \ln 2 + \ln \sqrt{2} = \ln 2 + \frac{1}{2}\ln 2 = \frac{3}{2}\ln 2.$

> Pour tous réels $a > 0$ et $b > 0$ :
> $\ln(a) + \ln(b) = \ln(ab)$ ; $\ln(a) - \ln(b) = \ln\left(\frac{a}{b}\right)$.
>
> Pour tout réel $a > 0$ et tout entier $n$ :
> $\ln(a^n) = n \times \ln(a)$.
>
> Pour tout réel $a > 0$,
> $\ln\sqrt{a} = \frac{1}{2}\ln(a)$.

**2** → Énoncé p. 93

> Avant de résoudre une équation ou une inéquation, il faut déterminer le domaine de validité.

*a)* $\ln(x + 1) = 2.$

Domaine de validité : il faut que
$x + 1 > 0 \Leftrightarrow x > -1$, donc $D = ]-1\,;+\infty[$.

Pour $x \in D$, $\ln(x + 1) = 2 \Leftrightarrow x + 1 = e^2$ car $\ln a = b$ et $a > 0 \Leftrightarrow a = e^b$
$\Leftrightarrow x = e^2 - 1.$

Comme $e^2 - 1 \approx 6{,}4 \in D$, alors $\mathbf{S = \{e^2 - 1\}}$.

*b)* $\ln x < -2.$

Domaine de validité : il faut $x > 0$, donc $D = ]0\,;+\infty[$.

Pour $x \in D$, $\ln x < -2 \Leftrightarrow \ln x < \ln e^{-2}$ car $\ln e^{-2} = -2$
$\Leftrightarrow x < e^{-2}$ car $\ln a < \ln b \Leftrightarrow a < b$
$\Leftrightarrow x < \frac{1}{e^2}$ donc $\mathbf{S = \left]0\,;\frac{1}{e^2}\right[}$ car, au final, $x > 0$ et $x < \frac{1}{e^2}$.

*c)* $\ln(x + 1) + \ln(2x) = \ln(-2x + 6).$

Domaine de validité : il faut $x + 1 > 0$ ; $2x > 0$ et $-2x + 6 > 0$,
donc $x > -1$ ; $x > 0$ et $-2x > -6$,
donc $x > -1$ ; $x > 0$ et $x < \frac{-6}{-2} = 3$ car diviser par $-2$ change le sens de l'inégalité.

$D = ]0\,;3[.$

Pour $x \in D$, $\ln(x + 1) + \ln(2x) = \ln(-2x + 6)$ $\Leftrightarrow \ln[(x + 1) \times 2x] = \ln(-2x + 6)$
car $\ln a + \ln b = \ln ab$.

$\Leftrightarrow \ln(2x^2 + 2x) = \ln(-2x + 6)$

$\Leftrightarrow 2x^2 + 2x = -2x + 6$

car $\ln a = \ln b \Leftrightarrow a = b$.

$\Leftrightarrow 2x^2 + 4x - 6 = 0$.

On calcule le discriminant du polynôme $2x^2 + 4x + 6$ :

$$\Delta = b^2 - 4ac = 4^2 - 4 \times 2 \times (-6) = 16 + 48 = 64.$$

On ne garde que les solutions qui sont dans le domaine de validité.

$\Delta > 0$, il y a donc deux racines :

$$x_1 = \frac{-b-\sqrt{\Delta}}{2a} = \frac{-4-8}{4} = -3 \quad \text{et} \quad x_2 = \frac{-b+\sqrt{\Delta}}{2a} = \frac{-4+8}{4} = 1.$$

Mais $-3 \notin D = ]0\,;3[$ ; donc $\boldsymbol{S = \{1\}}$.

*d*) $\ln(3 - x) - \ln(x - 1) = \ln 3$.

Domaine de validité : il faut $3 - x > 0$ et $x - 1 > 0$ ; donc il faut que $3 > x$ et $x > 1$, d'où $D = ]1\,;3[$.

Pour $x \in D$, $\ln(3 - x) - \ln(x - 1) = \ln 3 \Leftrightarrow \ln \dfrac{3-x}{x-1} = \ln 3$

$\Leftrightarrow \dfrac{3-x}{x-1} = 3$ car $\ln a = \ln b \Leftrightarrow a = b$

$\Leftrightarrow 3 - x = 3(x - 1)$

$\Leftrightarrow 3 - x = 3x - 3 \Leftrightarrow 6 = 4x \Leftrightarrow x = 1{,}5$.

Comme $1{,}5 \in D$, alors $\boldsymbol{S = \{1{,}5\}}$.

*e*) $\ln 3 + \ln x > \ln(x^2 - 4)$.

Domaine de validité : il faut $x > 0$ et $x^2 - 4 > 0$.

Or $x^2 - 4 = (x - 2)(x + 2)$.

Donc le polynôme du second degré $x^2 - 4$ possède deux racines : 2 et $-2$.

Le polynôme $x^2 - 4$ est donc strictement positif sauf entre ses racines.

Il faut donc que $x > 0$ et que $x \notin ]-2\,;2[$.

Au final : $D = ]2\,;+\infty[$.

Pour $x \in D$, $\ln 3 + \ln x > \ln(x^2 - 4)$ $\Leftrightarrow \ln 3x > \ln(x^2 - 4)$ car $\ln a + \ln b = \ln ab$

$\Leftrightarrow 3x > x^2 - 4$ car $\ln a > \ln b \Leftrightarrow a > b$

$\Leftrightarrow 0 > x^2 - 3x - 4$

$\Leftrightarrow x^2 - 3x - 4 < 0$.

Pour discuter du signe du polynôme $x^2 - 3x - 4$, on détermine ses racines, si elles existent :

$$\Delta = b^2 - 4ac = (-3)^2 - 4 \times 1 \times (-4) = 9 + 16 = 25.$$

Comme $\Delta > 0$, il existe deux racines :

$$x_1 = \frac{-b-\sqrt{\Delta}}{2a} = \frac{3-5}{8} = -1 \quad \text{et} \quad x_2 = \frac{-b+\sqrt{\Delta}}{2a} = 4.$$

Le polynôme $x^2 - 3x - 4$ est donc strictement négatif entre ses racines.
$x^2 - 3x - 4 < 0 \Leftrightarrow x \in ]-1 ; 4[$.
Au final, $x \in D = ]2 ; +\infty[$ et $x \in ]-1 ; 4[$ ; donc $\boldsymbol{S = ]2 ; 4[}$.

**3** → *Énoncé p. 93*

1° *a)* $X^2 - 5X + 6 = 0$.
On calcule le discriminant : $\Delta = b^2 - 4ac = (-5)^2 - 4 \times 1 \times 6 = 25 - 24 = 1$.
Comme $\Delta > 0$, il existe deux racines :

$$X_1 = \frac{-b-\sqrt{\Delta}}{2a} = \frac{5-1}{2} = 2 \quad \text{et} \quad X_2 = \frac{-b+\sqrt{\Delta}}{2a} = 3.$$

$$\boldsymbol{S = \{2 ; 3\}}.$$

*b)* L'équation $(\ln x)^2 - 5\ln x + 6 = 0$ admet pour domaine de validité : $D = ]0 ; +\infty[$.
Pour résoudre l'équation $(\ln x)^2 - 5\ln x + 6 = 0$, on pose $X = \ln x$.
L'équation devient alors $X^2 - 5X + 6 = 0$, dont les solutions sont :

$X_1 = 2$ et $X_2 = 3$ d'après ce qui précède.

> On cherche à déterminer $x$ et pas $X$.

Les solutions de l'équation $(\ln x)^2 - 5\ln x + 6 = 0$ vérifient donc :
$\ln x = 2$ soit $x = e^2$ car $\ln a = b$ et $a > 0 \Leftrightarrow a = e^b$
ou $\ln x = 3$ soit $x = e^3$.
Comme $e^2$ et $e^3$ sont dans $D = ]0 ; +\infty[$, alors $\boldsymbol{S = \{e^2 ; e^3\}}$.

2° $2e^{2x} + 3e^x - 2 = 0$.
Si l'on pose $X = e^x$, alors $X^2 = (e^x)^2 = e^x \times e^x = e^{2x}$ ; de sorte que l'équation devient :

$$2X^2 + 3X - 2 = 0.$$

On calcule le discriminant : $\Delta = b^2 - 4ac = 3^2 - 4 \times 2 \times (-2) = 9 + 16 = 25$.
Comme $\Delta > 0$, il existe deux racines :

$$X_1 = \frac{-b-\sqrt{\Delta}}{2a} = \frac{-3-5}{4} = -2 \quad \text{et} \quad X_2 = \frac{-b+\sqrt{\Delta}}{2a} = \frac{-3+5}{4} = \frac{1}{2}.$$

Les solutions de l'équation $2e^{2x} + 3e^x - 2 = 0$ vérifient donc :
$e^x = -2$ impossible puisque pour tout réel $x$, $e^x > 0$
ou $e^x = \frac{1}{2} \Leftrightarrow x = \ln \frac{1}{2} = -\ln 2$, donc $\boldsymbol{S = \{-\ln 2\}}$.

**4** → *Énoncé p. 93*

1° $0{,}95^n < 0{,}5 \Leftrightarrow \ln (0{,}95)^n < \ln 0{,}5$ car $a < b \Leftrightarrow \ln a < \ln b$
$\Leftrightarrow n \ln 0{,}95 < \ln 0{,}5$ car pour tout entier $n$, $\ln a^n = n \ln a$
$\Leftrightarrow n > \dfrac{\ln 0{,}5}{\ln 0{,}95}$ car $\ln 0{,}95 < 0$ puisque $0{,}95 < 1$ (diviser par un nombre négatif change le sens de l'inégalité).

Or, $\dfrac{\ln 0{,}5}{\ln 0{,}95} \approx 13{,}5$ donc $n = 14$.
$n = 14$ est le plus petit entier naturel qui vérifie $0{,}95^n < 0{,}5$.

2° Diminuer un nombre de 7 %, c'est multiplier ce nombre par $1 - \dfrac{7}{100} = 0{,}93$.

Donc, chaque année, la population du village est multipliée par 0,93. Au bout de $n$ années, la population aura été multipliée par $0{,}93^n$.
Si l'on note $P$ la population initiale, alors le problème revient à chercher le plus petit entier naturel $n$ pour lequel :

$$P \times 0{,}93^n < \frac{1}{4} \times P \text{ ou encore } 0{,}93^n < \frac{1}{4} = 0{,}25.$$

Or $0{,}93^n < 0{,}25 \Leftrightarrow \ln (0{,}93)^n < \ln 0{,}5$ car $a < b \Leftrightarrow \ln a < \ln b$
$\Leftrightarrow n \ln 0{,}93 < \ln 0{,}25$ car pour tout entier $n$, $\ln a^n = n \ln a$
$\Leftrightarrow n > \dfrac{\ln 0{,}25}{\ln 0{,}93}$ car $\ln 0{,}93 < 0$ puisque $0{,}93 < 1$.

Or $\dfrac{\ln 0{,}25}{\ln 0{,}93} \approx 19{,}1$, donc $n = 20$.

*n* doit être un entier.

Dans 20 ans, la population du village ne représentera plus que le quart de la population initiale.

**5** → *Énoncé p. 93*

*a*) $f(x) = x\ln(x)$, pour $x > 0$.

$f = u \times v$ avec $u(x) = x$ ; $u'(x) = 1$ et $v(x) = \ln x$ ; $v'(x) = \dfrac{1}{x}$.

Donc $f' = u' \times v + u \times v'$, c'est-à-dire pour tout nombre réel $x > 0$ :

$$f'(x) = 1 \times \ln x + x \times \frac{1}{x} = \ln x + 1.$$

Étudions le signe de $f'$:

pour $x > 0$, $\ln x + 1 > 0 \Leftrightarrow \ln x > -1 \Leftrightarrow \ln x > \ln \dfrac{1}{\mathrm{e}} \Leftrightarrow x > \dfrac{1}{\mathrm{e}}$

car $\ln a > \ln b \Leftrightarrow a > b$.

Il s'ensuit que la fonction $f$ est strictement croissante sur $\left[\dfrac{1}{\mathrm{e}} ; +\infty\right[$ et strictement décroissante sur $\left]0 ; \dfrac{1}{\mathrm{e}}\right]$.

*b*) $f(x) = \dfrac{\ln(x) + 1}{x}$, pour $x > 0$.

$f = \dfrac{u}{v}$ avec $u(x) = \ln(x) + 1$ ; $u'(x) = \dfrac{1}{x}$ et $v(x) = x$ ; $v'(x) = 1$.

Donc, $f' = \dfrac{u'\,v - u\,v'}{v^2}$, c'est-à-dire pour tout nombre réel $x > 0$ :

$$f'(x) = \frac{\frac{1}{x} \times x - (\ln(x) + 1) \times 1}{x^2} = \frac{1 - \ln x - 1}{x^2} = \frac{-\ln x}{x^2}.$$

Étudions le signe de $f'$: pour tout réel $x > 0$, on a $x^2 > 0$ ; donc le signe de $f'(x) = \dfrac{-\ln x}{x^2}$ est l'opposé de celui de $\ln x$ :

$$x > 1 \Leftrightarrow \ln(x) > 0 \Leftrightarrow f'(x) < 0 \text{ et } x < 1 \Leftrightarrow \ln(x) < 0 \Leftrightarrow f'(x) > 0.$$

De sorte que $f$ est strictement croissante sur $]0 ; 1]$ et $f$ est strictement décroissante sur $[1 ; +\infty[$.

**6** → *Énoncé p. 94*

1° $A = 2\ln\dfrac{e}{4} + 5\ln 2 + \ln\dfrac{8}{e} = 2(\ln(e) - \ln 4) + 5\ln 2 + \ln 8 - \ln(e)$

car $\ln\left(\dfrac{a}{b}\right) = \ln(a) - \ln(b)$

$= 2(1 - \ln 2^2) + 5\ln 2 + \ln 2^3 - 1$ car $\ln(e) = 1$

$= 2(1 - 2\ln 2) + 5\ln 2 + 3\ln 2 - 1$

car $\ln(a)^n = n\ln(a)$ pour tout entier $n$

$= 2 - 4\ln 2 + 5\ln 2 + 3\ln 2 - 1 = 1 + 4\ln 2.$

**Réponse a.**

2° $\ln(1 - x) > 1 \Leftrightarrow \ln(1 - x) > \ln(e)$ car $\ln(e) = 1$

$\Leftrightarrow 1 - x > e$ car $\ln(a) > \ln(b) \Leftrightarrow a > b$

$\Leftrightarrow -x > e - 1$

$\Leftrightarrow x < 1 - e.$ par passage à l'opposé

**Réponse a.**

Pour $X > 0$ : $\ln X = Y \Leftrightarrow X = e^Y$.

3° Si $f(x) = x\ln(x)$, alors $f'(x) = 1 \times \ln(x) + x \times \dfrac{1}{x} = \ln(x) + 1$

car $(u \times v)' = u'v + uv'$ avec $u(x) = x$ et $v(x) = \ln(x)$.

L'expression $f(x) = x\ln(x)$ ne convient pas.

Si $f(x) = x\ln(x) + 2x$, alors $f'(x) = (x\ln(x))' + (2x)' = \ln(x) + 1 + 2$ d'après le calcul précédent. L'expression $f(x) = x\ln(x) + 2x$ ne convient pas.

Si $f(x) = x\ln(x) + x$, alors $f'(x) = (x\ln(x))' + (x)' = \ln(x) + 1 + 1 = \ln(x) + 2$.

**Réponse c.**

Il est inutile de calculer la dernière dérivée puisqu'il n'y a qu'une seule réponse correcte.

4° La tangente à la courbe de la fonction ln au point d'abscisse 1 a pour équation :

$$y = f'(1)(x - 1) + f(1) \text{ avec } f(1) = \ln(1) = 0 \text{ et } f'(1) = \frac{1}{1} = 1 \text{ car } (\ln(x))' = \frac{1}{x}$$

donc $y = 1(x - 1) + 0 = x - 1$.

**Réponse c.**

**7** → *Énoncé p. 94*

### Partie 1

Les nombres $x^5$ et 8 sont strictement positifs donc :

$$x^5 = 8 \iff \ln(x^5) = \ln(8)$$
$$\iff 5\ln(x) = \ln(8)$$
$$\iff \ln(x) = \frac{\ln(8)}{5}$$
$$\iff e^{\ln(x)} = e^{\frac{\ln(8)}{5}}$$
$$\iff x = e^{\frac{\ln(8)}{5}}.$$

> $a > 0$ et $b > 0$, $a = b \iff \ln(a) = \ln(b)$.

> $a = b \iff e^a = e^b$.

L'unique solution de l'équation dans l'intervalle $]0 ; +\infty[$ est donc $x = e^{\frac{\ln(8)}{5}}$.

### Partie 2

1° $p = \dfrac{2\,032{,}3 - 1\,439{,}6}{1\,439{,}6} = \dfrac{592{,}7}{1\,439{,}6} \approx 0{,}412.$

Le PIB de la France a augmenté d'environ 41,2 % entre les années 2000 et 2012.

2° On considère que chaque année, de 2000 à 2012, le PIB a augmenté de $t$ %, donc :

$$\left(1 + \frac{t}{100}\right)^{12} = 1 + \frac{41{,}2}{100}, \text{ soit } \left(1 + \frac{t}{100}\right)^{12} = 1{,}412.$$

> De 2000 à 2012, il y a 12 évolutions annuelles.
> 2000 —(+ $t$ %)→ 2001 —(+ $t$ %)→ 2002…

Les nombres $\left(1 + \frac{t}{100}\right)^{12}$ et 1,412 sont strictement positifs, donc :

$$\left(1 + \frac{t}{100}\right)^{12} = 1{,}412 \iff \ln\left(1 + \frac{t}{100}\right)^{12} = \ln(1{,}412) \iff 12\ln\left(1 + \frac{t}{100}\right) = \ln(1{,}412)$$
$$\iff \ln\left(1 + \frac{t}{100}\right) = \frac{\ln(1{,}412)}{12} \iff e^{\ln\left(1+\frac{1}{100}\right)} = e^{\frac{\ln(1{,}412)}{12}}$$
$$\iff 1 + \frac{t}{100} = e^{\frac{\ln(1{,}412)}{12}} \iff \frac{t}{100} = e^{\frac{\ln(1{,}412)}{12}} - 1 \approx 0{,}029.$$

Sur cette période, le taux moyen d'augmentation annuel du PIB est d'environ 2,9 %.

**8** → *Énoncé p. 95*

1° *a*) La capacité pulmonaire est maximale à 20 ans ; elle est alors de 5,5 litres.

*b*) La capacité pulmonaire d'un enfant de 10 ans est d'environ 3,4 litres.
À partir de 75 ans, un adulte a une capacité pulmonaire inférieure à celle d'un enfant de 10 ans.
*On trace la parallèle à l'axe des abscisses passant par le point M(10 ; 3,4). Cette droite recoupe la courbe (C) au point N (75 ; 3,4).*

2° *a*) Pour tout nombre réel $x$ de l'intervalle [10 ; 100] : $f(x) = 110 \times \dfrac{\ln(x) - 2}{x}$.

$f$ est de la forme $110 \times \dfrac{u}{v}$ avec $u(x) = \ln(x) - 2$ ; $u'(x) = \dfrac{1}{x}$ et $v(x) = x$ ; $v'(x) = 1$.

$f' = 110 \times \dfrac{u'v - uv'}{v^2}$.

Pour tout nombre réel $x$ de l'intervalle [10 ; 100] :

$$f'(x) = 110 \times \dfrac{\dfrac{1}{x} \times x - (\ln(x) - 2) \times 1}{x^2} = 110 \times \dfrac{1 - \ln(x) + 2}{x^2} = 110 \times \dfrac{3 - \ln(x)}{x^2}$$

donc $f'(x)$ est du signe de $(3 - \ln(x))$.

*b*) $f'(x) = 0 \Leftrightarrow 3 - \ln(x) = 0 \Leftrightarrow \ln(x) = 3 \Leftrightarrow x = e^3$ car $\ln x = y \Leftrightarrow x = e^y$

$f'(x) > 0 \Leftrightarrow 3 - \ln(x) > 0$ car $x^2 > 0$

$\Leftrightarrow -\ln(x) > -3$

$\Leftrightarrow \ln(x) < 3$ car passer à l'opposé change le sens de l'inégalité

$\Leftrightarrow \ln(x) < \ln(e^3)$ car $\ln(e^3) = 3$

$\Leftrightarrow x < e^3$ car $\ln a < \ln b \Leftrightarrow a < b$.

On peut donc résumer le signe de $f'$ dans le tableau ci-dessous.

| $x$ | 10 | | $e^3$ | | 100 |
|---|---|---|---|---|---|
| Signe de $f'(x)$ | | + | 0 | – | |

*c*) On en déduit le tableau de variation suivant sur l'intervalle [10 ; 100] :

| $x$ | 10 | | $e^3$ | | 100 |
|---|---|---|---|---|---|
| Signe de $f'(x)$ | | + | 0 | – | |
| $f(x)$ | $11 \times (\ln(10) - 2)$ | ↗ | $\dfrac{110}{e^3}$ | ↘ | $1{,}1 \times (\ln(100) - 2)$ |

avec $e^3 \approx 20{,}08$.

$f(e^3) = 110 \times \dfrac{\ln(e^3) - 2}{e^3} = 110 \times \dfrac{1}{e^3} = \dfrac{110}{e^3}$.

$f(10) = 110 \times \dfrac{\ln(10) - 2}{10} = 11 \times (\ln(10) - 2) \approx 3{,}33$.

$f(100) = 110 \times \dfrac{\ln(100) - 2}{100} = 1{,}1 \times (\ln(100) - 2) \approx 2{,}87$.

> Ne pas oublier de compléter le tableau en calculant les images des valeurs remarquables de la fonction.

*d*) $f(e^3) = 110 \times \dfrac{\ln(e^3) - 2}{e^3} = 110 \times \dfrac{1}{e^3} \approx$ **5,48**.

**9** → *Énoncé p. 96*

## Partie A

1° Pour tout $x$ de l'intervalle $]0\,;+\infty[$, $g'(x) = \dfrac{1}{x} + 4x = \dfrac{1+4x^2}{x}$.

2° Pour tout $x$ de l'intervalle $]0\,;+\infty[$, $x > 0$ et $1 + 4x^2 > 0$, de sorte que $g'(x) > 0$ sur l'intervalle $]0\,;+\infty[$.
La fonction $g$ est donc strictement croissante sur l'intervalle $]0\,;+\infty[$.

3° $g(1) = \ln(1) + 2 \times 1^2 - 3 = 0 + 2 - 3 = -5$.
$g(2) = \ln(2) + 2 \times 2^2 - 3 = \ln(2) + 5$.
On a le tableau de variation suivant :

| $x$ | 0 | 1 | $\alpha$ | 2 | $+\infty$ |
|---|---|---|---|---|---|
| $g(x)$ | ‖ | $-1$ ↗ | 0 ↗ | $\ln(2)+5$ ↗ | |

Comme $2 > 1$, alors $\ln(2) > 0$ (car $\ln(x) > 0 \Leftrightarrow x > 1$) et donc $\ln(2) + 5 > 0$.
D'après le tableau de variation ci-dessus et le théorème des valeurs intermédiaires, l'équation $g(x) = 0$ possède une seule solution $\alpha$ avec $1 < \alpha < 2$.
Enfin, on obtient le tableau de signe de $g$ ci-dessous.

| $x$ | 0 | | $\alpha$ | | $+\infty$ |
|---|---|---|---|---|---|
| $g(x)$ | ‖ | $-$ | 0 | $+$ | |

## Partie B

1°

| | $x$ | $y$ | $z$ |
|---|---|---|---|
| **Initialisation** | 1 | $-1$ | 0 |
| **Étape 1** | 1,1 | $-0{,}48$ | 1 |
| **Étape 2** | 1,2 | 0,06 | 1,1 |
| **Affichage** | 1,1 < alpha < 1,2 | | |

> Présenter le déroulement d'un algorithme étape par étape, sous forme de tableau.

2° L'algorithme permet de déterminer un encadrement de la solution $\alpha$ de l'équation $g(x) = 0$ avec une précision de $P = 0{,}1$.

3° Si l'algorithme affiche 1,18 < alpha < 1,21 en sortie, alors $x = 1{,}21$ ; $z = x - P = 1{,}18$ ; donc $P = 0{,}03$.

## Partie C

1° La fonction $f$ définie sur $]0\,;+\infty[$ par $f(x) = \dfrac{2}{x} - \dfrac{\ln x}{x} + 2x - 5$.

***Rappel :*** $\left(\dfrac{1}{x}\right)' = \dfrac{-1}{x^2}$ et $\left(\dfrac{u}{v}\right)' = \dfrac{u'v - uv'}{v^2}$.

Donc, pour tout réel $x$ de l'intervalle $]0\ ;+\infty[$ :

$$f'(x) = 2 \times \frac{-1}{x^2} - \frac{\frac{1}{x} \times x - \ln x \times 1}{x^2} + 2 = \frac{-2}{x^2} - \frac{1 - \ln x}{x^2} + 2 = \frac{-2 - 1 + \ln x + 2x^2}{x^2}$$

$$= \frac{\ln x + 2x^2 - 3}{x^2} = \frac{g(x)}{x^2}.$$

2° Comme $x^2 > 0$, alors le signe de $f'$ est le même que celui de $g$.
Donc, d'après le tableau de signe de $g$ (question 3° de la partie A), on en déduit le tableau de variation de $f$ suivant :

| $x$ | $0$ | | $\alpha$ | | $+\infty$ |
|---|---|---|---|---|---|
| $f'(x)$ | ‖ | $-$ | $0$ | $+$ | |
| $f(x)$ | ‖ | ↘ | $f(\alpha)$ | ↗ | |

À la calculatrice :
$f(\alpha) \approx -0{,}79$

**10** → *Énoncé p. 97*

## Partie A

*a*) Une équation de la droite $(AD)$ est de la forme $y = ax + b$ avec comme coefficient directeur le nombre $a$ tel que :

$$a = \frac{y_D - y_A}{x_D - x_A} = \frac{-\mathrm{e} - 0}{0 - \mathrm{e}} = \frac{-\mathrm{e}}{-\mathrm{e}} = 1, \text{ donc } y = x + b.$$

Or le point $A$ est situé sur la droite $(AD)$ ; donc ses coordonnées vérifient l'équation cherchée :

$$y_A = x_A + b\ ; \text{ donc } 0 = \mathrm{e} + b \text{ et donc } b = -\mathrm{e}.$$

Une équation de la droite $(AD)$ est $y = x - \mathrm{e}$.

*b*) $f(1) = -1$ car le point $B(1\ ;-1)$ est situé sur $(\mathscr{C})$.
$f'(1) = 0$ car la courbe $(\mathscr{C})$ admet au point $B$ d'abscisse 1 une tangente parallèle à l'axe des abscisses.

*c*) Le tableau de variation de $f$ sur $]0\ ;5]$ est le suivant :

| $x$ | $0$ | | $1$ | | $5$ |
|---|---|---|---|---|---|
| $f(x)$ | ‖ $0$ | ↘ | $-1$ | ↗ | $f(5) \approx 3$ |

*d*) Lorsque $f$ est décroissante, $f'$ est négative, et lorsque $f$ est croissante, $f'$ est positive ; donc le tableau de signe de $f'$ est le suivant :

| $x$ | 0 | | 1 | | 5 |
|---|---|---|---|---|---|
| $f'(x)$ | ‖ | $-$ | 0 | $+$ | |

**Partie B**

$g(x) = x(\ln x - 1)$ pour $x > 0$.

> Un produit de facteur est nul si, et seulement si, un au moins des facteurs est nul.

*a*) $g(x) = 0 \Leftrightarrow x(\ln x - 1) = 0 \Leftrightarrow \ln x - 1 = 0$ car $x > 0$,
$\Leftrightarrow \ln x = 1$
$\Leftrightarrow x = \mathrm{e}$. $\quad S = \{\mathrm{e}\}$

*b*) $g = u \times v$ donc $g' = u' \times v + u \times v'$ avec $u(x) = x$ ;
$u'(x) = 1$ et $v(x) = \ln x - 1$ ; $v'(x) = \frac{1}{x}$.
Donc, pour tout réel $x$ de $]0 ; +\infty[$ :

$$g'(x) = 1 \times (\ln x - 1) + x \times \frac{1}{x}$$
$$= \ln x - 1 + 1 = \ln x.$$

*c*) $g'(x) = 0 \Leftrightarrow \ln x = 0 \Leftrightarrow x = 1$.
$g'(x) > 0 \Leftrightarrow \ln x > 0 \Leftrightarrow x > 1$.
Donc $g$ est strictement croissante sur $[1 ; +\infty[$ et $g$ strictement décroissante sur $]0 ; 1]$.

*d*) Tableau de variation de $g$ sur l'intervalle $]0 ; 5]$ :

| $x$ | 0 | | 1 | | 5 |
|---|---|---|---|---|---|
| $g'(x)$ | ‖ | $-$ | 0 | $+$ | |
| $g(x)$ | ‖ | ↘ | $-1$ | ↗ | $\approx 3$ |

$g(1) = 1(\ln 1 - 1) = -1$ car $\ln 1 = 0$. $g(5) = 5(\ln 5 - 1) \approx 3$.

*e*) Équation de la tangente à la courbe $\mathscr{C}_g$ au point d'abscisse 1.
En $x = 1$, la fonction $g$ admet un minimum. La courbe $(\mathscr{C})$ admet donc au point d'abscisse 1 une tangente parallèle à l'axe des abscisses. Son équation est $y = -1$.
Équation de la tangente à la courbe $\mathscr{C}_g$ au points d'abscisse e :

$$y = g'(\mathrm{e})(x - \mathrm{e}) + g(\mathrm{e})$$

avec $g(\mathrm{e}) = 0$ d'après la question 1 et $g'(\mathrm{e}) = \ln \mathrm{e} = 1$ ;
donc $y = 1(x - \mathrm{e}) + 0 = x - \mathrm{e}$.
L'équation de la tangente à la courbe $\mathscr{C}_g$ au point d'abscisse e est $y = x - \mathrm{e}$.

**11** → *Énoncé p. 97*

## Partie A

1° $f(e^2) = (3e^2 - e^2)\ln(e^2) + 10 = 2e^2 \times 2\ln(e) + 10$
car, pour tout entier $n$, $\ln(a^n) = n \ln a$

$f(e^2) =$ **$4e^2 + 10$** car $\ln(e) = 1$
$f(e^2) \approx$ **39,556.**

> Une valeur exacte est une valeur qui s'exprime en fonction du nombre e.

2° $f = u \times v + 10$, donc $f' = u'v + uv' + 0 = u'v + uv'$ avec $u(x) = 3e^2 - x$ ;
$u'(x) = -1$ et $v(x) = \ln x$ ; $v'(x) = \dfrac{1}{x}$.

Donc, pour tout $x$ de $]0 ; 20]$, $f'(x) = -1 \times \ln x + (3e^2 - x) \times \dfrac{1}{x}$

$$= -\ln x + \frac{3e^2}{x} - \frac{x}{x} = -\ln x + \frac{3e^2}{x} - 1.$$

3° *a)* D'après le tableau de variation de $f'$, il vient que $f'$ est strictement décroissante sur $]0 ; 20]$.
Comme $f'(e^2) = 0$, alors $f'(x) > 0$ sur $]0 ; e^2[$ et $f'(x) < 0$ sur $]e^2 ; 20]$.

*b)* $f'(x) > 0$ sur $]0 ; e^2[$, donc $f$ est strictement croissante sur $]0 ; e^2]$.
$f'(x) < 0$ sur $]e^2 ; 20[$, donc $f$ est strictement décroissante sur $[e^2 ; 20]$.
On en déduit le tableau de variation ci-dessous.

| $x$ | 0 | | $e^2$ | | 20 |
|---|---|---|---|---|---|
| $f'(x)$ | ‖ | + | 0 | − | |
| $f(x)$ | ‖ | ↗ | $4e^2 + 10 \approx 39{,}556$ | ↘ | $\approx 16{,}492$ |

avec $f(20) = (3e^2 - 20)\ln(20) + 10 \approx 16{,}5$.

4° Sur l'intervalle $[e^2 ; 20]$, $f(x) > 16{,}4$ ; donc l'équation $f(x) = 0$ n'admet pas de solution.
Sur l'intervalle $]0 ; e^2]$, $f$ est continue et strictement croissante.

> Pour justifier un encadrement, indiquer les valeurs de la fonction obtenues avec la calculatrice.

De plus $f(0{,}6) \approx -1{,}02 < 0$ et $f(0{,}7) \approx 2{,}3 > 0$.
Donc, d'après le théorème des valeurs intermédiaires, l'équation $f(x) = 0$ possède une unique solution $\alpha$ avec $0{,}6 < \alpha < 0{,}7$.
À l'aide de la calculatrice, on obtient $f(0{,}628) \approx -0{,}02 < 0$ et
$f(0{,}629) \approx 0{,}014 > 0$ ; donc **$0{,}628 < \alpha < 0{,}629$** et **$\alpha \approx 0{,}63$ à 0,01 près.**

5° On en déduit le tableau :

| $x$ | 0 | $\alpha$ | | $e^2$ | | 20 |
|---|---|---|---|---|---|---|
| $f'(x)$ | ‖ | | + | 0 | − | |
| $f(x)$ | ‖ | 0 | ↗ | $2e^2 + 10 \approx 39{,}556$ | ↘ | $f(20) \approx 16{,}5$ |

et le signe de $f(x)$ sur $]0 ; 20]$ :

$f(x) < 0$ sur $]0 ; \alpha[$ , $f(\alpha) = 0$, $f(x) > 0$ sur $]\alpha ; 20]$.

## Partie B

> $x$ milliers d'objets = 1 000 × $x$ objets.

1° D'après la **partie A**, $f(x) > 0$ pour $x > \alpha$ ; donc l'entreprise réalise un bénéfice positif pour une production supérieure à 0,628 milliers de DVD, c'est-à-dire 629 DVD.

2° Toujours d'après la **partie A**, le maximum de $f(x)$ est $4e^2 + 10 \approx 39{,}556$ atteint pour $x = e^2$. Donc le bénéfice sera maximal pour une production de $e^2$ milliers ≈ 7,389 milliers de DVD, soit 7 389 DVD.

Ce bénéfice sera alors de 39,556 milliers d'euros, soit 39 560 € à 10 € près.

**12** → *Énoncé p. 98*

## Partie A

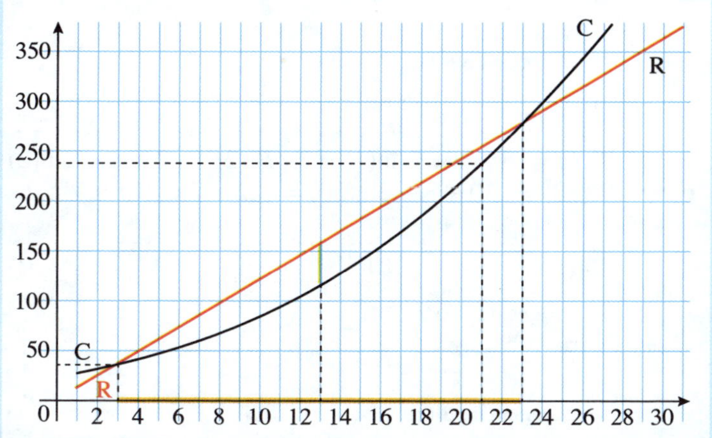


À partir du graphe ci-contre, on peut lire que :

1° Le coût de production pour 21 000 pièces est d'environ 240 000 € (*lire l'image de 21*).

2° L'entreprise réalise un bénéfice lorsqu'elle produit entre 3 000 et 23 000 pièces. En effet, l'entreprise réalise un bénéfice lorsque la recette est supérieure aux coûts, donc lorsque la courbe de la fonction $R$ est au-dessus de celle de la fonction $C$.

3° L'entreprise réalise un bénéfice maximal lorsque l'écart entre les deux courbes est le plus grand possible sur l'intervalle [3 ; 23]. Il semble que cela se situe autour de 13, soit une production d'environ 13 000 pièces.

### Partie B

1° $B(x) = -0{,}5x^2 + 6x - 20 + 2x\ln(x)$, $x \in [1\ ;\ 30]$.

La fonction $B$ est dérivable sur $[1\ ;\ 30]$ et l'on a pour tout $x \in [1\ ;\ 30]$ :

$(2x\ln(x))' = 2\ln(x) + 2x \times \dfrac{1}{x} = 2\ln(x) + 2$ ;

Formule : $(uv)' = u'v + uv'$.

*donc* $B'(x) = -0{,}5 \times 2x + 6 + 2\ln(x) + 2 = -x + 8 + 2\ln(x)$.

2° On admet que $B''(x) = -1 + \dfrac{2}{x} = \dfrac{-x+2}{x}$.

$B''$ est la dérivée de $B'$.

Le signe de $B''$ donne le sens de variation de $B'$.

Comme $x > 0$, le signe de $B''$ est le même que celui de $-x + 2$.

On a :

| $x$ | 1 | | 2 | | 30 |
|---|---|---|---|---|---|
| Signe de $B''(x)$ | | + | 0 | – | |

Donc, $B'$ est : – strictement croissante sur $[1\ ;\ 2]$ ;
– strictement décroissante sur $[2\ ;\ 30]$.

De plus, $B'$ admet un maximum en $x = 2$.

On en déduit le tableau de variation suivant :

| $x$ | 1 | | 2 | | 30 |
|---|---|---|---|---|---|
| Signe de $B''(x)$ | | + | 0 | – | |
| Variation de $B'(x)$ | 7 | ↗ | $6 + 2\ln 2 \approx 7{,}4$ | ↘ | $-22 + 2\ln 30 \approx -15{,}2$ |

Avec : $B'(1) = -1 + 8 + 2\ln(1) = 7$ ; $B'(2) = -2 + 8 + 2\ln(2) = 6 + 2\ln(2) \approx 7{,}4$.
$B'(30) = -30 + 8 + 2\ln(30) = -22 + 2\ln(30) \approx -15{,}2$.

3° *a*)

| $x$ | 1 | | 2 | | $\alpha$ | | 30 |
|---|---|---|---|---|---|---|---|
| Signe de $B''(x)$ | | + | 0 | | – | | |
| Variation de $B'(x)$ | 7 | ↗ | $\approx 7{,}4 > 0$ | ↘ | 0 | ↘ | $\approx -15{,}2 < 0$ |

• Sur l'intervalle $[1\ ;\ 2]$, $B'(x) \geqslant 7$ ; donc, sur cet intervalle, l'équation $B'(x) = 0$ n'admet pas de solution.

• Sur l'intervalle [2 ; 30], $B'(x)$ passe de façon continue de $6 + 2\ln 2 \approx 7{,}4 > 0$ à $-22 + 2\ln 30 \approx -15{,}2 < 0$. De plus, $B'$ est strictement décroissante sur cet intervalle.

On utilise le théorème des valeurs intermédiaires.

L'équation $B'(x) = 0$ admet une unique solution sur l'intervalle [2 ; 30].
Au final, l'équation $B'(x) = 0$ admet une unique solution sur l'intervalle [1 ; 30].

*b)* À la calculatrice, $B'(13{,}153) \approx 0{,}0003 > 0$ et $B'(13{,}154) \approx -0{,}0005 < 0$.
Donc, 13,153 est une valeur approchée de $\alpha$ au millième.

4° À partir du tableau précédent, on en déduit le signe de $B'(x)$ :

| $x$ | 1 | | $\alpha$ | | 30 |
|---|---|---|---|---|---|
| Signe de $B'(x)$ | | + | 0 | – | |

D'où le tableau de variation de $B$ :

| $x$ | 1 | | $\alpha$ | | 30 |
|---|---|---|---|---|---|
| Signe de $B'(x)$ | | + | 0 | – | |
| Variation de $B(x)$ | –14,5 | ↗ | $B(\alpha)$ | ↘ | –290 + 60ln30 |

Avec : $B(1) = -0{,}5 + 6 - 20 + 2\ln(1) = -14{,}5$.
$B(30) = -0{,}5 \times 900 + 6 \times 30 - 20 + 2 \times 30 \times \ln(30) = -290 + 60\ln(30)$.

5° L'entreprise réalise un bénéfice maximum pour $x = \alpha$, donc pour une production d'environ 13 153 pièces.
Ce bénéfice maximal est $B(\alpha)$.

Attention à respecter les unités !

Or $B(13{,}153) \approx 40{,}20$ et $B(15{,}154) \approx 40{,}20$ ; donc, arrondi au millier d'euros, ce bénéfice est de 40 000 €.

CHAPITRE
# 5 Convexité

## 1 Définition

### A. Fonction convexe

■ Soit $f$ une fonction définie et dérivable sur un intervalle $I$, $\mathscr{C}_f$ sa courbe représentative dans un repère orthogonal.

On dit que la fonction $f$ est convexe sur $I$ si sa courbe $\mathscr{C}_f$ est entièrement située au-dessus de chacune de ses tangentes.

*Exemples*

Les fonctions carré ($x \mapsto x^2$) et exponentielle ($x \mapsto e^x$) sont des fonctions convexes sur $\mathbb{R}$.

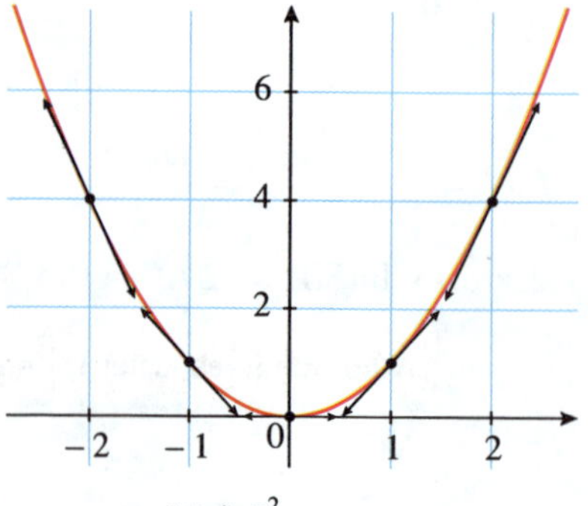


$x \mapsto x^2$

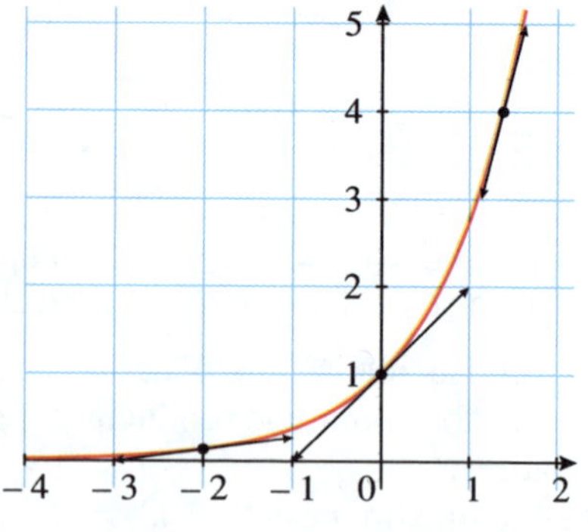


$x \mapsto e^x$

### B. Fonction concave

■ Soit $f$ une fonction définie et dérivable sur un intervalle $I$, $\mathscr{C}_f$ sa courbe représentative dans un repère orthogonal.

On dit que la fonction $f$ est concave sur $I$ si sa courbe $\mathscr{C}_f$ est entièrement située en dessous de chacune de ses tangentes.

*Exemples*

■ Les fonctions racine carrée ($x \mapsto \sqrt{x}$) et logarithme népérien ($x \mapsto \ln(x)$) sont des fonctions concaves sur $]0 ; +\infty[$.

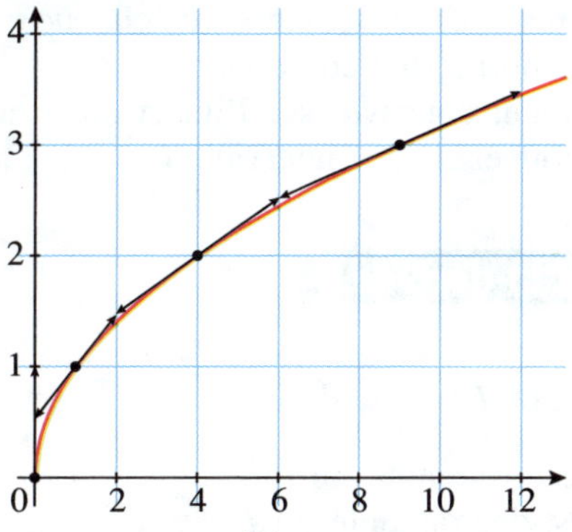


$x \mapsto \sqrt{x}$

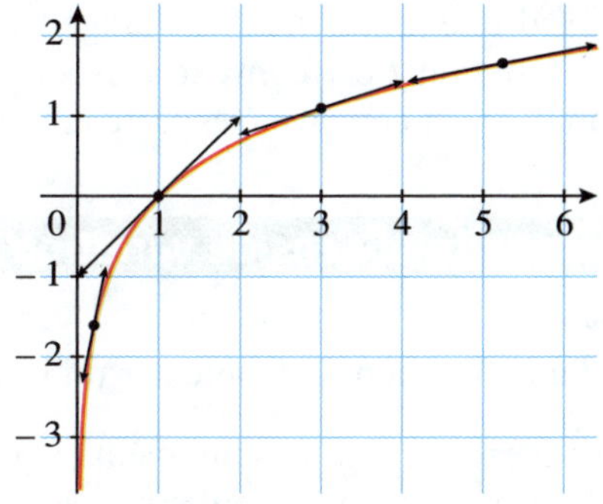


$x \mapsto \ln(x)$

## C. Remarques

*a*) De même qu'il existe des fonctions qui ne sont pas monotones (ni croissantes, ni décroissantes), il existe des fonctions qui ne sont ni concaves ni convexes.

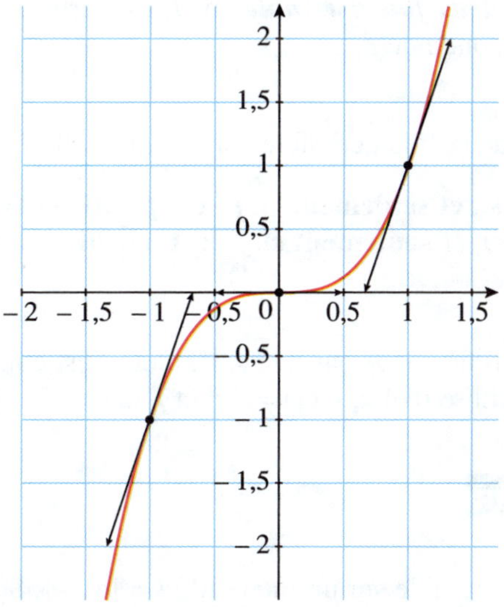


La fonction cube $x \mapsto x^3$ est concave sur $]-\infty\ ;0]$
et convexe sur $[0\ ;+\infty[$.

*b*) Les fonctions affines sont à la fois convexes et concaves sur $\mathbb{R}$ (en chaque point de la courbe d'une fonction affine, tangente et courbe sont confondues).
*c*) Si la fonction $f$ est convexe (respectivement concave) sur l'intervalle $I$, alors la fonction $(-f)$ est concave (respectivement convexe) sur l'intervalle $I$.

## 2 Convexité et sens de variation de la dérivée

***Théorème***

■ Soit $f$ une fonction dérivable sur un intervalle $I$ et $f'$ sa dérivée.

$f$ est convexe sur $I$ si, et seulement si, $f'$ est croissante sur $I$.
$f$ est concave sur $I$ si, et seulement si, $f'$ est décroissante sur $I$.

## 3 Dérivée seconde

***Définition***

■ Soit $f$ une fonction dérivable sur un intervalle $I$ ainsi que sa dérivée $f'$.
On dit alors que ***f* est deux fois dérivable** sur $I$. La dérivée de $f'$ sur $I$ se note $f''$; on l'appelle la dérivée seconde de $f$.

***Propriété***

■ Soit $f$ une fonction deux fois dérivable sur un intervalle $I$, $f''$ sa dérivée seconde.

**$f$ est convexe sur $I$ si, et seulement si, $f''$ est positive sur $I$.**
**$f$ est concave sur $I$ si, et seulement si, $f''$ est négative sur $I$.**

***Exemple***

■ Soit $f$ la fonction définie sur $\mathbb{R}$ par $f(x) = x^4$, alors $f$ est convexe sur $\mathbb{R}$.
En effet, pour tout nombre réel $x$, $f'(x) = 4x^3$ et $f''(x) = 12x^2 \geqslant 0$.

## 4 Point d'inflexion

***Définition***

■ Soit $f$ une fonction dérivable sur un intervalle $I = ]a\,;\,b[$. Soit $C(c\,;f(c))$ un point de la courbe $\mathscr{C}_f$ représentant la fonction $f$.
**Si $f$ est convexe sur $]a\,;\,c]$ et concave sur $[c\,;\,b[$ ou si $f$ est concave sur $]a\,;\,c]$ et convexe sur $[c\,;\,b[$, alors le point $C$ est appelé « point d'inflexion » de la courbe $\mathscr{C}_f$.**

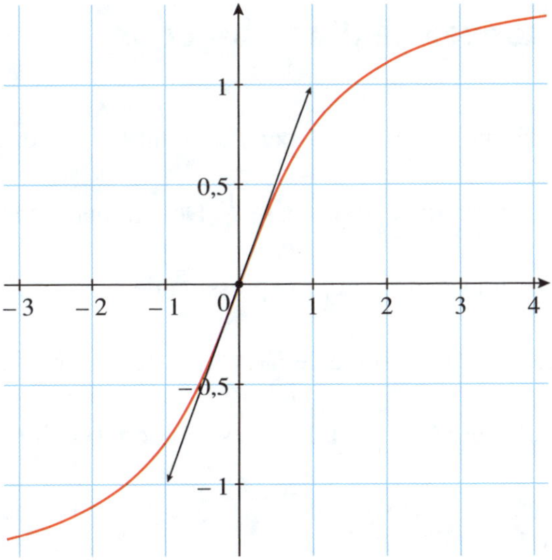


L'origine du repère est un point d'inflexion pour cette courbe.

*Remarque*

**Un point d'inflexion est un point où la représentation graphique « traverse » sa tangente.**

*Propriété*

■ Soit $f$ une fonction deux fois dérivable sur un intervalle $I = ]a\ ;\ b[$, $f''$ sa dérivée seconde.

**Le point $C(c\ ; f(c))$ est un point d'inflexion pour la courbe $\mathscr{C}_f$ si, et seulement si, $f''(x)$ s'annule en $x = c$ en changeant de signe.**

*Exemple*

■ Soit $f$ la fonction définie sur $\mathbb{R}$ par $f(x) = x^3$.
Pour tout nombre réel $x$, $f'(x) = 3x^2$ et $f''(x) = 6x$.
$f''(x) = 0 \Leftrightarrow x = 0$.
De plus, si $x < 0$, alors $f''(x) < 0$, et si $x > 0$, alors $f''(x) > 0$.
Donc le point $O(0\ ;\ 0)$ est un point d'inflexion de la courbe de la fonction cube, puisque, en ce point, la dérivée seconde s'annule en changeant de signe.

## 1 Étudier la convexité d'une fonction

**EXERCICE TYPE**

Soit $f$ la fonction définie sur $]0\ ;+\infty[$ par $f(x) = \ln(x) + 2x^2$ et $\mathscr{C}_f$ sa courbe représentative.

**1°** Le point $A$ est le point de $\mathscr{C}_f$ d'abscisse $\frac{1}{2}$. Déterminer la valeur exacte de l'ordonnée de $A$.

**2°** Déterminer, pour tout réel $x > 0$, l'expression de $f'(x)$ où $f'$ désigne la dérivée de $f$.

**3°** Étudier, pour tout $x > 0$, le signe de $f'(x)$. Que peut-on en déduire pour la fonction $f$ ?

**4°** Déterminer, pour tout réel $x > 0$, l'expression de $f''(x)$ où $f''$ désigne la dérivée seconde de $f$.

**5°** Étudier, pour tout $x > 0$, le signe de $f''(x)$. Que peut-on en déduire pour la fonction $f$ et le point $A$ ?

**CORRIGÉ COMMENTÉ**

**1°** Puisque $A \in \mathscr{C}_f$, alors $y_A = f\left(\frac{1}{2}\right) = \ln\left(\frac{1}{2}\right) + 2 \times \left(\frac{1}{2}\right)^2 = -\ln(2) + \frac{2}{4} = \frac{1}{2} - \ln(2)$.

**2°** Pour tout réel $x > 0$, $f'(x) = \frac{1}{x} + 4x$.

> La mise au même dénominateur n'est pas utile lorsqu'on ajoute deux nombres de même signe.

**3°** Pour tout réel $x > 0$, $\frac{1}{x} > 0$ et $4x > 0$ ; donc, pour tout réel $x > 0$, $f'(x) > 0$.

On en déduit que la fonction $f$ est strictement croissante sur $]0\ ;+\infty[$.

**4°** Pour tout réel $x > 0$, $f''(x) = \frac{-1}{x^2} + 4 = \frac{4x^2 - 1}{x^2}$.

**5°** Le signe de $f''(x)$ est le même que celui du polynôme du second degré $4x^2 - 1$, car $x^2 > 0$.
Or $4x^2 - 1 = (2x - 1)(2x + 1)$.

Donc les racines du polynôme $4x^2 - 1$ sont $\frac{1}{2}$ et $-\frac{1}{2}$.

***Rappel***
Le polynôme $ax^2 + bx + c$ est du signe de $a$, sauf entre les racines.

COURS | **MÉTHODES** | EXERCICES | SUJETS BAC | CORRIGÉS

Donc sur l'intervalle $]0 ; +\infty[$ : $4x^2 - 1 = 0$ pour $x = \frac{1}{2}$,

$4x^2 - 1 > 0$ sur l'intervalle $]\frac{1}{2} ; +\infty[$ et $4x^2 - 1 < 0$ sur l'intervalle $]0 ; \frac{1}{2}[$.

Ou encore $f''(x) = 0$ pour $x = \frac{1}{2}$,

$f''(x) > 0$ sur $]\frac{1}{2} ; +\infty[$ et $f''(x) < 0$ sur $]0 ; \frac{1}{2}[$.

On en déduit que $f$ est concave sur $]0 ; \frac{1}{2}]$ et convexe sur $[\frac{1}{2} ; +\infty[$.

Le point $A(\frac{1}{2} ; \frac{1}{2} - \ln(2))$ est un point d'inflexion pour la courbe représentative de $f$ car, en ce point, la dérivée seconde s'annule en changeant de signe.

**À RETENIR**

• De même que le signe de la dérivée donne le sens de variation de la fonction, **le signe de la dérivée seconde donne des renseignements sur la convexité** de la fonction $f$ :
– si $f'' \geqslant 0$ sur un intervalle $I$, alors $f$ est convexe sur $I$ ;
– si $f'' \leqslant 0$ sur un intervalle $I$, alors $f$ est concave sur $I$.

• Un point de la courbe où *s*'effectue la transition convexe-concave ou concave-convexe est un **point d'inflexion** pour la courbe représentant la fonction $f$.
On obtient **l'abscisse d'un point d'inflexion** en résolvant l'équation $f''(x) = 0$ et en vérifiant qu'en ce point, $f''$ change de signe.

## 2 Interpréter la convexité

**EXERCICE TYPE**

On étudie la propagation d'une maladie lors d'une épidémie.

Des relevés statistiques ont permis de modéliser, par une fonction $f$, le nombre de malades durant l'épidémie.

Cette fonction $f$ est définie sur $[1 ; 26]$ par : $f(t) = 24t\ln(t) - 3t^2 + 10$, où $t$ est le nombre de semaines écoulées depuis le premier cas constaté et $f(t)$ le nombre de milliers de malades comptabilisés après $t$ semaines.

**1°** On note $f'$ la fonction dérivée de la fonction $f$. Montrer que, pour tout réel $t$ de l'intervalle $[1 ; 26]$ :

$$f'(t) = 24\ln(t) - 6t + 24.$$

**2°** Les variations de la fonction $f'$ sont données dans le tableau suivant :

| $t$ | 1 | | 4 | | 26 |
|---|---|---|---|---|---|
| $f'(t)$ | | ↗ | | ↘ | |

Le réel $f'(t)$ représente la vitesse de propagation de la maladie au bout de $t$ semaines.
Étudier la convexité de la fonction $f$.

**3°** Dans le contexte du problème, donner une interprétation de l'expression mathématique suivante : « Sur [4 ; 26], $f'$ est décroissante. »

**4°** À partir des questions précédentes, déterminer le nombre de semaines écoulées à partir duquel le nombre de malades par semaine a commencé à diminuer.

## CORRIGÉ COMMENTÉ

**1°** $f = u \times v + w$ et $f' = u' \times v + u \times v' + w'$, avec $u(t) = 24t$ ; $u'(t) = 24$ ; $v(t) = \ln(t)$ ; $v'(t) = \frac{1}{t}$ et $w(t) = -3t^2 + 10$ ; $w'(t) = -6t$.

Pour tout réel $t$ de l'intervalle [1 ; 26], $f'(t) = 24\ln(t) + 24t \times \frac{1}{t} - 6t$, soit $f'(t) = 24\ln(t) - 6t + 24$.

**2°** D'après le tableau de variation de $f'$, on en déduit que $f$ est convexe sur [1 ; 4] et concave sur [4 ; 26]. La courbe de $f$ admet un point d'inflexion en $x = 4$.

**3°** La fonction $f'$ étant décroissante sur [4 ; 26] signifie que $f$ est concave sur cet intervalle et que la vitesse de propagation de la maladie diminue.

**4°** Le nombre de malades diminue lorsque la propagation de la maladie diminue, soit lorsque la vitesse de propagation ralentit. C'est donc lorsque 4 semaines se seront écoulées, qui correspond au point d'inflexion, que le nombre de malades par semaine commencera à diminuer.

## À RETENIR

Si une fonction $f$ désigne un nombre d'individus, la fonction $f'$ correspond à la croissance de ce nombre d'individus.
L'étude de la convexité permet de savoir s'il y a une accélération (fonction convexe) ou un ralentissement (fonction concave) de la croissance de ce nombre d'individus dans le temps.
**Attention à ne pas confondre avec l'augmentation du nombre d'individus !**

## 3 Point d'inflexion

**EXERCICE TYPE**

Soit $f$ la fonction définie sur $\mathbb{R}$ par :

$$f(x) = \frac{1}{2}x^4 - 3x^2 + 1{,}5.$$

La courbe $\mathscr{C}_f$ ci-contre est la représentation graphique de $f$.

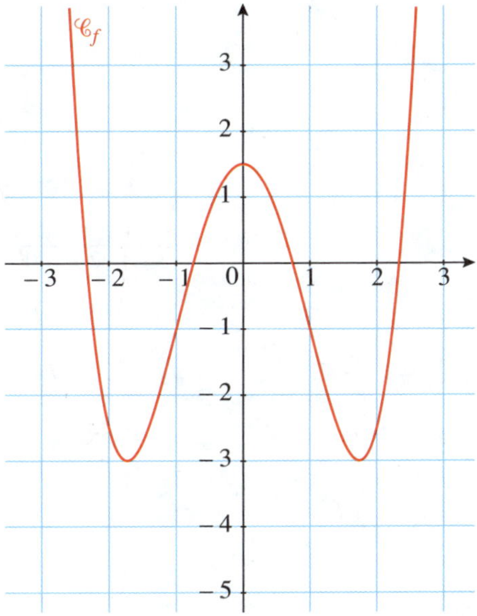


**1°** Déterminer, pour tout réel $x$, l'expression de $f'(x)$ où $f'$ désigne la dérivée de $f$.

**2°** Déterminer l'équation de la tangente $(\Delta)$ à $\mathscr{C}_f$ au point $A$ d'abscisse 1.

**3°** Tracer la droite $(\Delta)$ sur le graphique.

**4°** Que représente le point $A$ pour la courbe $\mathscr{C}_f$ ?
Donner une justification graphique.

**CORRIGÉ COMMENTÉ**

**1°** Pour tout réel $x$, $f'(x) = \frac{1}{2} \times 4x^3 - 6x = 2x^3 - 6x$.

**2°** L'équation de la tangente $(\Delta)$ à $\mathscr{C}_f$ au point d'abscisse 1 est :

$$y = f'(1)(x - 1) + f(1).$$

Or $f(1) = \frac{1}{2} \times 1^4 - 3 \times 1^2 + 1{,}5 = -1$

et $f'(1) = 2 \times 1^3 - 6 = -4$.

Donc $y = -4 \times (x - 1) - 1 = -4x + 4 - 1$
$= -4x + 3$.

**3°** $(\Delta)$ : $y = -4x + 3$.
$(\Delta)$ passe par les points $B(0\ ;\ 3)$, $C(2\ ;\ -5)$ et, bien sûr, $A(1\ ;\ -1)$.
Pour cela, on remplace $x$ dans l'équation $y = -4x + 3$ de $(\Delta)$, successivement par 0 et par 2.

> Pour un tracé précis d'une droite, il est recommandé de choisir deux points d'abscisses assez éloignées.

**4°** Le point $A$ est un point d'inflexion pour $\mathscr{C}_f$ car, en ce point, « la courbe traverse la tangente ».

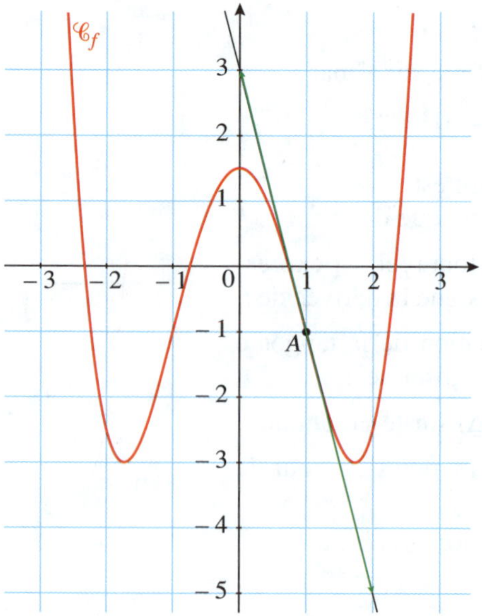


À RETENIR

• L'**équation de la tangente** à la courbe $\mathscr{C}_f$ d'une fonction $f$ au point d'abscisse $a$ est $\boldsymbol{y = f'(a)(x - a) + f(a)}$.

• Graphiquement, un **point d'inflexion** sur une courbe est un point **où la courbe traverse la tangente** en ce point.

**1** ★ 5 min

Par lecture graphique, indiquer la convexité de chacune des fonctions suivantes et préciser, pour chacune des courbes, les points d'inflexion lorsqu'ils existent.

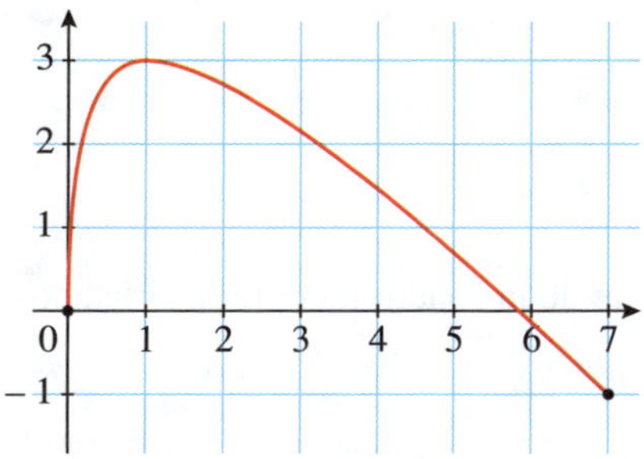

fonction $f$

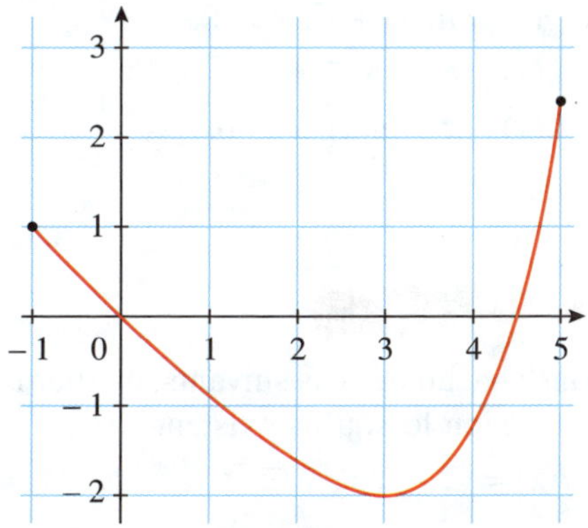

fonction $g$

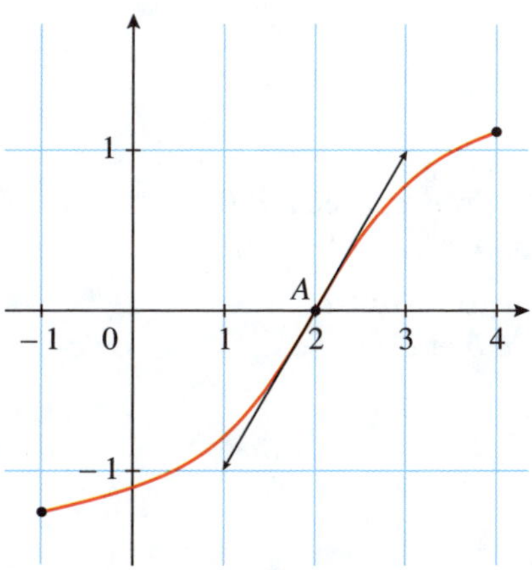


fonction $u$

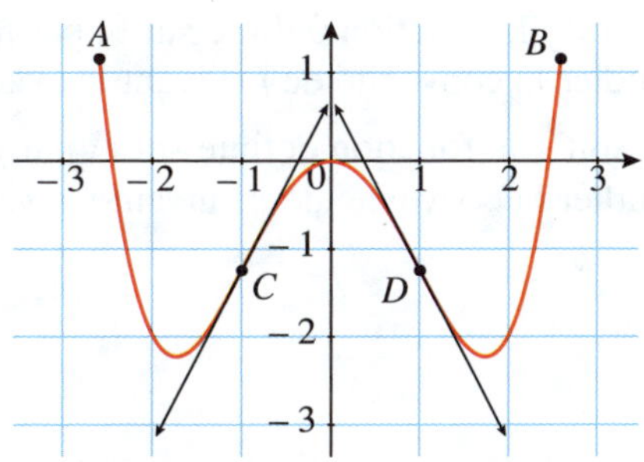


fonction $v$ définie sur [– 2,6 ; 2,6]

→ Corrigé p. 130

**2** ★ 10 min

Dans chacun des cas suivants, déterminer l'expression de la dérivée seconde :

a) $f(x) = 3x^4 - x^3 + 2x - 1$, $x \in \mathbb{R}$.

b) $g(x) = \ln(x) + x^2$, $x > 0$.

c) $h(x) = e^{x^2+1}$, $x \in \mathbb{R}$.

d) $k(x) = x - \ln(x)$, $x > 0$.

→ Corrigé p. 130

**3** ★ 20 min

Dans chacun des cas suivants, étudier la convexité de la fonction et préciser les points d'inflexion lorsqu'ils existent :

a) $f(x) = (2 - x)e^x$, $x \in \mathbb{R}$.

b) $g(x) = \dfrac{x^2}{2} + \ln(x)$, $x > 0$.

c) $h(x) = \dfrac{2x + 3}{x}$, $x > 0$.

→ Corrigé p. 131

**4** ★★ 30 min

1° Soit $f$ la fonction définie sur $\mathbb{R}$ par $f(x) = ax^3 + bx + c$, avec $a \neq 0$.
Étudier la convexité de $f$ suivant les valeurs de $a$, $b$ et $c$.

2° Soit $g$ la fonction définie sur $\mathbb{R}$ par $g(x) = x^3 + ax^2 + bx + c$.
Étudier la convexité de $g$ suivant les valeurs de $a$, $b$ et $c$.

→ Corrigé p. 132

**5** ★★ **40 min**

Soit $f$ la fonction définie sur $[-3\,;5]$ par :

$$f(x) = \frac{1}{4}(x-3)^2(x+3)$$

et $\mathscr{C}_f$ sa courbe représentative dans un repère orthonormé.

**1°** Un logiciel de calcul formel propose :

$$\text{derive}\left(\frac{1}{4}*(x-3)\text{^}2*(x+3)\right) = \frac{3}{4}*(x-3)*(x+1) = (3*x\text{^}2-6*x-9)/4.$$

*a)* Déterminer, pour tout réel $x$ de l'intervalle $[-3\,;5]$, le signe de $f'(x)$, où $f'$ désigne la dérivée de $f$.

*b)* En déduire le tableau de variation de $f$ sur $[-3\,;5]$.

**2°** *a)* Déterminer, pour tout réel $x$ de l'intervalle $[-3\,;5]$, l'expression de $f''(x)$, où $f''$ désigne la dérivée seconde de $f$.

*b)* Étudier la convexité de $f$ sur $[-3\,;5]$. En déduire l'existence d'un point d'inflexion pour la courbe $\mathscr{C}_f$.

**3°** Déterminer une équation de la tangente $(d)$ à $\mathscr{C}_f$ au point $C$ d'abscisse 1.

**4°** On a représenté ci-après la courbe $\mathscr{C}_f$.

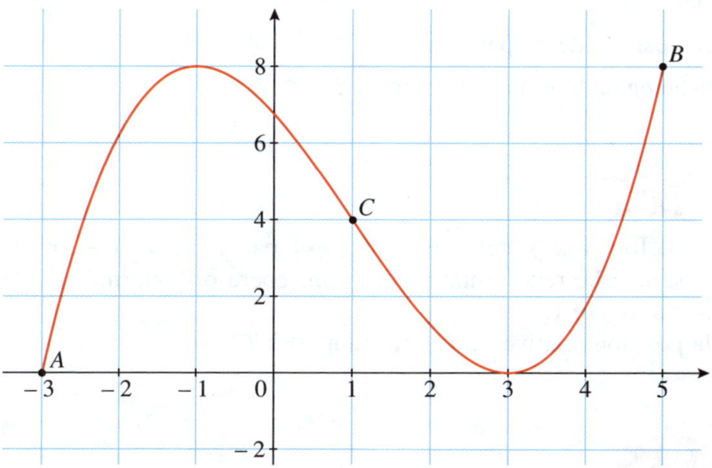


*a)* Sur le même graphique, tracer la tangente $(d)$.

*b)* Expliquer comment, graphiquement, on retrouve le point d'inflexion de la question **2°** *b)*.

→ Corrigé p. 132

**6** ★★ 45 min

**Partie A**

1° Déterminer une équation de la tangente à la courbe de la fonction exponentielle au point d'abscisse 0.

2° En déduire que, pour tout réel $x$, $e^x \geqslant x + 1$.

**Partie B**

Soit $f$ la fonction définie sur $\mathbb{R}$ par $f(x) = e^x - \frac{x^2}{2} - x - 1$.

1° Déterminer, pour tout réel $x$, l'expression de $f'(x)$, où $f'$ désigne la dérivée de $f$.

2° Déduire de la **Partie A** que, pour tout réel $x$, $f'(x) \geqslant 0$.

3° Dresser le tableau de variation de $f$ où l'on fera figurer $f(0)$.

**Partie C**

Soit $g$ la fonction définie sur $\mathbb{R}$ par $g(x) = e^x - \frac{x^2}{2}$.

1° Déterminer, pour tout réel $x$, l'expression de $g'(x)$, où $g'$ désigne la dérivée de $g$.

2° Déterminer l'équation de la tangente $(\Delta)$ à la courbe $\mathscr{C}_g$ de la fonction $g$ au point $A$ d'abscisse 0.

3° Étudier la position de $\mathscr{C}_g$ par rapport à $(\Delta)$.

4° Que peut-on en déduire pour le point $A$ ?

→ Corrigé p. 134

**7** ★★ 25 min

On considère la fonction $f$ définie sur $]0\,;+\infty[$ par $f(x) = 3x - 3x\ln(x)$.
On note $C_f$ sa courbe représentative dans un repère orthonormé et $T$ la tangente à $C_f$ au point d'abscisse 1.
Quelle est la position relative de $C_f$ par rapport à $T$ ?

→ Corrigé p. 136

**8** ★★★ 40 min

On considère la fonction $f$ définie sur $[0\,;8]$ par $f(x) = \dfrac{0{,}4}{20e^{-x} + 1} + 0{,}4$.

$f'$ et $f''$ désignent la dérivée de la fonction $f$ et la dérivée de la fonction $f'$.

## Partie A

1° Montrer que $f'(x) = \dfrac{8e^{-x}}{(20e^{-x}+1)^2}$.

2° On donne $f''(x) = 8e^{-x} \times \dfrac{20e^{-x}-1}{(20e^{-x}+1)^3}$. Déterminer l'intervalle sur lequel la fonction est convexe.

## Partie B

Dans une région montagneuse, une entreprise étudie un projet de route reliant les villages A et B situés à deux altitudes différentes. La fonction $f$, définie dans la partie A, modélise le profil de ce projet routier. La variable $x$ représente la distance horizontale, en kilomètres, depuis le village A et $f(x)$ l'altitude associée, en kilomètres.

La représentation graphique $C_f$ de la fonction $f$ est donnée ci-dessous.

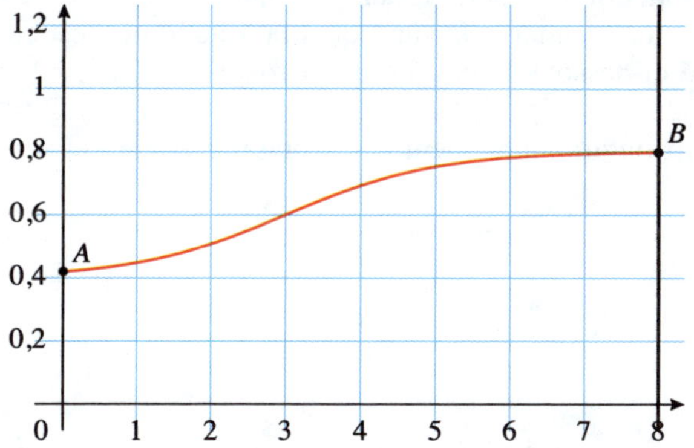


Dans cet exercice, le coefficient directeur de la tangente à $C_f$ en un point M est appelé « pente en M ».

On précise aussi qu'une pente en M de 5 % correspond à un coefficient directeur de la tangente à la courbe de $f$ en M égal à 0,05.

Il est décidé que le projet sera accepté à condition qu'en aucun point de $C_f$ la pente ne dépasse 12 %.

Pour chacune des propositions suivantes, dire si la proposition est vraie ou fausse en justifiant la réponse.

Proposition 1 : L'écart d'altitude entre les villages A et B est de 378 mètres, valeur arrondie au mètre.

Proposition 2 : La pente en A vaut environ 1,8 %.

Proposition 3 : Le projet de route ne sera pas accepté.

→ Corrigé p. 136

9 ★★★ 60 min

Une entreprise fabrique chaque jour entre 0 et 3 500 objets.
Le coût de fabrication, exprimé en milliers d'euros, est donné par :

$$C(x) = 0{,}5 + x + \frac{x-4}{8}\,e^{x},$$

où $x$ représente le nombre de milliers d'objets fabriqués.

1° *a)* Justifier que la fonction $C$ est définie sur l'intervalle $I = [0\,;\,3{,}5]$.
*b)* Calculer le coût de fabrication de 1 000 objets. *(On arrondira à l'euro près.)*

2° En économie, on appelle « coût marginal » le coût de fabrication d'un objet supplémentaire noté $C_m(x)$.
On admet que $C_m(x) = C'(x)$, où $C'$ est la fonction dérivée de la fonction $C$.
*a)* Calculer $C_m(x)$ pour tout $x$ de $I$.
*b)* Justifier que la fonction $C_m$ est croissante lorsque la fonction $C$ est convexe.
*c)* Justifier, par le calcul, l'intervalle sur lequel la fonction $C_m$ est croissante.
*d)* On a représenté ci-dessous la courbe de la fonction $C$, ainsi que sa tangente au point $A$ d'abscisse 2.
Comment retrouve-t-on graphiquement le résultat précédent ?

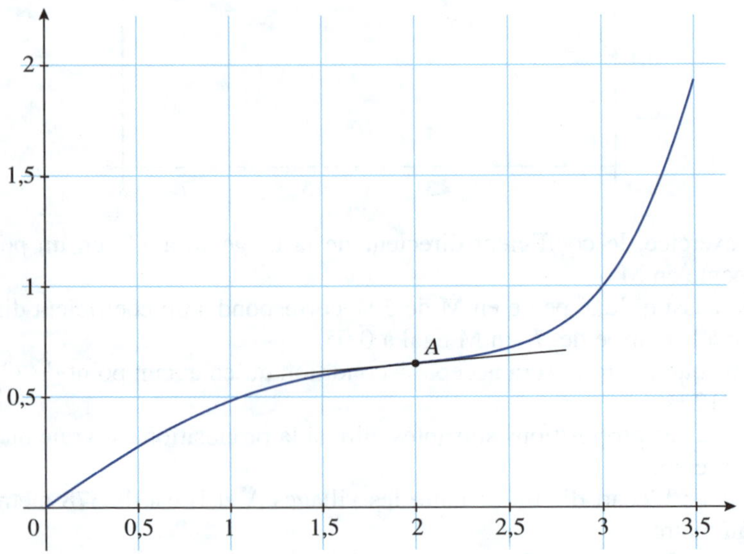

3° On rappelle que la fonction coût moyen notée $C_M$ est définie sur [0 ; 3,5] par :

$$C_M(x) = \frac{C(x)}{x}.$$

*a)* Donner l'expression de $C_M(x)$ pour tout $x$ de l'intervalle $I$.

*b)* On a représenté sur le même graphique les courbes des fonctions $C_m$ et $C_M$.

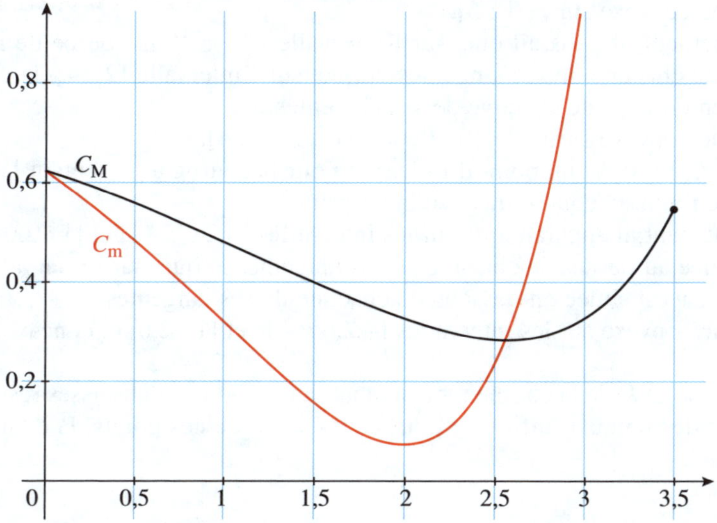


Déterminer par lecture graphique, à la centaine près, le nombre d'objets qu'il faut fabriquer pour obtenir le coût moyen le plus bas.

*c)* On sait, en économie, que le coût moyen est minimal lorsqu'il est égal au coût marginal.

On admet que $C_M(x) = C_m(x) \Leftrightarrow (x - 2)^2 e^x - 4 = 0$.

Déterminer, à l'aide du tableau de valeurs de la calculatrice, le nombre d'objets à fabriquer, à un près, pour que le coût moyen soit minimal.

→ *Corrigé p. 137*

**1** → *Énoncé p. 123*

• Graphiquement, il apparaît que la courbe de $f$ est située en dessous de chacune de ses tangentes.

$f$ est donc concave sur $[0 ; 7]$.

• Graphiquement, il apparaît que la courbe de $g$ est située au-dessus de chacune de ses tangentes.

$g$ est donc convexe sur $[-1 ; 5]$.

> Graphiquement, le point d'inflexion indique un changement de convexité.

• Graphiquement, il apparaît que, sur l'intervalle $[-1 ; 2]$, la courbe de $u$ est située au-dessus de chacune de ses tangentes et que, sur l'intervalle $[2 ; 4]$, la courbe de $u$ est située en dessous de chacune de ses tangentes.

$u$ est donc convexe sur $[-1 ; 2]$ et concave sur $[2 ; 4]$.

Le point $A(2 ; 0)$ est un point d'inflexion pour la courbe représentant la fonction $u$ car, en ce point, la courbe traverse la tangente.

• Graphiquement, il apparaît, que sur les intervalles $[-2{,}6 ; -1]$ et $[1 ; 2{,}6]$, la courbe de $v$ est située au-dessus de chacune de ses tangentes et que, sur l'intervalle $[-1 ; 1]$, la courbe de $v$ est située en-dessous de chacune de ses tangentes.

$v$ est donc convexe sur les intervalles $[-2{,}6 ; -1]$ et $[1 ; 2{,}6]$ et concave sur l'intervalle $[-1 ; 1]$.

Les points $C$ et $D$ de la courbe représentant la fonction $v$, d'abscisses respectives $-1$ et $1$, sont des points d'inflexion pour celle-ci car, en ces points, la courbe traverse la tangente.

**2** → *Énoncé p. 124*

*a)* $f(x) = 3x^4 - x^3 + 2x - 1$, $x \in \mathbb{R}$.

Pour tout réel $x$, $f'(x) = 3\times 4x^3 - 3x^2 + 2$

$= 12x^3 - 3x^2 + 2$

en utilisant la formule $(x^n)' = nx^{n-1}$, $n \in \mathbb{N}$.

Pour tout réel $x$, $f''(x) = 36x^2 - 6x = 6x(6x - 1)$.

> Factoriser la dérivée seconde permet de déterminer son signe plus facilement.

*b)* $g(x) = \ln(x) + x^2$, $x > 0$.

Pour tout $x > 0$, $g'(x) = \dfrac{1}{x} + 2x$.

Pour tout $x > 0$, $g''(x) = \dfrac{-1}{x^2} + 2 = \dfrac{-1 + 2x^2}{x^2}$.

*c)* $h(x) = e^{x^2+1}$, $x \in \mathbb{R}$.

Pour tout réel $x$, $h'(x) = 2x \times e^{x^2+1}$ en utilisant la formule $(e^u)' = u'e^u$.

Ainsi, $h' = u \times v$ ; donc $h'' = u' \times v + u \times v'$, avec $u(x) = 2x$ et $v(x) = e^{x^2+1}$.

Pour tout réel $x$, $h''(x) = 2 \times e^{x^2+1} + 2x \times 2x \times e^{x^2+1} = 2 \times e^{x^2+1} + 4x^2 \times e^{x^2+1}$

$= 2\,e^{x^2+1}(1 + 2x^2)$.

*d*) Pour tout $x > 0$, $k'(x) = 1 - \frac{1}{x}$.

Pour tout $x > 0$, $k''(x) = \frac{1}{x^2}$.

**3** → Énoncé p. 124

> Pour étudier la convexité d'une fonction, on étudie le signe de sa dérivée seconde, lorsqu'elle existe.

*a*) $f(x) = (2 - x)e^x$, $x \in \mathbb{R}$.
Pour tout réel $x$, $f'(x) = -1 \times e^x + (2 - x)e^x$
$= (-1 + 2 - x)e^x = (1 - x)e^x$.
Formule : $(uv)' = u'v + uv'$.
Pour tout réel $x$, $f''(x) = -1 \times e^x + (1 - x)e^x$
$= (-1 + 1 - x)e^x = -xe^x$.
Formule : $(uv)' = u'v + uv'$.
Donc $f''(x) = 0 \Leftrightarrow x = 0$ car $e^x > 0$,
$f''(x) > 0 \Leftrightarrow x < 0$ car $e^x > 0$,
$f''(x) < 0 \Leftrightarrow x > 0$ car $e^x > 0$.
Ainsi, $f$ est convexe sur $]-\infty ; 0]$ et concave sur $[0 ; +\infty[$.
Le point $I$ de la courbe $\mathscr{C}_f$ d'abscisse 0 est un point d'inflexion car, en ce point, $f''$ s'annule en changeant de signe.
$f(0) = (2 - 0)e^0 = 2 \times 1 = 2$ ; les coordonnées de $I$ sont $(0 ; 2)$.

*b*) $g(x) = \frac{x^2}{2} + \ln(x)$, $x > 0$.

Pour tout réel $x > 0$, $g'(x) = \frac{2x}{2} + \frac{1}{x} = x + \frac{1}{x}$.

Pour tout réel $x > 0$ , $g''(x) = 1 - \frac{1}{x^2} = \frac{x^2 - 1}{x^2}$.

Le signe de $g''(x)$ est le même que celui de $x^2 - 1$ car le dénominateur $x^2$ est strictement positif.
Or $x^2 - 1 > 0 \Leftrightarrow x^2 > 1 \Leftrightarrow x > 1$ car $x > 0$.
Donc $f''(x) = 0 \Leftrightarrow x = 1$,
$f''(x) < 0 \Leftrightarrow 0 < x < 1$,
$f''(x) > 0 \Leftrightarrow x > 1$.
Ainsi, $g$ est concave sur $]0 ; 1]$ et convexe sur $[1 ; +\infty[$.
Le point $J$ de la courbe $\mathscr{C}_g$ d'abscisse 1 est un point d'inflexion car, en ce point, $g''$ s'annule en changeant de signe.

$g(1) = \frac{1^2}{2} + \ln(1) = 0{,}5 + 0 = 0{,}5$ ; les coordonnées de $J$ sont $(1 ; 0{,}5)$.

c) $h(x) = \dfrac{2x+3}{x}$, $x > 0$.

$\left(\dfrac{u}{v}\right)' = \dfrac{u' \times v - u \times v'}{v^2}$.

Pour tout réel $x > 0$, $h'(x) = \dfrac{2 \times x - (2x+3) \times 1}{x^2} = \dfrac{-3}{x^2}$.

Pour tout réel $x > 0$, $h''(x) = \dfrac{0 \times x^2 - (-3) \times 2x}{(x^2)^2} = \dfrac{6x}{x^4} = \dfrac{6}{x^3}$.

Pour tout réel $x > 0$, $h''(x) > 0$ ; donc $h$ est convexe sur $]0 ; +\infty[$.

**4** → Énoncé p. 124

1° Soit $f$ la fonction définie sur $\mathbb{R}$ par $f(x) = ax^3 + bx + c$.
Pour tout réel $x$, $f'(x) = 3ax^2 + b$.
Pour tout réel $x$, $f''(x) = 6ax$.
Le signe de $f''$ ne dépend pas de $b$. Il y a deux cas selon le signe de $a$.
- Si $a > 0$, alors :
$f''(x) > 0$ sur $]0 ; +\infty[$, $f''(x) < 0$ sur $]-\infty ; 0[$ et $f''(x) = 0$ pour $x = 0$.
$f$ est convexe sur $]0 ; +\infty[$ et concave sur $]-\infty ; 0[$.
- Si $a < 0$, alors :
$f''(x) < 0$ sur $]0 ; +\infty[$, $f''(x) > 0$ sur $]-\infty ; 0[$ et $f''(x) = 0$ pour $x = 0$.
$f$ est concave sur $]0 ; +\infty[$ et convexe sur $]-\infty ; 0[$.

2° Soit $g$ la fonction définie sur $\mathbb{R}$ par $g(x) = x^3 + ax^2 + bx + c$.
Pour tout réel $x$, $g'(x) = 3x^2 + 2ax + b$.
Pour tout réel $x$, $g''(x) = 6x + 2a = 2(3x + a)$.

$g''(x) = 0$ pour $3x + a = 0$, soit $x = \dfrac{-a}{3}$,

$g''(x) > 0$ pour $3x + a > 0$, soit $x > \dfrac{-a}{3}$,

$g''(x) < 0$ pour $3x + a < 0$, soit $x < \dfrac{-a}{3}$.

La fonction $g$ est donc concave sur $\left]-\infty ; \dfrac{-a}{3}\right]$ et convexe sur $\left[\dfrac{-a}{3} ; +\infty\right[$.

**5** → Énoncé p. 125

1° a) On a, d'après le logiciel de calcul formel, pour tout réel $x$ de l'intervalle $[-3 ; 5]$ :

$$f'(x) = \frac{3}{4}(x-3)(x+1) = \frac{3x^2 - 6x - 9}{4}.$$

Pour étudier le signe de $f'(x)$, on utilise la forme factorisée, soit :

$$f'(x) = \frac{3}{4}(x-3)(x+1).$$

| $x$ | $-3$ | | $-1$ | | $3$ | | $5$ |
|---|---|---|---|---|---|---|---|
| $x-3$ | | $-$ | | $-$ | $0$ | $+$ | |
| $x+1$ | | $-$ | $0$ | $+$ | | $+$ | |
| Signe de $f'(x)$ | | $+$ | $0$ | $-$ | $0$ | $+$ | |

Ainsi $f'(x) < 0 \Leftrightarrow x \in ]-1\ ;\ 3[$,
$f'(x) > 0 \Leftrightarrow x \in [-3\ ;\ -1[\cup]\ 3\ ;\ 5]$,
$f'(x) = 0 \Leftrightarrow x \in \{-1\ ;\ 3\}$.

*b*) On en déduit le tableau de variation de $f$ :

| $x$ | $-3$ | | $-1$ | | $3$ | | $5$ |
|---|---|---|---|---|---|---|---|
| Signe de $f'(x)$ | | $+$ | $0$ | $-$ | $0$ | $+$ | |
| $f(x)$ | $0$ | ↗ | $8$ | ↘ | $0$ | ↗ | $8$ |

avec : $f(-3) = \frac{1}{4}(-3-3)^2(-3+3) = 0$ ;

$f(-1) = \frac{1}{4}(-1-3)^2(-1+3) = \frac{1}{4} \times 16 \times 2 = 8$ ;

$f(3) = \frac{1}{4}(3-3)^2(3+3) = 0$ ; $f(5) = \frac{1}{4}(5-3)^2(5+3) = \frac{1}{4} \times 4 \times 8 = 8$.

> $f' \geqslant 0$ sur l'intervalle $I \Leftrightarrow f$ croissante sur l'intervalle $I$.
> $f' \leqslant 0$ sur l'intervalle $I \Leftrightarrow f$ décroissante sur l'intervalle $I$.

2° *a*) Pour déterminer l'expression de $f''(x)$ sur l'intervalle $[-3\ ;\ 5]$, on utilise la forme développée de $f'(x)$ :

$$f'(x) = \frac{3x^2 - 6x - 9}{4} = \frac{1}{4}(3x^2 - 6x - 9).$$

Pour tout $x$ de l'intervalle $[-3\ ;\ 5]$ : $f''(x) = \frac{1}{4}(6x-6) = \frac{1}{4} \times 6(x-1) = \frac{3}{2}(x-1)$.

*b*) Le signe de $f''(x)$ sur $[-3\ ;\ 5]$ permet d'étudier la convexité de $f$.

Il est clair que $\frac{3}{2}(x-1) \geqslant 0$ pour $x \geqslant 1$ et que $\frac{3}{2}(x-1) \leqslant 0$ pour $x \leqslant 1$.

> Si $f'' \geqslant 0$ sur un intervalle $I$, alors $f$ est convexe sur I ;
> si $f'' \leqslant 0$ sur un intervalle $I$, alors $f$ est concave sur $I$.

On en déduit $f''(x) \geqslant 0$ sur l'intervalle $[1\ ;\ 5]$ ; $f''(x) \leqslant 0$ sur l'intervalle $[-3\ ;\ 1]$ et $f''(1) = 0$.
Donc $f$ est convexe sur l'intervalle $[1\ ;\ 5]$ et concave sur l'intervalle $[-3\ ;\ 1]$.

Le point $C$ de la courbe $\mathscr{C}_f$ d'abscisse 1 est donc un point d'inflexion pour la courbe $\mathscr{C}_f$ puisque, en ce point, $f''$ s'annule en changeant de signe.

3° Une équation de la tangente $(d)$ à $\mathscr{C}_f$ au point $C$ d'abscisse 1 est :

$$y = f'(1)(x - 1) + f(1),$$

avec $f(1) = \frac{1}{4}(1 - 3)^2(1 + 3) = \frac{1}{4} \times 4 \times 4 = 4$

et $f'(1) = \frac{3}{4}(1 - 3)(1 + 1) = \frac{3}{4} \times (-2) \times 2 = -3$.

Donc, $y = -3(x - 1) + 4 = -3x + 3 + 4 = -3x + 7$.

4° *a*)

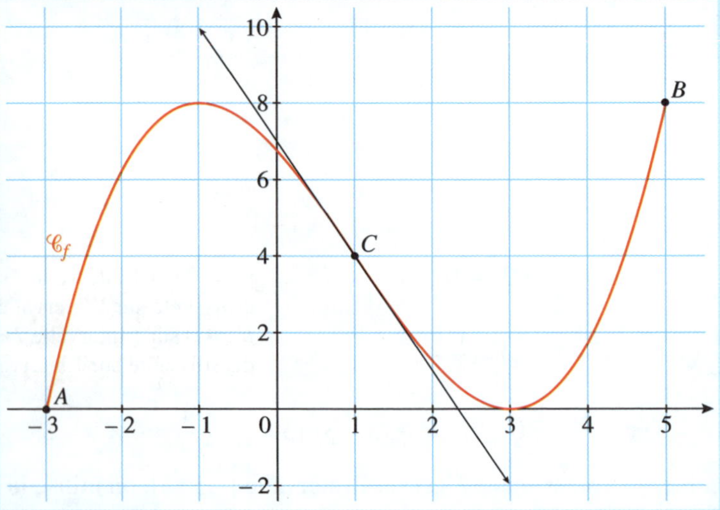


(*d*) passe par les points $C$ et $M(3\ ;\ -2)$.

*b*) Graphiquement, on peut affirmer que le point $C$ est un point d'inflexion car, en ce point, la courbe traverse la tangente $(d)$.

6 → Énoncé p. 126

### Partie A

1° L'équation de la tangente à la courbe de la fonction exponentielle au point d'abscisse 0 est $y = h'(0)(x - 0) + h(0)$ avec $h(x) = h'(x) = e^x$.
Or $h(0) = h'(0) = e^0 = 1$, donc $y = 1 \times (x - 0) + 1$. L'équation cherchée est $y = x + 1$

2° La fonction exponentielle est convexe sur $\mathbb{R}$, donc sa courbe est entièrement située au-dessus de chacune de ses tangentes. En particulier, la courbe de la fonction exponentielle est située au-dessus de la droite d'équation $y = x + 1$ : soit, pour tout réel $x$, $e^x \geqslant x + 1$.

### Partie B

1° $f(x) = e^x - \frac{x^2}{2} - x - 1$, $x \in \mathbb{R}$.

Donc, pour tout réel $x$, $f'(x) = e^x - \frac{2x}{2} - 1 = e^x - x - 1$.

2° Pour tout $x$, $f'(x) = e^x - x - 1 = e^x - (x + 1) \geqslant 0$ car, d'après la **Partie A**, pour tout réel $x$, $e^x \geqslant x + 1$.

3° On en déduit que la fonction $f$ est croissante sur $\mathbb{R}$.
$f(0) = e^0 - 0 - 0 - 1 = 1 - 1 = 0$.
On a le tableau de variation suivant :

| $x$ | $-\infty$ | $0$ | $+\infty$ |
|---|---|---|---|
| $f'(x)$ | | $+$ | |
| $f(x)$ | ↗ | $0$ | ↗ |

### Partie C

1° Pour tout réel $x$, $g'(x) = e^x - \frac{2x}{2} = e^x - x$.

2° L'équation de la tangente $(\Delta)$ à $\mathscr{C}_g$ au point d'abscisse 0 est :

$$y = g'(0)(x - 0) + g(0).$$

Or $g(0) = e^0 - 0 = 1$ et $g'(0) = e^0 - 0 = 1$, donc $y = 1 \times (x - 0) + 1$.
L'équation cherchée est $y = x + 1$.

3° Pour étudier la position de $\mathscr{C}_g$ par rapport à $(\Delta)$, on étudie, pour tout réel $x$, le signe de $g(x) - (x + 1)$ :

$$g(x) - (x + 1) = e^x - \frac{x^2}{2} - x - 1 = f(x).$$

Or, d'après le tableau de variation de $f$, on a $f(x) \geqslant 0$ pour $x \geqslant 0$ et $f(x) \leqslant 0$ pour $x \leqslant 0$.
Donc, pour $x \geqslant 0$, $g(x) - (x + 1) \geqslant 0$, c'est-à-dire $g(x) \geqslant x + 1$, et pour $x \leqslant 0$, $g(x) - (x + 1) \leqslant 0$, c'est-à-dire $g(x) \leqslant x + 1$.
Il s'ensuit que la courbe $\mathscr{C}_g$ est au-dessus de la droite $(\Delta)$ pour $x \geqslant 0$ et en-dessous pour $x \leqslant 0$.

4° La courbe $\mathscr{C}_g$ traverse donc sa tangente au point $A(0\ ;\ 1)$. Le point $A$ est donc un point d'inflexion pour $\mathscr{C}_g$.

Le changement de position de la courbe par rapport à la tangente indique la présence d'un point d'inflexion.

**7** → Énoncé p. 126

$f(x) = 3x - 3x\ln(x) = 3x(1 - \ln(x))$

Ainsi, $f = u \times v$ et $f' = u' \times v + u \times v'$

avec $u(x) = 3x$ ; $u'(x) = 3$ et

$v(x) = 1 - \ln(x)$ ; $v'(x) = \dfrac{-1}{x}$.

> Pour étudier la position d'une courbe par rapport à sa tangente, penser à étudier la convexité de la fonction.

Donc, pour tout réel $x > 0$, $f'(x) = 3(1 - \ln(x)) + 3x \times \left(-\dfrac{1}{x}\right)$

$= 3 - 3\ln(x) - 3$

$= -3\ln(x)$.

Pour tout réel $x > 0$, $f''(x) = \dfrac{-3}{x}$.

Pour tout réel $x > 0$, on a $f''(x) < 0$ ;

donc la fonction $f$ est concave sur $]0 ; +\infty[$.

> Vérifier la position à l'aide de la calculatrice.

$f$ est concave sur $]0 ; +\infty[$, donc la courbe $C_f$ est entièrement située en dessous de ses tangentes sur $]0 ; +\infty[$ et, en particulier, $C_f$ est entièrement située en dessous de $T$ avec un point de contact d'abscisse 1.

> On peut aussi chercher l'équation de la tangente et étudier le signe de la différence $f(x) - y$.

**8** → Énoncé p. 126

### Partie A

1° $f = 0{,}4 \times \dfrac{1}{v}$ avec $v(x) = 20e^{-x} + 1$

En utilisant $(e^u)' = u'e^u$, on obtient $v'(x) = -20e^{-x}$.

$$f' = 0{,}4 \times \frac{-v'}{v} \text{ donc } f'(x) = 0{,}4 \times \frac{-(-20e^{-x})}{(20e^{-x}+1)^2} = \frac{8e^{-x}}{(20e^{-x}+1)^2}$$

2° Pour tout $x$ appartenant à l'intervalle [0 ; 8], on a $8e^{-x} > 0$ et $(20e^{-x}+1)^3 > 0$.

Le signe de $f''$ dépend alors de celui de $20e^{-x} - 1$.

$$20e^{-x} - 1 > 0 \Leftrightarrow e^{-x} > \frac{1}{20}$$

$$\Leftrightarrow -x > \ln\left(\frac{1}{20}\right) \Leftrightarrow x < -\ln\left(\frac{1}{20}\right) \Leftrightarrow x < \ln 20.$$

> Si la fonction $f''$ est donnée, la convexité de la fonction $f$ s'étudie à partir du signe de $f''$.

$\ln 20 \approx 3$ ; et on a le tableau suivant :

| $x$ | 0 | ln 20 | 8 |
|---|---|---|---|
| Signe de $f''(x)$ | + | 0 | – |
| Variations de $f'(x)$ | $f'(0)$ ↗ | $f'(\ln 20)$ | ↘ $f'(8)$ |
| Convexité de $f$ | Convexe | ⋮ | Concave |

La fonction $f''$ est convexe sur $[0\,;\ln 20]$ et concave sur $[\ln 20;8]$.

**Partie B**

$$f(8)-f(0)=\frac{0{,}4}{20\mathrm{e}^{-8}+1}+0{,}4-\left(\frac{0{,}4}{20\mathrm{e}^{-0}+1}+0{,}4\right)=\frac{0{,}4}{20\mathrm{e}^{-8}+1}-\frac{0{,}4}{21}\approx 0{,}3783\ ;$$

l'écart d'altitude entre les deux villages est d'environ 378 mètres et la proposition 1 est vraie.

> Le coefficient directeur de la tangente à une courbe est le nombre dérivé en ce point.

$f'(0)=\dfrac{8\mathrm{e}^{-0}}{(20\mathrm{e}^{-0}+1)^2}=\dfrac{8}{21^2}=\dfrac{8}{441}\approx 0{,}018$ ; la pente en A vaut environ 1,8 % et la proposition 2 est vraie.

La fonction $f$ change de convexité (convexe à concave) en $x=\ln 20$ ; donc le maximum de $f'$ est atteint en $\ln 20$ :

$$f'(\ln 20)=\frac{8\mathrm{e}^{-\ln 20}}{(20\mathrm{e}^{-\ln 20}+1)^2}=\frac{8\times\frac{1}{20}}{\left(20\times\frac{1}{20}+1\right)^2}=\frac{\frac{2}{5}}{4}=\frac{1}{10}$$

La pente maximale sera de 10 %, donc le projet est accepté et la proposition 3 est fausse.

**9** → *Énoncé p. 128*

1° *a)* L'entreprise fabrique entre 0 et 3 500 objets par jour ; $x$ est exprimé en milliers d'objets.

Donc $\dfrac{0}{1\,000}\leqslant x\leqslant\dfrac{3\,500}{1\,000}$ ou encore $0\leqslant x\leqslant 3{,}5$.

Ainsi, la fonction $C$ est définie sur [0 ; 3,5].

*b)* $C(1)=0{,}5+1-\dfrac{3}{8}\times\mathrm{e}\approx 0{,}480\,6$.

Le coût de fabrication pour 1 000 objets est d'environ 0,480 6 × 1 000 ≈ 481 €.

2° *a*) Pour tout $x$ de $I$ :

$$C_m(x) = C'(x) = 1 + \frac{1}{8}\,[e^x + (x-4)e^x]$$
$$= 1 + \frac{e^x}{8}\,(1 + x - 4)$$
$$= 1 + \frac{e^x}{8}\,(x - 3).$$

*b*) La fonction $C_m$ est croissante sur $I$ si, et seulement si, sa dérivée $C'_m$ est positive sur $I$.
Or $C'_m = (C_m)' = (C')' = C''$ car, par définition, $C_m = C'$.
Donc la fonction $C_m$ est croissante sur $I$ si, et seulement si, la fonction $C$ est convexe sur $I$.

> $f$ est convexe sur $I$ si, et seulement si, $f''$ est positive sur $I$.

*c*) Pour tout $x$ de $I$, $C_m'(x) = \frac{1}{8}\,[e^x(x-3) + e^x]$
$$= \frac{e^x}{8}\,(x - 3 + 1)$$
$$= \frac{e^x}{8}\,(x - 2).$$

> Utiliser la dérivé d'un produit : $(uv)' = u'v + uv'$.

Donc $C'_m(x) \geqslant 0 \Leftrightarrow x \geqslant 2$ car, pour tout $x$, $e^x > 0$.
Donc $C$ est convexe sur [2 ; 3,5] et concave sur [0 ; 2].

*d*) Sur le graphique, on observe que :
– la courbe de la fonction $C$ possède un point d'inflexion : le point $A$ d'abscisse 2 *(en ce point, la courbe traverse sa tangente)* ;
– avant le point $A$, la courbe de $C$ se situe en dessous de ses tangentes ; donc $C$ est concave pour $0 \leqslant x \leqslant 2$ ;
– après le point $A$, la courbe de $C$ se situe au-dessus de ses tangentes ; donc $C$ est convexe pour $2 \leqslant x \leqslant 3{,}5$.

3° *a*) $C_M(x) = \frac{C(x)}{x} = \frac{0{,}5}{x} + 1 + \frac{x-4}{8x} \times e^x.$

*b)*

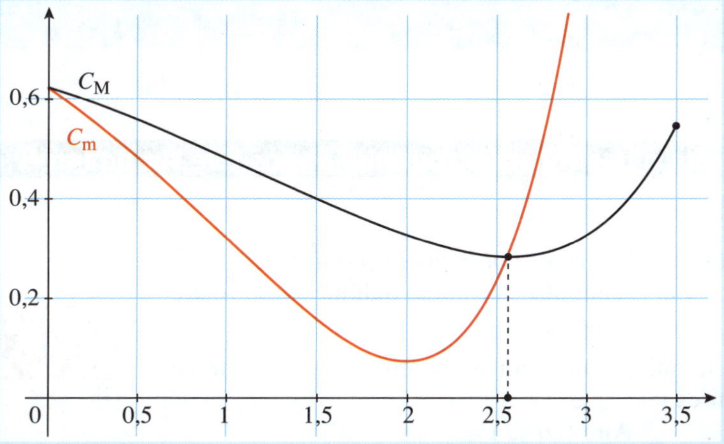


Par lecture graphique, le coût moyen est minimal pour $x \approx 2{,}6$, soit une production journalière de 2 600 objets environ.

*c)* $C_M(x) = C_m(x) \Leftrightarrow (x-2)^2e^x - 4 = 0$.

À l'aide du tableau de la calculatrice, on résout l'équation $(x-2)^2e^x - 4 = 0$ sur l'intervalle $[0\ ;\ 3{,}5]$.

Par balayage, on obtient $x \approx 2{,}557$.

Donc le coût moyen est minimal pour une fabrication journalière de 2 557 objets.

> Entrer dans la calculatrice : $f(x) = (x-2)^2e^x - 4$.

CHAPITRE 6

# Intégrale

## 1 Intégrale d'une fonction continue et positive sur un intervalle

### A. Unité d'aire

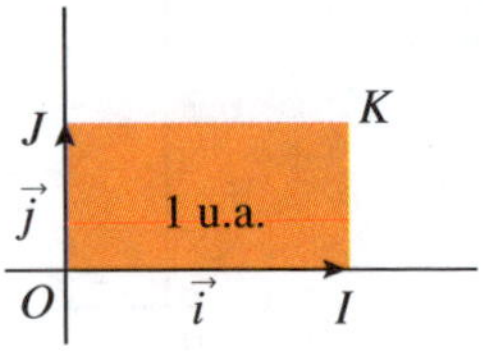


■ Le plan est muni du repère orthogonal $(O\,;\vec{i},\vec{j})$.
Les points $I$, $J$ et $K$ sont placés comme indiqué sur la figure et tels que $OIKJ$ soit un rectangle.

■ On appelle unité d'aire (notée u.a. en abrégé) l'unité de mesure d'aires telle que :

$$\text{Aire}\,(OIKJ) = 1 \text{ u.a.}$$

***Remarques***

- Si le repère est orthonormé, alors $OIKJ$ est un carré.
- Par exemple, si $OI = 2$ cm et $OJ = 3$ cm, alors une unité d'aire correspond à 6 cm².

### B. Intégrale d'une fonction continue et positive

***Définition***

■ Soient $a$ et $b$ deux réels tels que $a \leqslant b$, $f$ une fonction définie, positive, continue sur l'intervalle $[a\,;b]$, et $\mathscr{C}_f$ sa courbe représentative dans un repère orthogonal $(O\,;\vec{i},\vec{j})$.

Si, pour tout $x$ de $[a\,;b]$, $f(x) \geqslant 0$, alors on appelle **intégrale de $f$ entre $a$ et $b$** le nombre noté $\displaystyle\int_a^b f(x)\,\mathrm{d}x$.
Ce nombre est l'**aire**, en unités d'aire, du domaine compris entre la courbe $\mathscr{C}_f$, l'axe des abscisses et les droites d'équations $x = a$ et $x = b$.

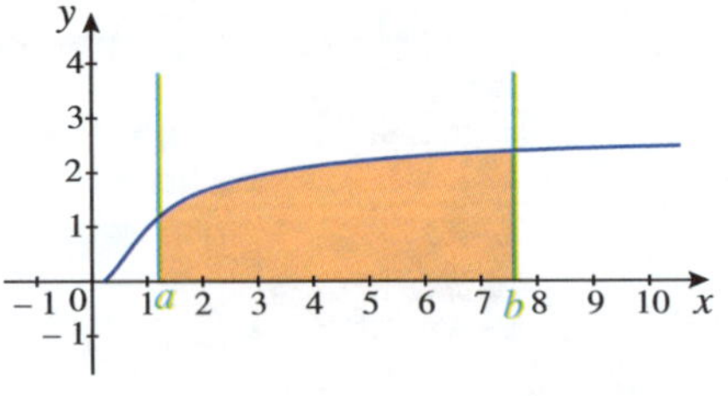


***Remarques***

- La variable $t$ ou $x$ ou autre est une variable muette.

• L'intégrale se lit « somme de $a$ à $b$ de $f$ de $x$ d$x$ » ou « intégrale de $a$ à $b$ de $f$ ».
• L'intégrale est, dans ce cas, un nombre positif.
• Les réels $a$ et $b$ sont les bornes de l'intégrale.

## 2 Primitive d'une fonction

### A. Définition

La fonction $f$ est définie sur un intervalle $I$.

**$F$ est une primitive de $f$ sur $I$ signifie :**
**• $F$ est dérivable sur $I$ ;**
**• pour tout $x$ réel appartenant à $I$, $F'(x) = f(x)$.**

*Exemples*
• La fonction $F$ définie, dérivable sur $\mathbb{R}$ par $F(x) = x^2$, est une primitive de la fonction $f$ définie sur $\mathbb{R}$ par $f(x) = 2x$.
En effet, $F'(x) = 2x = f(x)$ et $F$ est dérivable sur $\mathbb{R}$, car $F$ est une fonction polynôme.
• Une primitive de la fonction exponentielle sur $\mathbb{R}$ est la fonction exponentielle.

### B. Ensemble des primitives d'une fonction

*Théorèmes*

**Toute fonction $f$ continue sur un intervalle $I$ admet des primitives sur $I$. Soit $f$ une fonction définie sur un intervalle $I$.**
**• Si $F$ est une primitive de $f$ sur $I$, alors toutes les fonctions $x \mapsto F(x) + k$, où $k$ est un réel quelconque, sont des primitives de $f$ sur $I$.**
**• Si $F$ et $G$ sont deux primitives de $f$ sur $I$, alors il existe un réel $k$ tel que pour tout $x$ de $I$, $G(x) = F(x) + k$.**

*Remarques*
• Deux primitives de $f$ diffèrent d'une constante.
• Si on connaît une primitive $F$ de $f$ sur $I$, alors l'ensemble des primitives de $f$ sur $I$ est l'ensemble des fonctions $F + k$, où $k$ est une constante réelle.

*Exemple*
L'ensemble des primitives de la fonction $f$ définie sur $\mathbb{R}$ par $f(x) = 3x^2 - x + 1$ est l'ensemble des fonctions définies, dérivables sur $\mathbb{R}$ par :

$$F(x) = x^3 - 0{,}5x^2 + x + k, \text{ où } k \text{ est une constante réelle.}$$

En effet, $F'(x) = 3x^2 - x + 1 = f(x)$.

## C. Primitive prenant une valeur donnée en $x_0$

*Théorème*

**Soit $f$ une fonction définie sur un intervalle $I$, ayant des primitives sur $I$.**
**Si $x_0$ est un élément de $I$ et $y_0$ un réel quelconque, alors il existe une primitive $F$ de $f$ et une seule telle que $F(x_0) = y_0$.**

*Exemple précédent*

La primitive $F$ de $f$ sur $\mathbb{R}$ s'annulant en 1 vérifie :

$$F(1) = 1^3 - 0{,}5 \times 1^2 + 1 + k = 0 \qquad \text{soit } k = -1{,}5.$$

et on a $F(x) = x^3 - 0{,}5x^2 + x - 1{,}5$.

## D. Calculs de primitives

*Propriété*

**$f$ et $g$ sont deux fonctions ayant pour primitives $F$ et $G$ sur un intervalle $I$, $k$ est un réel.**
- **Une primitive de $(f + g)$ sur $I$ est $F + G$.**
- **Une primitive de $kf$ sur $I$ est $kF$.**

*Tableau des primitives*

On obtient le tableau par lecture inverse de celui des dérivées.

| Fonction : $x \mapsto$ | Primitive : $x \mapsto$ | Intervalle |
|---|---|---|
| $a$ (constante réelle) | $ax$ | $\mathbb{R}$ |
| $x^n$ ($n \in \mathbb{N}^*$) | $\frac{1}{n+1}x^{n+1}$ | $\mathbb{R}$ |
| $x^n$ ($n \in \mathbb{Z}, n < -1$) | $\frac{1}{n+1}x^{n+1}$ | $]-\infty\,;0[$ ou $]0\,;+\infty[$ |
| $\frac{1}{x^2}$ | $\frac{-1}{x}$ | $]-\infty\,;0[$ ou $]0\,;+\infty[$ |
| $\frac{1}{\sqrt{x}}$ | $2\sqrt{x}$ | $]0\,;+\infty[$ |
| $\frac{1}{x}$ | $\ln x$ | $]0\,;+\infty[$ |
| $e^x$ | $e^x$ | $\mathbb{R}$ |

*Propriétés*

Soit $k$ une constante réelle, $u$ et $v$ sont deux fonctions dérivables sur $I$, de dérivées $u'$ et $v'$.

De plus, $v$ ne s'annule pas sur $I$.

| Fonction $f$ | Une primitive de $f$ sur $I$ |
|---|---|
| $\dfrac{v'}{v^2}$ | $\dfrac{-1}{v}$ |
| $n$ entier naturel, $u'u^n$ | $\dfrac{1}{n+1}u^{n+1}$ |
| $u'u$ | $\dfrac{1}{2}u^2$ |
| $u'e^u$ | $e^u$ |

*Une primitive importante*

$k$ est un réel non nul.

La fonction définie sur $\mathbb{R}$ par $x \mapsto e^{kx}$ admet comme primitive sur $\mathbb{R}$ la fonction $x \mapsto \dfrac{1}{k}e^{kx}$.

## 3 Calcul de l'intégrale d'une fonction

*Théorème*

**Si $f$ est continue et positive sur un intervalle $[a\ ;b]$, la fonction $F$ définie sur $[a\ ;b]$ par :**

$$F(x)=\int_a^x f(t)\,dt$$

**est dérivable sur $[a\ ;b]$ et a pour dérivée $F'=f$.**
**Cette fonction est la primitive de la fonction $f$ qui s'annule en $a$.**

*Propriété*

**Soit $f$ une fonction continue sur un intervalle ouvert $I$, $F$ l'une de ses primitives et $a$, $b$ deux réels appartenant à $I$.**

$$\int_a^b f(t)\,dt=F(b)-F(a)$$

On a alors également :

$$\int_b^a f(t)\,dt=-\int_a^b f(t)\,dt \quad \text{et} \quad \int_a^a f(t)\,dt=0$$

*Exemple*

Soit $\mathscr{C}_f$ la courbe représentative de la fonction $f : x \mapsto e^x$ dans un repère orthogonal.
Une primitive $F$ de $f$ est la fonction $F : x \mapsto e^x$.

L'aire $\mathcal{A}$ de la partie du plan limitée par la courbe $\mathcal{C}_f$, l'axe des abscisses et les droites d'équations $x = 0$ et $x = 1$ est, en unités d'aire :

$$\int_0^1 f(x)\,\mathrm{d}x = F(1) - F(0) = \mathrm{e}^1 - \mathrm{e}^0.$$

Donc $\mathcal{A} = \mathrm{e} - 1$ unités d'aire.

## 4 Propriétés de l'intégrale

### A. Linéarité

Pour tous réels $a$ et $b$ d'un intervalle $I$ et tout réel $k$ :

$$\int_a^b (f(x)+g(x))\,\mathrm{d}x = \int_a^b f(x)\,\mathrm{d}x + \int_a^b g(x)\,\mathrm{d}x \quad \text{et} \quad \int_a^b kf(x)\,\mathrm{d}x = k\int_a^b f(x)\,\mathrm{d}x.$$

### B. Positivité et ordre

**$a$ et $b$ sont deux réels d'un intervalle $I$ tels que $a \leqslant b$.**

**Si pour tout $x$ de $[a\,;b]$, $f(x) \geqslant 0$, alors $\int_a^b f(x)\,\mathrm{d}x \geq 0$.**

*Conséquence*

**Si pour tout $x$ de $I$, avec $a \leqslant b$, $f(x) \leqslant g(x)$, alors $\int_a^b f(x)\,\mathrm{d}x \leqslant \int_a^b g(x)\,\mathrm{d}x$.**

*Exemple d'utilisation*

La courbe représentative de la fonction $x \mapsto \ln x$ est en dessous de sa tangente au point d'abscisse 1 d'équation $y = x - 1$ ; cela signifie que :

pour tout $x \in \,]0\,;+\infty[$, $\ln x \leqslant x - 1$.

On a alors $\int_1^2 \ln x\,\mathrm{d}x \leqslant \int_1^2 (x-1)\,\mathrm{d}x$.

Une primitive de la fonction $x \mapsto x - 1$ est $F(x) = \frac{x^2}{2} - x$.

D'où $\int_1^2 (x-1)\,\mathrm{d}x = F(2) - F(1) = \frac{2^2}{2} - 2 - \left(\frac{1^2}{2} - 1\right) = 2 - 2 - \frac{1}{2} + 1 = \frac{1}{2}$.

On obtient donc $\int_1^2 \ln x \, dx \leqslant \frac{1}{2}$.

*Application*

Calcul de l'aire du domaine délimité par les courbes de deux fonctions

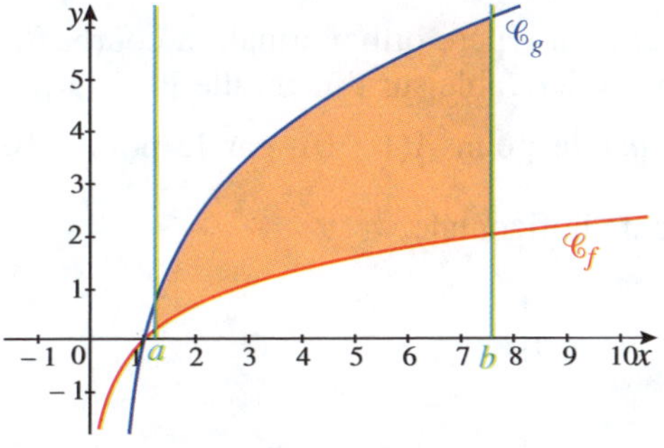


Soient $\mathscr{C}_f$ et $\mathscr{C}_g$ les courbes représentatives de deux fonctions continues, positives $f$ et $g$.

Pour tout $x$ appartenant à l'intervalle $[a\,;\,b]$, on a :

$$0 \leqslant f(x) \leqslant g(x).$$

**L'aire $\mathscr{A}$ du domaine plan délimité par les droites d'équation $x = a$, $x = b$ et les courbes des fonctions $f$ et $g$ est :**

$$\mathscr{A} = \int_a^b (g(x) - f(x))\,dx.$$

## C. Relation de Chasles

**Pour tous réels $a$, $b$ et $c$ de $I$,** $\int_a^b f(x)\,dx + \int_b^c f(x)\,dx = \int_a^c f(x)\,dx.$

## D. Valeur moyenne

**$f$ est une fonction continue sur un intervalle $[a\,;\,b]$ (avec $a < b$).**

**La valeur moyenne de $f$ sur $[a\,;\,b]$ est le réel** $\frac{1}{b-a} \int_a^b f(x)\,dx$ .

## 1 Savoir chercher une primitive d'une fonction

**EXERCICE TYPE**

**1[er] cas : Méthode graphique**

Dans le plan rapporté à un repère orthonormal, la courbe $\mathscr{C}$ ci-dessous représente une fonction $f$ définie et dérivable sur l'intervalle $]0\,;+\infty[$.

La courbe $\mathscr{C}$ passe par le point $A(1\,;\,0)$, par le point $B\left(\sqrt{e}\,;\,\dfrac{1}{2e}\right)$ et elle admet au point $B$ une tangente horizontale.

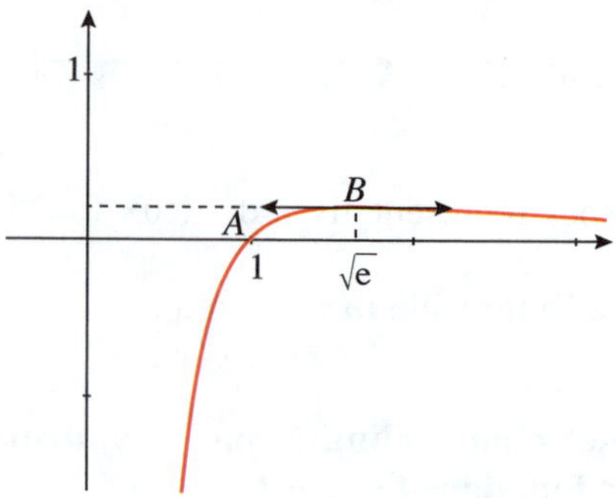


**1°** En utilisant ces renseignements et une lecture graphique, donner le signe de $f(x)$ suivant les valeurs de $x$.

**2°** Soit $F$ une primitive de $f$.

La représentation graphique de $F$ est l'une des trois courbes $\mathscr{C}_1$, $\mathscr{C}_2$, $\mathscr{C}_3$ données ci-après, dans un repère orthonormal.

Déterminer celle des courbes $\mathscr{C}_1$, $\mathscr{C}_2$, $\mathscr{C}_3$ qui représente $F$, en justifiant la réponse.

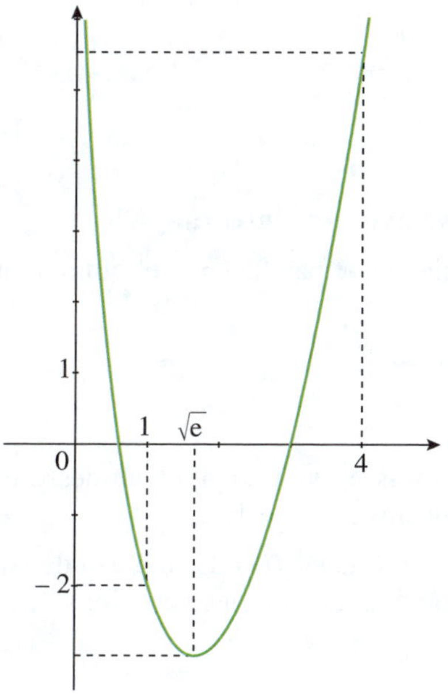


Courbe $\mathscr{C}_1$

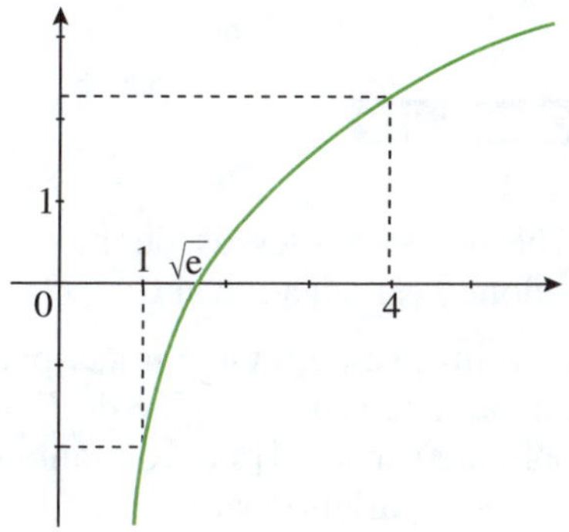


Courbe $\mathscr{C}_2$

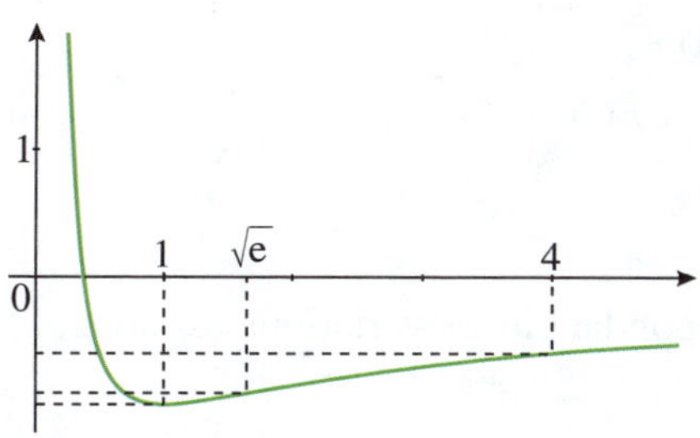


Courbe $\mathscr{C}_3$

**2^e^ cas : Vérifier qu'une fonction est une primitive**

Soit la fonction $f$ définie sur $]0\,;+\infty[$ par $f(x) = 2x + x^2 - \dfrac{1}{x}$.

Montrer que la fonction $F$ définie sur $]0\,;+\infty[$ par $F(x) = x^2 + \dfrac{1}{3}x^3 - \ln(x) - 1$ est une primitive de $f$.

**3^e^ cas : Trouver l'expression d'une primitive avec les formules**

Dans chacun des cas, déterminer une primitive de la fonction $f$ définie sur l'intervalle $I$.

***a)*** $f(x) = -2e^x + 3x + \frac{1}{x} - 1$ sur $I = ]0\ ;+\infty[$.

***b)*** $f(x) = -3xe^{-x^2+1}$ sur $I = \mathbb{R}$.

***c)*** $f(x) = x^4 + 3x^2 + 2 - \frac{1}{\sqrt{x}}$ sur $I = ]0\ ;+\infty[$.

**4e cas : Trouver l'expression d'une primitive avec une intégrale**

Déterminer la primitive de la fonction $f$ définie sur $\mathbb{R}$ par $f(x) = -e^x$ qui s'annule en 1.

## CORRIGÉ COMMENTÉ

### 1er cas

1° La courbe $\mathscr{C}$ est au-dessus de l'axe des abscisses si $x > 1$ et au-dessous si $0 < x < 1$, donc $f$ est négative si $0 < x < 1$ et positive si $x > 1$.

2° $F$ est une primitive de $f$. On a donc, pour $x > 0$, $F'(x) = f(x)$. Le tableau de signe de $f$ donne donc le tableau de signe de $F'$ dont on peut déduire les variations de $F$. $F$ est décroissante sur $]0\ ;1[$ et croissante sur $]1\ ;+\infty[$.
On a le tableau de variation suivant :

| $x$ | 0 | | 1 | | $+\infty$ |
|---|---|---|---|---|---|
| Signe de $f(x) = F'(x)$ | | $-$ | 0 | $+$ | |
| Variations de $F(x)$ | | ↘ | | ↗ | |

La seule courbe correspondant à ces variations est donc $\mathscr{C}_3$ qui est alors la courbe de la primitive de $f$.

### 2e cas

On cherche à vérifier que $F' = f$. Les deux fonctions ont le même domaine de définition et :

$$F'(x) = 2x + \frac{1}{3} \times 3x^2 - \frac{1}{x} - 0 = 2x + x^2 - \frac{1}{x} = f(x).$$

Donc $F$ est une primitive de $f$ sur $]0\ ;+\infty[$.

### 3e cas

*a)* Une primitive de $x \mapsto e^x$ est $x \mapsto e^x$, donc celle de $x \mapsto -2e^x$ est $x \mapsto -2e^x$.

Une primitive de $x \mapsto x$ est $x \mapsto \frac{1}{2}x^2$, donc celle de $3x$ est $x \mapsto \frac{3}{2}x^2$.

Une primitive de $x \mapsto \dfrac{1}{x}$ est $x \mapsto \ln(x)$.

Une primitive de $x \mapsto -1$ est $x \mapsto -x$.
On en déduit une primitive $F$ de $f$ sur $I$ : $F(x) = -2e^x + \dfrac{3}{2}x^2 + \ln(x) - x$.

*b*) On pose $u(x) = -x^2 + 1$ et donc $u'(x) = -2x$.
La fonction $f$ est de la forme $u'e^u$ à une constante près :

$$f(x) = -3 \times \frac{1}{-2}(-2x)e^{-x^2+1} = \frac{3}{2} \times u'(x)e^{u(x)}.$$

On peut vérifier son calcul en dérivant $F$ pour obtenir $f$.

Une primitive de $u'e^u$ est $e^u$ ; donc :

une primitive $F$ de $f$ sur $I$ est $F(x) = \dfrac{3}{2} \times e^{u(x)} = \dfrac{3}{2} \times e^{-x^2+1}$.

*c*) On peut remarquer que, pour tout $x$ réel, $x^2 + 1 > 0$.

Une primitive de $x \mapsto x^4$ est $x \mapsto \dfrac{1}{5}x^5$.

Une primitive de $x \mapsto x^2$ est $x \mapsto \dfrac{1}{3}x^3$, donc celle de $x \mapsto 3x^2$ est $x \mapsto \dfrac{3}{3}x^3 = x^3$.

Une primitive de $x \mapsto 2$ est $x \mapsto 2x$.

Une primitive de $x \mapsto \dfrac{1}{\sqrt{x}}$ est $x \mapsto 2\sqrt{x}$.

Une primitive $F$ de $f$ sur $I$ est $F(x) = \dfrac{1}{5}x^5 + x^3 + 2x - 2\sqrt{x}$.

**4e cas**

Une primitive de la fonction exponentielle est la fonction exponentielle elle-même ; donc une primitive de $x \mapsto -e^x$ est $x \mapsto -e^x$.
La primitive de $f$ sur $\mathbb{R}$ qui s'annule en 1 est la fonction $F$ définie sur $\mathbb{R}$ par :

$$F(x) = \int_1^x f(t)\,dt = \int_1^x (-e^t)\,dt = (-e^x) - (-e^1) = -e^x + e.$$

**À RETENIR**

- La notion importante à retenir est :
  **une primitive $F$ d'une fonction $f$ est une fonction vérifiant $F' = f$.**
- Pour trouver graphiquement la courbe d'une primitive $F$ d'une fonction $f$, il faut étudier le signe de la fonction $f$ (égale à $F'$) qui permet ensuite de déterminer les variations de $F$.
- Pour vérifier qu'une fonction $g$ est une primitive d'une fonction $f$, il suffit de vérifier que $g' = f$.
- Pour trouver une primitive $F$ d'une fonction $f$ :
  – soit on utilise directement le tableau des primitives des fonctions usuelles ;

– soit on fait apparaître la formule $u'e^u$.

Dans les deux cas, il est souvent nécessaire de multiplier ou diviser par une constante réelle les fonctions données, en particulier pour faire apparaître $u'$.

• Pour déterminer la primitive $F$ qui s'annule en un réel $a$ donné, on utilise la fonction définie par l'intégrale $F(x) = \int_a^x f(t)\,\mathrm{d}t$.

Il reste nécessaire de trouver une primitive de $f$ avec les méthodes précédentes, le calcul de l'intégrale permettant ensuite de trouver la seule fonction $F$ s'annulant en $a$.

(Une autre méthode, plus générale pour une primitive prenant une valeur donnée, est proposée dans le paragraphe du cours : « *Primitive prenant une valeur donnée en* $x_0$ », p. 142.)

## 2 Calculer l'aire sous la courbe d'une fonction

**EXERCICE TYPE**

On considère la fonction $g$ définie sur $\mathbb{R}$ par :

$$g(x) = x + k\,e^{ax}$$

où $k$ et $a$ sont des nombres réels fixés.

Sur la figure ci-dessous, la courbe $\mathscr{C}$ représentant la fonction $g$ est tracée dans un repère orthogonal (unités : 2 cm pour l'axe des abscisses, 1 cm pour l'axe des ordonnées).

Le point $E$ a pour coordonnées (0 ; 6) et le point $F$ a pour coordonnées (3 ; 0). On précise que la droite $(EF)$ est tangente à la courbe $\mathscr{C}$ au point $E$ et la courbe $\mathscr{C}$ admet au point $B$ une tangente horizontale.

On note $g'$ la fonction dérivée de la fonction $g$.

**1°** Par lecture graphique, déterminer la valeur de $g(0)$ et de $g'(0)$.

**2°** Exprimer $g'(x)$ en fonction de $a$ et $k$.

**3°** En utilisant les résultats précédents, déterminer les valeurs de $k$ et $a$. On justifiera les calculs.

**4°** Soit $H$ le domaine délimité par la courbe $\mathscr{C}$, l'axe des abscisses, les droites d'équation $x = 0$ et $x = 4$.

Calculer son aire.

Donner la valeur exacte, puis une valeur approchée à 0,1 cm² près.

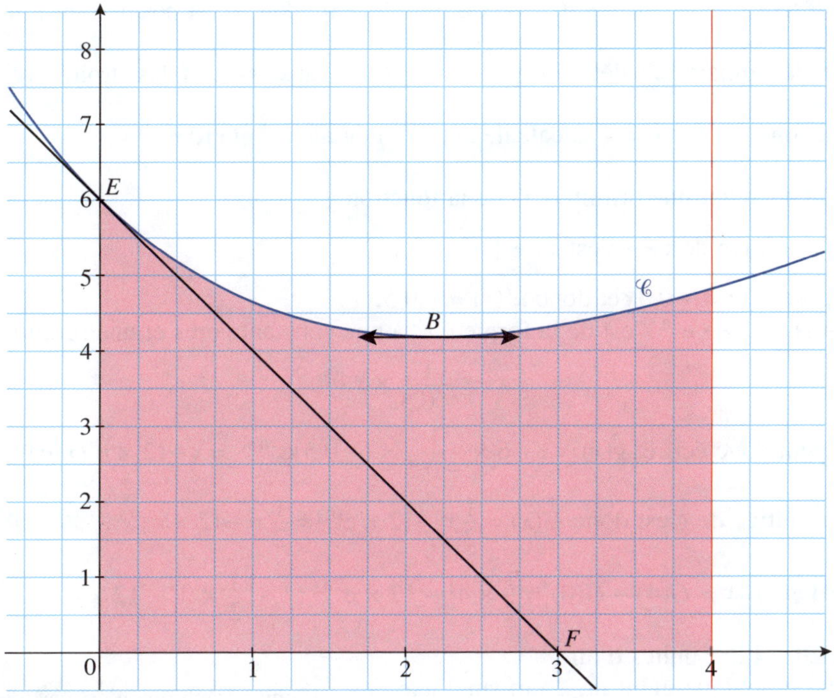


## CORRIGÉ COMMENTÉ

**1°** D'après le graphique, on a $g(0) = 6$ et $g'(0) = -2$.
Le coefficient directeur de la tangente à $\mathscr{C}$ en 0 est :

$$g'(0) = \frac{y_F - y_E}{x_F - x_E} = \frac{0-6}{3-0} = -2.$$

**2°** La dérivée de la fonction $e^u$ est $u'e^u$ ; donc, en posant $u(x) = ax$, $u'(x) = a$, on a :

$$g'(x) = 1 + ka\,e^{ax}.$$

**3°** $$\begin{cases} g(0) = 6 \\ g'(0) = -2 \end{cases} \Leftrightarrow \begin{cases} 0 + ke^0 = 6 \\ 1 + kae^0 = -2 \end{cases} \Leftrightarrow \begin{cases} k = 6 \\ 1 + 6a = -2 \end{cases} \Leftrightarrow \begin{cases} k = 6 \\ 6a = -2 - 1 \end{cases}$$

$$\Leftrightarrow \begin{cases} k = 6 \\ a = -\dfrac{3}{6} = -0{,}5. \end{cases}$$

La fonction $g$ est donc définie sur $\mathbb{R}$ par $g(x) = x + 6\,e^{-0{,}5x}$.

4° Pour tout $x$ appartenant à [0 ; 4], $x + 6\,\mathrm{e}^{-0,5x} > 0$ ; donc $g$ est positive sur l'intervalle [0 ; 4].
L'aire du domaine $H$ délimité par $\mathscr{C}$, l'axe des abscisses et les droites verticales d'équation $x = 0$ et $x = 4$ se calcule avec l'intégrale : $\int_0^4 g(x)\,\mathrm{d}x$.

On doit chercher une primitive $G$ de la fonction $g$ :

– une primitive de $x \mapsto x$ est $x \mapsto \frac{1}{2}x^2$ ;

– on pose $u(x) = -\,0,5x$ et donc $u'(x) = -\,0,5$.
La fonction $x \mapsto \mathrm{e}^{-0,5x}$ est de la forme $u'\mathrm{e}^u$ à une constante près et une primitive est :

$$x \mapsto \frac{1}{-\,0,5} \times \mathrm{e}^{-0,5x}.$$

– On peut donc écrire $g(x) = x + 6 \times \frac{1}{-\,0,5} \times (-\,0,5)\mathrm{e}^{-0,5x} = x - 12 \times u'(x)\mathrm{e}^{u(x)}$.

Une primitive de $g$ est donc $G(x) = \frac{1}{2}x^2 - 12 \times \mathrm{e}^{u(x)} = \frac{1}{2}x^2 - 12 \times \mathrm{e}^{-0,5x}$.

$$\mathscr{A}_H = \int_0^4 g(x)\,\mathrm{d}x = G(4) - G(0) = \frac{1}{2} \times 4^2 - 12 \times \mathrm{e}^{-0,5 \times 4} - \left(\frac{1}{2} \times 0^2 - 12 \times \mathrm{e}^{-0,5 \times 0}\right).$$

$\mathscr{A}_H = 20 - 12\mathrm{e}^{-2}$ unités d'aire.
L'unité graphique étant de 2 cm sur l'axe des abscisses et de 1 cm sur l'axe des ordonnées, l'unité d'aire est égale à 2 cm² ; d'où :

> L'unité graphique n'est pas toujours la même sur les deux axes.

$$\mathscr{A}_H = 2 \times (20 - 12\mathrm{e}^{-2}) = 40 - 24\mathrm{e}^{-2}\ \mathrm{cm}^2 \approx 36,8\ \mathrm{cm}^2.$$

## À RETENIR

- Soient $f$ une fonction définie, positive sur un intervalle $[a\,;\,b]$ avec $a < b$ et $\mathscr{C}_f$ sa représentation graphique dans un repère orthogonal du plan.
- Le calcul de l'aire du domaine $D$ délimité par $\mathscr{C}_f$, l'axe des abscisses et les droites verticales d'équation $x = a$ et $x = b$ se fait par étapes :
  – vérifier que $f$ est positive sur $[a\,;\,b]$ ;
  – déterminer une primitive $F$ de $f$ sur $[a\,;\,b]$ ;
  – calculer $F(a)$ et $F(b)$.
- L'aire du domaine $D$, en unités d'aire, est $\mathscr{A} = \int_a^b f(x)\,\mathrm{d}x = F(b) - F(a)$.
- Le résultat obtenu avec l'intégrale est en unités d'aire. Attention ! Il faut respecter les unités graphiques sur chaque axe si le résultat est demandé en cm², par exemple, et bien vérifier que le résultat trouvé est positif.

## 3 Calculer l'aire entre deux courbes

### EXERCICE TYPE

On considère les fonctions $f$ et $g$ définies sur $\mathbb{R}$ par $f(x) = x^2$ et $g(x) = x^3$.

Sur la figure donnée ci-dessous, la courbe $\mathcal{P}$ représentant la fonction $f$ et la courbe $\mathcal{C}$ représentant $g$ sont tracées dans un repère orthonormal (unités : 10 cm pour l'axe des abscisses, 10 cm pour l'axe des ordonnées).

**1°** Montrer que la courbe $\mathcal{P}$ est située au-dessus de la courbe $\mathcal{C}$ sur [0 ; 1].

**2°** Soit $D$ le domaine délimité par la courbe $\mathcal{C}$, la courbe $\mathcal{P}$, l'axe des ordonnées et la droite d'équation $x = 1$.

Calculer, en cm², l'aire $\mathcal{A}$ du domaine $D$. Donner la valeur exacte, puis une valeur approchée à 0,1 cm² près.

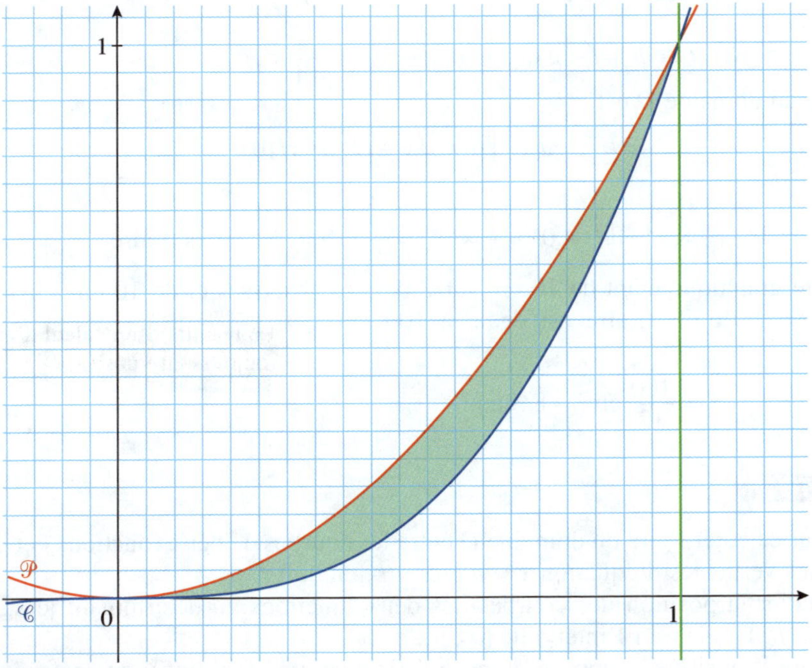


### CORRIGÉ COMMENTÉ

**1°** Pour étudier la position relative des deux courbes, on étudie le signe de la différence $f(x) - g(x)$ sur l'intervalle [0 ; 1] : $f(x) - g(x) = x^2 - x^3 = x^2(1 - x)$.

Or, pour tout $x$ appartenant à l'intervalle [0 ; 1], $x^2 \geqslant 0$ et $(1 - x) \geqslant 0$ ; donc le produit est tel que $x^2 (1 - x) \geqslant 0$.
On en conclut que, pour tout $x$ appartenant à [0 ; 1], $f(x) - g(x) \geqslant 0$ ; donc la courbe $\mathscr{P}$ est au-dessus de la courbe $\mathscr{C}$.

**2°** D'après la question **1°**, on a, pour tout $x$ appartenant à [0 ; 1], $f(x) - g(x) \geqslant 0$ ; donc l'aire du domaine $D$ délimité par les courbes $\mathscr{C}$ et $\mathscr{P}$, l'axe des abscisses et les droites verticales d'équation $x = 0$ et $x = 1$ se calcule avec l'intégrale :

$$\int_0^1 (f(x) - g(x))\,\mathrm{d}x.$$

On doit chercher des primitives $F$ et $G$ des fonctions $f$ et $g$ :

– une primitive de $x \mapsto x^2$ est $x \mapsto \frac{1}{3}x^3$ ;

– une primitive de $x \mapsto x^3$ est $x \mapsto \frac{1}{4}x^4$.

Une primitive $H$ de $h = f - g$ est donc $x \mapsto \frac{1}{3}x^3 - \frac{1}{4}x^4$.

L'aire du domaine $D$ est :

$$\mathscr{A} = \int_0^1 h(x)\,\mathrm{d}x = H(1) - H(0).$$

$$\mathscr{A} = \frac{1}{3} \times 1^3 - \frac{1}{4} \times 1^4 - \left(\frac{1}{3} \times 0^3 - \frac{1}{4} \times 0^4\right) = \frac{1}{3} - \frac{1}{4} = \frac{1}{12} \text{ unités d'aire.}$$

L'unité graphique étant de 10 cm sur l'axe des abscisses et de 10 cm sur l'axe des ordonnées, l'unité d'aire est égale à 100 $\text{cm}^2$ ; d'où :

$$\mathscr{A} = \frac{100}{12}\ \text{cm}^2 \approx 8{,}3\ \text{cm}^2.$$

Le résultat d'un calcul d'aire doit toujours être positif.

## À RETENIR

• Pour calculer l'aire du domaine $D$ entre les courbes de deux fonctions $f$ et $g$ et les droites verticales d'équation $x = a$ et $x = b$, on doit :
– Étudier la position des courbes des deux fonctions en déterminant le signe de $h(x) = f(x) - g(x)$ sur l'intervalle $[a ; b]$.
– Si $h$ est positive (sinon on prend $h = g - f$ comme fonction), on se ramène à la méthode 2 en calculant $\mathscr{A} = \int_a^b h(x)\,\mathrm{d}x = H(b) - H(a)$ où $H$ est une primitive de $h$ sur $[a ; b]$.

## 1 ★ 20 min

1° Déterminer une primitive de la fonction $f$ définie sur $]0\ ;+\infty[$ par :

$$f(x) = \frac{1}{3}x^3 + 3x - 1 - \frac{2}{x^2}.$$

2° Déterminer une primitive de la fonction $f$ définie sur $]0\ ;+\infty[$ par :

$$f(x) = 4x^3 + \frac{1}{3}x^2 + \frac{2}{x}.$$

3° Déterminer une primitive de la fonction $f$ définie sur $\mathbb{R}$ par $f(x) = -2e^{3x}$.

4° Déterminer une primitive de la fonction $f$ définie sur $\mathbb{R}$ par $f(x) = (3x + 6)(x^2 + 4x + 8)$.

5° Déterminer une primitive de la fonction $f$ définie sur $\mathbb{R}$ par :

$$f(x) = (x + 1)e^{x^2 + 2x}.$$

→ Corrigé p. 164

## 2 ★ 25 min

On considère une fonction $f$ définie et dérivable sur l'intervalle $\left[-5\ ;\frac{5}{2}\right]$.

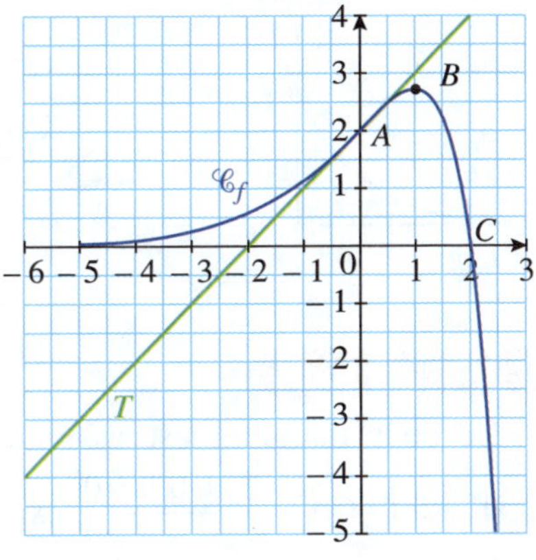


Le plan est muni d'un repère orthonormal.

• La courbe $(\mathscr{C}_f)$ représentée ci-contre est celle de la fonction $f$.

• Les points $A(0\ ;2)$, $B(1\ ;e)$ et $C(2\ ;0)$ appartiennent à la courbe $(\mathscr{C}_f)$.

• Le point de la courbe $(\mathscr{C}_f)$ d'abscisse $(-5)$ a une ordonnée strictement positive.

• La tangente $(T)$ en $A$ à la courbe $(\mathscr{C}_f)$ passe par le point $D(-2\ ;0)$.

• La tangente en $B$ à la courbe $(\mathscr{C}_f)$ est parallèle à l'axe des abscisses.

1° On note $f'(0)$ le nombre dérivé de la fonction $f$ en 0. Quelle est sa valeur ?

*a)* $f'(0) = 1$ *b)* $f'(0) = 2$ *c)* $f'(0) = 0$

2° On note ln la fonction logarithme népérien et g la fonction telle que :

$$g = \ln(f).$$

Sur quel intervalle est définie la fonction $g$ ?

*a)* $\left]0\ ;\frac{5}{2}\right[$ *b)* $[-5\ ;2]$ *c)* $[-5\ ;2[$

3° Quelle est la valeur de $g(0)$ ?

*a)* $g(0) = 2$ *b)* $g(0) = 0$ *c)* $g(0) = \ln(2)$

4° On note $g'$ la fonction dérivée de la fonction $g$. Quelle est la valeur de $g'(1)$ ?

*a)* $g'(1) = \mathrm{e}$ *b)* $g'(1) = 0$ *c)* $g'(1) = \frac{-1}{\mathrm{e}^2}$

5° Parmi les trois courbes ci-dessous, l'une est la représentation graphique de la fonction dérivée $f'$ de la fonction $f$. Laquelle ?

*a)* La courbe $(\mathscr{C}_1)$ *b)* La courbe $(\mathscr{C}_2)$ *c)* La courbe $(\mathscr{C}_3)$

6° Parmi les trois courbes ci-dessous, l'une est la représentation graphique d'une primitive $F$ de la fonction $f$, $F$ étant définie sur l'intervalle $\left[-5\ ;\ \frac{5}{2}\right]$. Laquelle ?

*a)* La courbe $(\mathscr{C}_1)$ *b)* La courbe $(\mathscr{C}_2)$ *c)* La courbe $(\mathscr{C}_3)$

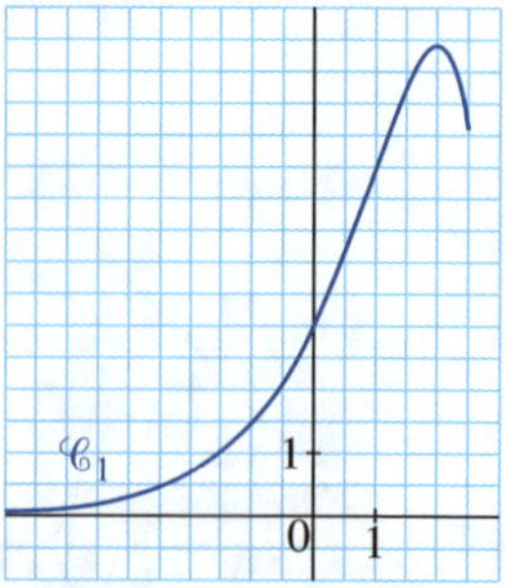


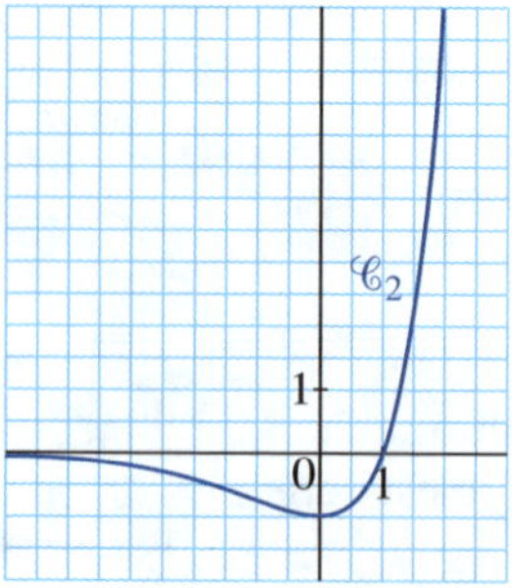


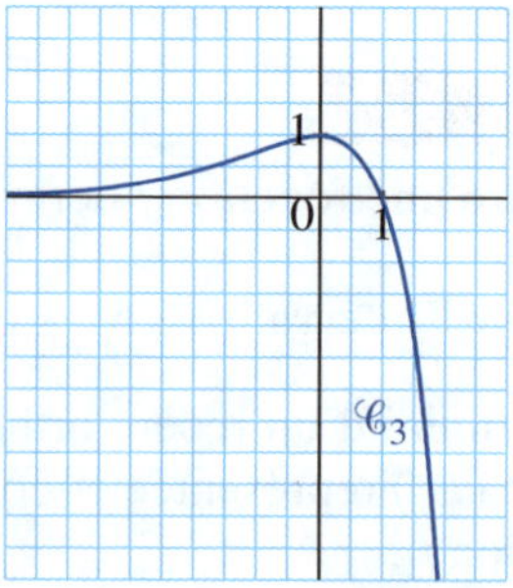


→ Corrigé p. 165

**3** ★★ **25 min**

1° Le coût marginal est assimilé à la dérivée du coût total. Si le coût marginal est $C_{\mathrm{m}}(q) = \dfrac{6 + 6\ln(q)}{q}$ exprimé en milliers d'euros pour $q > 0$, alors le coût total exprimé en milliers d'euros est égal à :

*a)* $C_{\mathrm{T}}(q) = 3\ln(q)\,(2 + \ln(q))$ ;

*b)* $C_{\mathrm{T}}(q) = \dfrac{-6\ln(q)}{q^2}$ ;

*c)* $C_{\mathrm{T}}(q) = 6\ln(q) + 3\ln(q^2)$.

2° L'intégrale $\displaystyle\int_{-3}^{1} \mathrm{e}^x\,\mathrm{d}x$ est :

*a)* positive ; *b)* négative ; *c)* on ne peut pas savoir.

3° Si $\int_{-1}^{2} f(x)\,\mathrm{d}x = 3$ et $\int_{-1}^{5} f(x)\,\mathrm{d}x = -2$ alors $\int_{2}^{5} f(x)\,\mathrm{d}x =$ :

*a*) + 5 *b*) – 5 *c*) 1

4° Si $A = \int_{-1}^{2} (\mathrm{e}^x - x)\,\mathrm{d}x$ et $B = \int_{2}^{1} (\ln x - x)\,\mathrm{d}x$ alors :

*a*) $A > 0$ et $B < 0$.
*b*) $A > 0$ et $B > 0$.
*c*) $A < 0$ et $B < 0$.
*d*) $A < 0$ et $B > 0$.

5° Si $f$ et $g$ sont deux fonctions définies sur $\mathbb{R}$ par $f(x) = x\mathrm{e}^x$ et $g(x) = -\mathrm{e}^x$, alors $\int_{-1}^{0} f(x)\,\mathrm{d}x - \int_{-1}^{0} g(x)\,\mathrm{d}x$ est :

*a*) positive ;
*b*) négative ;
*c*) on ne peut pas savoir.

6° La primitive $F$ sur $\mathbb{R}$ de la fonction $f$ définie sur $\mathbb{R}$ par $f(x) = \frac{1}{1 + x^2}$ est :

*a*) strictement décroissante sur $\mathbb{R}$ ;
*b*) strictement décroissante sur $]-\infty\,;-1[$ et strictement croissante sur $]-1\,;+\infty[$ ;
*c*) strictement croissante sur $\mathbb{R}$.

→ Corrigé p. 165

**4** ★ 10 min

Soit $f$ la fonction définie sur $[1\,;+\infty[$ par $f(x) = \frac{2}{3x^2} + \frac{2}{3}$.

On note, pour tout nombre réel $t$ supérieur ou égal à 1, $F(t) = \int_1^t f(x)\,\mathrm{d}x$.

1° Montrer que $F(t) = \frac{-2}{3t} + \frac{2}{3}t$.

2° Calculer $F(2)$ et en donner une interprétation graphique.

→ Corrigé p. 166

**5** ★ 5 min

La fonction $f$, définie sur l'intervalle $[0\,;4]$, est représentée dans un repère orthonormal sur le graphique ci-contre par la courbe $\mathscr{C}$.
La mesure, exprimée en unités d'aire, de l'aire sous la courbe est égale à $\frac{1\,166}{3}$.

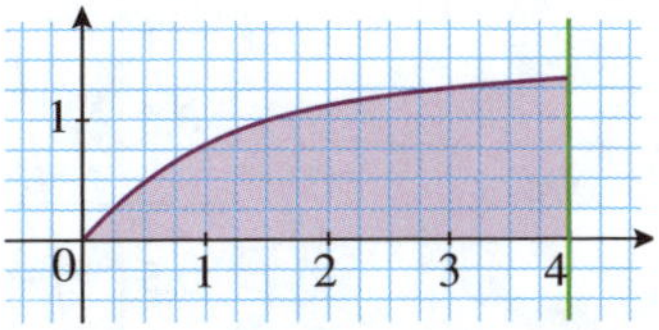

1° Exprimer cette mesure à l'aide d'une intégrale.

2° Déterminer la valeur moyenne de la fonction $f$ sur l'intervalle $[0 ; 4]$.

→ Corrigé p. 167

**6** ★★ 20 min

On considère une fonction $f$ définie et dérivable sur $I = [0 ; 4]$.
Sa courbe représentative est donnée ci-contre dans un repère orthogonal.
Les unités graphiques sont de 1 cm sur l'axe des abscisses et de 0,5 cm sur l'axe des ordonnées.
Sont également tracées les tangentes à la courbe aux points d'abscisse 0 et 2.
La droite ($d$) est la représentation graphique de la fonction $g$ telle que $g(x) = x + 2$.

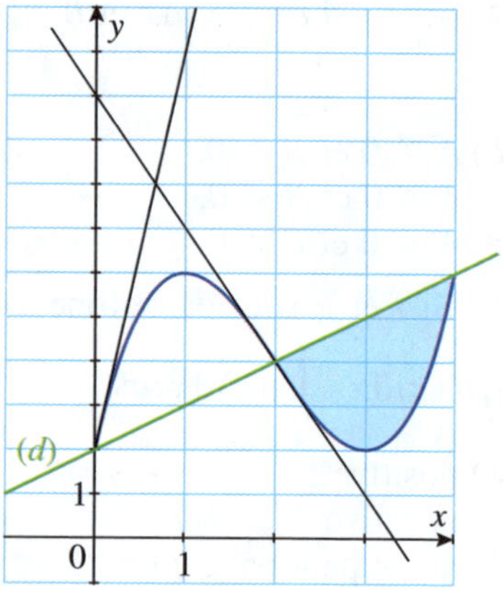


1° On appelle $\mathcal{A}$ l'aire du domaine bleu exprimée en cm$^2$.
Parmi les quatre propositions suivantes, déterminer celle qui est exacte, en la justifiant par des arguments géométriques :

*a*) $0 \leqslant \mathcal{A} \leqslant 0,5$ *b*) $0,5 \leqslant \mathcal{A} \leqslant 3$ *c*) $3 \leqslant \mathcal{A} \leqslant 6$ *d*) $6 \leqslant \mathcal{A} \leqslant 8$

2° On admet que $f(x) = x^3 - 6x^2 + 9x + 2$.
Calculer, en unités d'aire, puis en cm$^2$, l'aire $\mathcal{A}$ du domaine bleu.

→ Corrigé p. 167

**7** ★★ 35 min

La courbe ci-dessous est la courbe représentative d'une fonction $f$ définie et dérivable sur l'intervalle $[0 ; 6]$.
$ABCD$ est un rectangle. Le point $D$ a pour coordonnées $(2 ; 0)$ et le point $C$ a pour coordonnées $(4 ; 0)$.

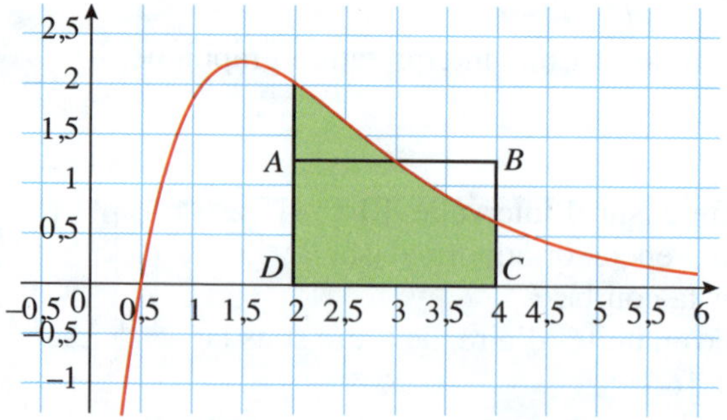

**Partie A**

1° Que représente précisément le nombre $N = \int_2^4 f(x)\,\mathrm{d}x$ .

2° À partir d'une lecture graphique, donner un encadrement par deux entiers consécutifs de $N$.

**Partie B**

La fonction $f$ est définie sur l'intervalle [0 ; 6] par : $f(x) = (10x - 5)\,\mathrm{e}^{-x}$ .

1° Montrer que la fonction $F$ définie sur l'intervalle [0 ; 6] par : $F(x) = (-10x - 5)\,\mathrm{e}^{-x}$ est une primitive de $f$ sur cet intervalle.

2° En déduire la valeur exacte puis une valeur approchée au centième de $N = \int_2^4 f(x)\,\mathrm{d}x$ .

3° Déterminer à 0,01 près la hauteur $AD$ du rectangle $ABCD$ pour que l'aire de celui-ci soit la même que l'aire du domaine colorié sur la figure.

→ Corrigé p. 168

## 8 ★★ 40 min

Dans une entreprise, le résultat mensuel, exprimé en milliers d'euros, réalisé en vendant $x$ centaines d'objets fabriqués, est modélisé par la fonction $B$ définie et dérivable sur l'intervalle [1 ; 15] par :

$$B(x) = (x - 5)\,e^{u(x)} + 2 \qquad \text{avec } u(x) = -0{,}02x^2 + 0{,}2x - 0{,}5.$$

Si $B(x)$ est positif, il s'agit d'un bénéfice ; s'il est négatif, il s'agit d'une perte.

**1°** On note $B'$ la fonction dérivée de la fonction $B$ et $u'$ la fonction dérivée de la fonction $u$.
Calculer $u'(x)$ et démontrer que, pour tout $x$ de l'intervalle [1 ; 15], on a :

$$B'(x) = (-0{,}04x^2 + 0{,}4x)e^{u(x)}.$$

**2°** Étudier le signe de $B'(x)$ sur l'intervalle [1 ; 15], puis dresser le tableau de variation de la fonction $B$.

**3°** Vérifier que $B(x) = -25 \times u'(x)e^{u(x)} + 2$.

**4°** En déduire l'arrondi au millième de la valeur moyenne de $B$ sur [1 ; 15] et interpréter ce résultat pour l'entreprise.

→ Corrigé p. 168

## 9 ★★★ 50 min

Dans une entreprise, on a modélisé le bénéfice réalisé, en milliers d'euros, pour la vente de $x$ centaines d'appareils par la fonction $f$ définie sur l'intervalle $]0 ; +\infty[$ par :

$$f(x) = -2x + (e^2 - 1) \times \ln(x) + 2.$$

La courbe de la fonction $f$ est donnée sur la *figure* 1 ci-dessous, et celle de $F$, primitive de $f$, sur la *figure* 2.

*Figure* 1

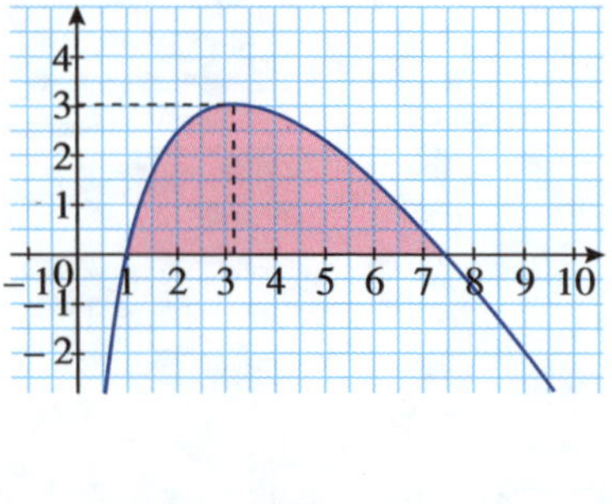


*Figure* 2

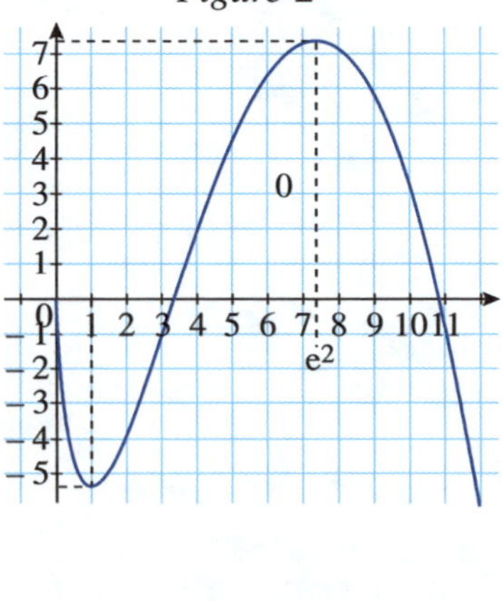

**1°** Vérifier par le calcul que $f(1) = 0$ et $f(e^2) = 0$.

**2°** À l'aide du graphique, déterminer approximativement :
– le nombre d'appareils que l'entreprise doit fabriquer pour réaliser un bénéfice maximal ;
– le montant de ce bénéfice ;
– les valeurs de $x$ pour lesquelles le bénéfice réalisé est positif ou nul.

**3°** Déterminer la dérivée $f'$ de la fonction $f$ sur l'intervalle $]0\,;+\infty[$.

**4°** Étudier le signe de $f'(x)$ et donner le tableau de variation de $f$.

**5°** En déduire le nombre d'appareils vendus par cette entreprise quand elle réalise le bénéfice maximal (le résultat sera arrondi à l'unité).

**6°** À l'aide de la *figure* 2, déterminer une valeur approchée de l'aire (en unités d'aire) du domaine hachuré sur la *figure* 1.

**7°** Démontrer que la fonction $F$ définie sur l'intervalle $]0\,;+\infty[$ par :

$$F(x) = -x^2 + (3 - e^2)\,x + (e^2 - 1) \times x\ln(x) \text{ est une primitive de } f.$$

**8°** Déterminer la valeur moyenne du bénéfice de l'entreprise sur l'intervalle où ce bénéfice est positif ou nul.

→ *Corrigé p. 170*

**10** ★★★ **45 min**

## Partie A

On considère la fonction $f$ définie sur $]0\,;1,5]$ par : $f(x) = 9x^2(1 - 2\ln(x)) + 10$.
La courbe représentative de $f$ est donnée ci-contre :

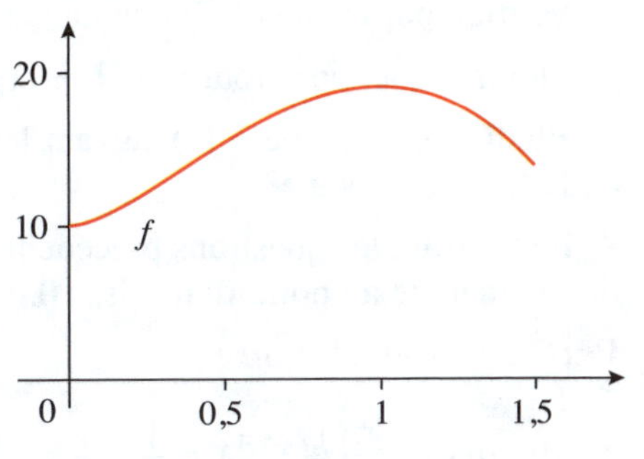


**1°** ***a)*** Montrer que $f'(x) = -36x\ln(x)$ où $f'$ désigne la fonction dérivée de la fonction $f$ sur l'intervalle $]0\,;1,5]$.
***b)*** Étudier le signe de $f'(x)$ sur l'intervalle $]0\,;1,5]$.
***c)*** En déduire les variations de la fonction $f$ sur l'intervalle $]0\,;1,5]$.

**2°** Soit $F$ la fonction définie sur l'intervalle $]0\,;1,5]$ par : $F(x) = 10x + 5x^3 - 6x^3\ln(x)$.

***a)*** Montrer que $F$ est une primitive de $f$ sur l'intervalle $]0\,;1,5]$.

*b)* Calculer $\int_{1}^{1,5} f(x)\,\mathrm{d}x$ . *On donnera le résultat arrondi au centième.*

**Partie B**

Une société est cotée en bourse depuis un an et demi. Le prix de l'action depuis ce jour est modélisé par la fonction *f* de la partie *A*, où *x* représente le nombre d'années écoulées depuis l'introduction en bourse et *f*(*x*) le prix de l'action, exprimé en euros. Répondre par Vrai ou Faux puis justifier :

1° « Sur la période des six derniers mois, l'action a perdu plus d'un quart de sa valeur ».

2° « Sur la période des six derniers mois, la valeur moyenne de l'action a été inférieure à 17 € ».

→ Corrigé p. 171

**11** ★★★ 45 min

On considère les fonctions *f*, *g* et *h* définies sur $\mathbb{R}$ par $f(x) = \mathrm{e}^{-x}$ , $g(x) = -x + 1$ et $h(x) = f(x) - g(x)$.
On note $\mathscr{C}$ la courbe représentative de la fonction *f* et *d* la droite représentant la fonction *g* dans un repère orthonormé du plan.

**Partie A : Position relative de $\mathscr{C}$ et de l'une de ses tangentes**

1° Vérifier, par le calcul, que la tangente à $\mathscr{C}$ au point d'abscisse 0 est la droite *d*.

2° Montrer que, pour tout $x \in \mathbb{R}$, $h'(x) = 1 - \mathrm{e}^{-x}$.

3° Étudier le signe de $h'(x)$ suivant les valeurs de *x*. En déduire le sens de variation de la fonction *h* sur $\mathbb{R}$.

4° En utilisant les questions précédentes, étudier la position relative de la courbe $\mathscr{C}$ et de sa tangente au point d'abscisse 0.

**Partie B : Calcul d'aire**

1° Montrer que $\int_{0}^{1} h(x)\,\mathrm{d}x = \frac{1}{2} - \frac{1}{\mathrm{e}}$ .

2° On appelle *D* le domaine colorié sur le graphique. On note $\mathscr{A}$ l'aire, exprimée en unités d'aire, du domaine *D*. Calculer $\mathscr{A}$.

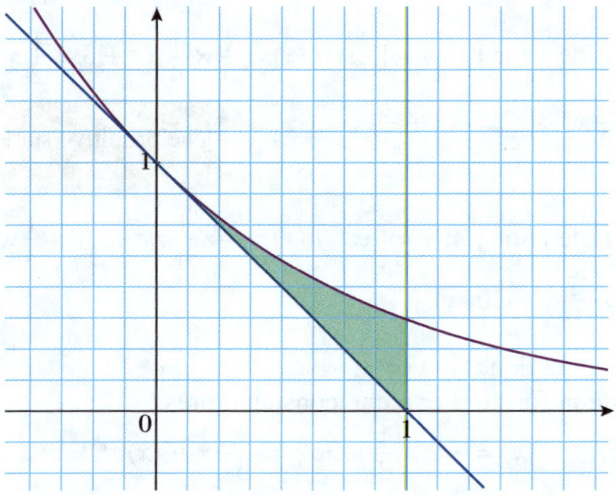


➔ Corrigé p. 172

**1** → Énoncé p. 155

1° Une primitive $F$ de $f$ sur $]0\,;+\infty[$ est $F(x)=\frac{1}{3}\times\frac{1}{4}x^4+3\times\frac{1}{2}x^2-x+2\times\frac{1}{x}$.

Soit : $F(x)=\frac{1}{12}x^4+\frac{3}{2}x^2-x+\frac{2}{x}$.

Une primitive sur $\mathbb{R}$ de $x^n$ est $\frac{x^{n+1}}{n+1}$.

2° Une primitive $F$ de $f$ sur $]0\,;+\infty[$ est $F(x)=4\times\frac{1}{4}x^4+\frac{1}{3}\times\frac{1}{3}x^3+2\times\ln(x)$.

Soit : $F(x)=x^4+\frac{1}{9}x^3+2\ln(x)$.

3° On pose $u(x)=3x$ et donc $u'(x)=3$.
La fonction $f$ est de la forme $u'\mathrm{e}^u$ à une constante près :

$$f(x)=-2\times\frac{1}{3}\times3\mathrm{e}^{3x}=\frac{-2}{3}\times u'(x)\mathrm{e}^{u(x)}.$$

Une primitive de $u'\mathrm{e}^u$ est $\mathrm{e}^u$ ; donc :

une primitive $F$ de $f$ sur $\mathbb{R}$ est $F(x)=\frac{-2}{3}\times\mathrm{e}^{u(x)}=\frac{-2}{3}\times\mathrm{e}^{3x}$.

4° On peut remarquer que, pour tout $x$ réel, $x^2+4x+8>0$ car le trinôme est de discriminant strictement négatif et $3x+6=3(x+2)$.
On pose $u(x)=x^2+4x+8$ et donc $u'(x)=2x+4=2(x+2)$.
La fonction $f$ est de la forme $u'\times u$ à une constante près, avec $u(x)>0$ pour tout $x$ réel :

$$f(x)=\frac{3}{2}\times2(x+2)\times(x^2+4x+8)=\frac{3}{2}\times u'(x)\times u(x).$$

Une primitive de $u'\times u$ est $\frac{1}{2}u^2$ ; donc :

une primitive $F$ de $f$ sur $I$ est $F(x)=\frac{3}{2}\times\frac{1}{2}(u(x))^2=\frac{3}{4}\times(3x^2+4x+8)^2$.

5° On pose $u(x)=x^2+2x$ et donc $u'(x)=2x+2$.
La fonction $f$ est de la forme $u'\mathrm{e}^u$ à une constante près :

$$f(x)=\frac{1}{2}\times(2x+2)\mathrm{e}^{x^2+2x}=\frac{1}{2}\times u'(x)\mathrm{e}^{u(x)}.$$

Une primitive de $u'\mathrm{e}^u$ est $\mathrm{e}^u$ ; donc :

une primitive $F$ de $f$ sur $\mathbb{R}$ est $F(x)=\frac{1}{2}\times\mathrm{e}^{u(x)}=\frac{1}{2}\times\mathrm{e}^{x^2+2x}$.

## 2 → Énoncé p. 155

Réponses : 1° *a*. 2° *c*. 3° *c*. 4° *b*. 5° *c*. 6° *a*.

1° $f'(0) = 1$ car la tangente $(T)$ à $(\mathscr{C}_f)$ en son point d'abscisse 0 a pour coefficient directeur 1.

2° $[-5 ; 2[$ car, sur cet intervalle, $f(x) > 0$.

La fonction $\ln(g)$ est définie là où $g(x) > 0$.

3° $g(0) = \ln(2)$ car $g(0) = \ln[f(0)] = \ln(2)$.

4° $g'(1) = 0$ car $g'(x) = \dfrac{f'(x)}{f(x)}$ et que $f'(1) = 0$ (tangente horizontale) en $x = 1$.

5° La courbe $(\mathscr{C}_3)$ est la représentation graphique de la fonction dérivée $f'$ de la fonction $f$.

En effet, puisque $f$ est croissante sur $[-5 ; 1]$ et décroissante sur $\left[1 ; \dfrac{5}{2}\right]$, alors la fonction dérivée $f'$ est positive sur $[-5 ; 1]$ et négative sur $\left[1 ; \dfrac{5}{2}\right]$.

6° La courbe $(\mathscr{C}_1)$ est la représentation graphique de la fonction primitive $F$ de la fonction $f$ sur l'intervalle $\left[-5 ; \dfrac{5}{2}\right]$.

En effet, puisque $f$ est positive sur $[-5 ; 2]$ et négative sur $\left[2 ; \dfrac{5}{2}\right]$, alors sa primitive $F$ est croissante sur $[-5 ; 2]$ et décroissante sur $\left[2 ; \dfrac{5}{2}\right]$.

## 3 → Énoncé p. 156

Réponses : 1° *a*. 2° *a*. 3° *b*. 4° *b*. 5° *a*. 6° *c*.

1° Le coût marginal est la dérivée du coût total ; donc, pour déterminer le coût total, il faut trouver une primitive du coût marginal.

$g' = f \Leftrightarrow g$ est une primitive de $f$.

$$C_m(q) = \frac{6 + 6\ln(q)}{q} = \frac{6}{q} + \frac{6\ln(q)}{q} = 6 \times \frac{1}{q} + 6 \times \frac{1}{q} \times \ln(q).$$

Une primitive de $q \mapsto \dfrac{1}{q}$ est $q \mapsto \ln(q)$.

La fonction $q \mapsto \dfrac{\ln(q)}{q}$ admet pour primitive $q \mapsto \dfrac{1}{2} \times (\ln(q))^2$ car de la forme $u' \times u$, dont une primitive est $\dfrac{1}{2} \times u^2$.

$$C_T(q) = 6\ln(q) + 6 \times \frac{1}{2} \times (\ln(q))^2 = 6\ln(q) + 3(\ln(q))^2 = 3\ln(q) \times (2 + \ln(q)).$$

2° La fonction exponentielle étant strictement positive pour tout $x$ réel, l'intégrale est positive d'après la propriété de positivité.

3° D'après la relation de Chasles, $\int_{-1}^{2} f(x)\,dx + \int_{2}^{5} f(x)\,dx = \int_{-1}^{5} f(x)\,dx$ donc :

$$\int_{2}^{5} f(x)\,dx = -2-3 = -5.$$

$$\int_{a}^{b} f(x)\,dx + \int_{b}^{c} f(x)\,dx = \int_{a}^{c} f(x)\,dx.$$

4° $A = \int_{1}^{2} (e^x - x)\,dx$ et $B = \int_{2}^{1} (\ln(x) - x)\,dx = \int_{1}^{2} (x - \ln(x))\,dx$.

On sait que, pour tout $x$ réel, $e^x - x > 0$ : donc $A > 0$ (par positivité de l'intégrale) ; et pour tout $x$ strictement positif, $x - \ln(x) > 0$ donc $B > 0$.

5° $$\int_{-1}^{0} f(x)\,dx - \int_{-1}^{0} g(x)\,dx = \int_{-1}^{0} xe^x\,dx - \int_{-1}^{0} -e^x\,dx = \int_{-1}^{0} xe^x\,dx + \int_{-1}^{0} e^x\,dx = \int_{-1}^{0} (xe^x + e^x)\,dx$$

$$= \int_{-1}^{0} (xe^x + e^x)\,dx$$ d'après la propriété de linéarité de l'intégrale.

$$\int_{-1}^{0} (xe^x + e^x)\,dx = \int_{-1}^{0} (x+1)e^x\,dx.$$

Pour tout $x$ réel, $e^x > 0$ et, pour tout $x \geqslant -1$, $x + 1 \geqslant 0$ ; donc, si $x \in [-1 ; 0]$, $(x+1)\,e^x \geqslant 0$ et, par positivité de l'intégrale, $\int_{-1}^{0} (xe^x + e^x)\,dx \geqslant 0$.

6° Pour tout $x$ réel, $x^2 + 1 \geqslant 1 > 0$, soit $\dfrac{1}{x^2+1} > 0$ ; donc $f(x) > 0$.

Or si $F$ est une primitive de $f$ sur $\mathbb{R}$, alors $F'(x) = f(x)$ pour tout $x$ réel ; donc $F'(x) > 0$ et $F$ est strictement croissante sur $\mathbb{R}$.

**4** → *Énoncé p. 157*

1° On pose $u(t) = \dfrac{2}{3t^2} = \dfrac{2}{3} \times \dfrac{1}{t^2}$ qui a pour primitive sur $I$ : $U(t) = \dfrac{-2}{3t}$.

Une primitive $F$ de $f$ sur $I$ est $F(t) = \dfrac{-2}{3t} + \dfrac{2}{3}t$.

$F(1) = \dfrac{2}{3} - \dfrac{2}{3} = 0$ ; donc $F$ est bien la primitive de $f$ qui s'annule en 1.

2° $F(2) = \frac{-2}{3 \times 2} + \frac{2}{3} \times 2 = \frac{-2}{6} + \frac{4}{3} = \frac{-2+8}{6} = 1$.

Pour tout $t \geqslant 1$, $\frac{2}{3}\ t - \frac{1}{t}\ = \frac{2}{3}\ \frac{t^2-1}{t}\ \geqslant 0$ ; donc $f(t) \geqslant 0$.

La fonction $f$ étant positive sur l'intervalle [1 ; 2], $F(2)$ correspond à l'aire du domaine délimité par la courbe de la fonction $f$, l'axe des abscisses, les droites d'équation $x = 1$ et $x = 2$.

## 5 → Énoncé p. 157

1° Le domaine bleu est délimité par la courbe de la fonction $f$, l'axe des abscisses, les droites d'équation $x = 0$ et $x = 4$. La fonction étant positive, l'aire est en unités d'aire égale à $\int_0^4 f(x)\,\mathrm{d}x\ = \frac{1\,166}{3}$.

2° La valeur moyenne de la fonction sur l'intervalle [0 ; 4] est égale à :

$$\mu = \frac{1}{4-0} \int_0^4 f(x)\,\mathrm{d}x\ = \frac{1\,166}{12} = \frac{583}{6}.$$

## 6 → Énoncé p. 158

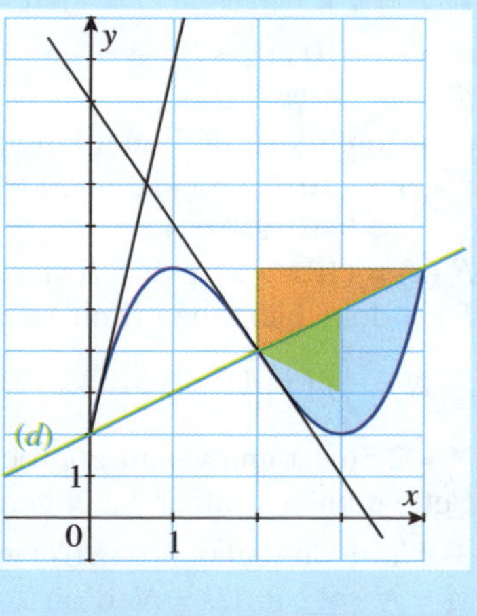


1° L'aire d'un rectangle correspond à une unité d'aire ; donc l'aire est comprise entre 0 et 8 unités d'aire (en comptant les rectangles).

Le triangle orange ayant une aire égale à 2 unités, on a $\mathscr{A} \leqslant 6$.

Le triangle vert ayant une aire égale à 1 unité, on a $1 \leqslant \mathscr{A}$ ; donc $1 \leqslant \mathscr{A} \leqslant 6$.

D'après l'énoncé, 1 unité d'aire = 1 × 0,5 cm², soit 0,5 cm²

Le résultat en cm² est alors $0{,}5 \leqslant \mathscr{A} \leqslant 3$ (<u>réponse b</u>).

2° Pour $x$ appartenant à l'intervalle [2 ; 4], on constate que la courbe de la fonction $g$ est au-dessus de celle de la fonction $f$ ; donc on a $f(x) \leqslant g(x)$.

L'aire du domaine bleu est « l'aire entre deux courbes » du domaine délimité par la courbe de la fonction $g$, celle de la fonction $f$ et les droites d'équation $x = 2$ et $x = 4$.

$F(x) = \frac{1}{4} x^4 - 2x^3 + \frac{9}{2} x^2 + 2x$ est une primitive de $f$ sur l'intervalle [0 ; 4].

$G(x) = \frac{1}{2}x^2 + 2x$ est une primitive de $g$ sur l'intervalle [0 ; 4].

$$\mathcal{A} = \int_2^4 (g(x) - f(x))\,dx = G(4) - F(4) - (G(2) - F(2)).$$

$\mathcal{A} = -\frac{1}{4} \times 4^4 + 2 \times 4^3 - 4 \times 4^2 - \left(-\frac{1}{4} \times 2^4 + 2 \times 2^3 - 4 \times 2^2\right) = 4$ unités d'aire, soit 2 cm².

**7** → *Énoncé p. 158*

**Partie A**

**1°** La fonction $f$ est continue et positive sur l'intervalle [2 ; 4]. $N = \int_2^4 f(x)\,dx$ représente l'aire du domaine délimité par la courbe de la fonction $f$, l'axe des abscisses et les droites verticales d'équation $x = 2$ et $x = 4$, en unité d'aire. $N$ représente donc l'aire en u.a du domaine colorié en vert sur la figure.

**2°** Comme on peut le constater sur la figure, on peut considérer que l'aire du domaine colorié est comprise entre 9 et 12 carreaux. Or 1 unité d'aire = 4 carreaux.

Donc : $\frac{9}{4} < N = \int_2^4 f(x)\,dx < \frac{12}{4}$, soit $\mathbf{2 < N = \int_2^4 f(x)\,dx < 3}$.

**Partie B**

> $F$ est une primitive de $f$ sur [0 ; 6] $\Leftrightarrow F' = f$ sur [0 ; 6].

**1°** $F = u \times v$ avec $u(x) = -10x - 5$ ;
$u'(x) = -10$ et $v(x) = e^{-x}$ ; $v'(x) = -e^{-x}$.
$F' = u'v + uv'$, d'où,
pour tout réel $x$ de l'intervalle [0 ; 6],
$F'(x) = -10e^{-x} + (-10x - 5) \times (-e^{-x}) = -10e^{-x} - (-10x - 5) \times e^{-x}$
$= (-10 + 10x + 5)\ e^{-x}$.
$F'(x) = (10x - 5)\ e^{-x} = f(x)$.
$F$ est donc bien une primitive de $f$ sur [0 ; 6].

**2°** $N = \int_2^4 f(x)\,dx = F(4) - F(2) = \mathbf{-45\,e^{-4} + 25\,e^{-2}}$ est la valeur exacte.

**N ≈ 2,56** est une valeur approchée à 0,01 près.
Cette dernière valeur est cohérente avec l'encadrement de la partie A.

**3°** L'aire du rectangle $ABCD$ est $\mathcal{A} = CD \times AD = 2 \times AD$.
$\mathcal{A} = N \Leftrightarrow 2 \times AD = N$, d'où $2 \times AD \approx 2{,}56$ et $AD \approx 1{,}28$.

**8** → *Énoncé p. 160*

**1°** $u'(x) = -0{,}02 \times 2x + 0{,}2 = -0{,}04x + 0{,}2$.

La dérivée de $x \mapsto e^{u(x)}$ est $x \mapsto u'(x)e^{u(x)}$ et la dérivée d'un produit de fonctions $(uv)$ est $(uv)' = u'v + uv'$ ; donc :

$$B'(x) = 1 \times e^{u(x)} + (x-5) \times u'(x)\, e^{u(x)} = e^{u(x)} + (x-5) \times (-0{,}04x + 0{,}2)e^{u(x)}.$$

En développant le produit et en factorisant par $e^{u(x)}$, on obtient :

$$B'(x) = e^{u(x)}(1 - 0{,}04x^2 + 0{,}2x + 0{,}2x - 1) = (-0{,}04x^2 + 0{,}4x)e^{u(x)}.$$

2° $B'(x) = 0{,}04x(-x + 10)e^{u(x)}$.

Sur l'intervalle [1 ; 15], $0{,}04x > 0$ et $e^{u(x)} > 0$ ; donc le signe de $B'(x)$ est celui de $(-x + 10)$.

$B'(x) < 0 \Leftrightarrow -x + 10 < 0 \Leftrightarrow -x < -10 \Leftrightarrow x > 10$.

$B'(x) > 0 \Leftrightarrow -x + 10 > 0 \Leftrightarrow -x > -10 \Leftrightarrow x < 10$.

On en déduit le tableau de variation de la fonction $B$ :

| $x$ | 1 | | 10 | | 15 |
|---|---|---|---|---|---|
| Signe de $B'(x)$ | | + | 0 | – | |
| Variations de $B$ | $-4\,e^{-0,32}$ | ↗ | $5\,e^{-0,5}$ | ↘ | $10\,e^{-2}$ |

$B(1) = -4e^{u(1)} = -4e^{-0,02+0,2-0,5} = -4e^{-0,32}$.

$B(10) = 5e^{u(10)} = 5e^{-2+2-0,5} = 5e^{-0,5}$.

$B(15) = 10e^{u(15)} = 10e^{-4,5+3-0,5} = 10e^{-2}$.

3° $B(x) = (x-5)e^{u(x)} + 2$ et $u'(x) = -0{,}04x + 0{,}2$, donc :

$$-25 \times u'(x)e^{u(x)} + 2 = -25 \times (-0{,}04x + 0{,}2)e^{u(x)} + 2 = (x-5)e^{u(x)} + 2 = B(x).$$

4° La valeur moyenne de $B$ sur [1 ; 15] est donnée par :

$$\mu = \frac{1}{15-1}\int_1^{15} B(x)\,dx.$$

> La valeur moyenne de $f$ sur $[a\,;\,b]$ est le réel $\dfrac{1}{b-a}\displaystyle\int_a^b f(x)\,dx$..

Comme $B(x) = -25\,u'(x)e^{u(x)} + 2$, une primitive de $B$ est $F_B(x) = -25e^{u(x)} + 2x$.

Donc $\mu = \frac{1}{14}(F_B(15) - F_B(1)) = \frac{1}{14}[-25e^{u(15)} + 2 \times 15 - (-25e^{u(1)} + 2 \times 1)]$

$= \frac{1}{14}(-25e^{-2} + 30 + 25e^{-0,32} - 2)$

$= \frac{1}{14}[28 + 25(e^{-0,32} - e^{-2})] = 2 + \frac{25}{14}(e^{-0,32} - e^{-2}) \approx 3{,}055.$

En moyenne, sur un mois, l'entreprise réalise un bénéfice de 3 055 €.

**9** → *Énoncé p. 160*

> $\ln(1) = 0$ et $\ln(\mathrm{e}) = 1$.

1° $f(1) = -2 + (\mathrm{e}^2 - 1) \times \ln(1) + 2 = 0$.

$f(\mathrm{e}^2) = -2\mathrm{e}^2 + (\mathrm{e}^2 - 1) \times \ln(\mathrm{e}^2) + 2$ et $\ln(\mathrm{e}^2) = 2\ln(\mathrm{e}) = 2$ donc :

$$f(\mathrm{e}^2) = -2\mathrm{e}^2 + 2\mathrm{e}^2 - 2 + 2 = 0.$$

2° À l'aide du graphique, on lit approximativement :

– le nombre d'appareils que l'entreprise doit fabriquer pour réaliser un bénéfice maximal : 310, car le maximum de la fonction est atteint pour environ $x = 3{,}1$ et $x$ est en centaines d'objets ;

– le montant de ce bénéfice : 3 000 €, car le maximum de la fonction est d'environ 3 et $f(x)$ est en milliers d'euros ;

– les valeurs de $x$ pour lesquelles le bénéfice réalisé est positif ou nul :
$1 \leqslant x \leqslant 7{,}4$ car la courbe de la fonction $f$ est au-dessus de l'axe des abscisses sur l'intervalle $[1\ ;\ 7{,}4]$.

3° Pour tout $x$ de l'intervalle $]0\ ;\ +\infty[$, $f'(x) = -2 + \dfrac{\mathrm{e}^2 - 1}{x}$.

4° $f'(x) = 0 \Leftrightarrow -2 + \dfrac{\mathrm{e}^2 - 1}{x} = 0 \Leftrightarrow \dfrac{\mathrm{e}^2 - 1}{x} = 2 \Leftrightarrow \mathrm{e}^2 - 1 = 2x \Leftrightarrow x = \dfrac{\mathrm{e}^2 - 1}{2}$.

$f'(x) < 0 \Leftrightarrow -2 + \dfrac{\mathrm{e}^2 - 1}{x} < 0 \Leftrightarrow \dfrac{\mathrm{e}^2 - 1}{x} < 2 \Leftrightarrow \mathrm{e}^2 - 1 < 2x \Leftrightarrow x > \dfrac{\mathrm{e}^2 - 1}{2}$.

$f'(x) > 0 \Leftrightarrow -2 + \dfrac{\mathrm{e}^2 - 1}{x} > 0 \Leftrightarrow \dfrac{\mathrm{e}^2 - 1}{x} > 2 \Leftrightarrow \mathrm{e}^2 - 1 > 2x \Leftrightarrow x < \dfrac{\mathrm{e}^2 - 1}{2}$.

On en déduit le tableau de variation de $f$ :

> $x > 0$, donc le sens des inégalités ne change pas.

| $x$ | 0 | 1 | | $\frac{\mathrm{e}^2-1}{2}$ | | $\mathrm{e}^2$ | | $+\infty$ |
|---|---|---|---|---|---|---|---|---|
| Signe de $f'(x)$ | ‖ | | + | 0 | – | | | |
| Variations de $f$ | ‖ | 0 | ↗ | $f\left(\frac{\mathrm{e}^2-1}{2}\right)$ | ↘ | 0 | ↘ | |

5° Le nombre d'appareils vendus par cette entreprise quand elle réalise le bénéfice maximal est $\dfrac{\mathrm{e}^2 - 1}{2}$.

$$\frac{\mathrm{e}^2 - 1}{2} \approx 3{,}194\,5.$$

Le bénéfice est donc maximal pour 319 appareils vendus.

6° D'après le graphique, le domaine est délimité par l'axe des abscisses, la courbe de la fonction positive $f$ et les droites verticales $x = 1$ et $x = \mathrm{e}^2$ ; donc son aire est $\mathscr{A} = F(\mathrm{e}^2) - F(1)$, où $F$ est une primitive de $f$.

Le graphique 2 permet de donner une valeur approchée de $F(e^2)$ et de $F(1)$. $F(e^2) \approx 7{,}4$ et $F(1) \approx -5{,}4$ ; donc $\mathscr{A} \approx 12{,}8$ unités d'aire.

> $\int_a^b f(x)\,dx = F(b) - F(a)$ où $F$ est une primitive de $f$ sur $[a\,;\,b]$.

7° Pour démontrer que la fonction $F$ définie sur l'intervalle $]0\,;+\infty[$ est une primitive de $f$, on vérifie que $F'(x) = f(x)$.

La dérivée de la fonction $x \mapsto x \times \ln x$ est $x \mapsto x \times \frac{1}{x} + 1 \times \ln(x)$

car la dérivée d'un produit de fonctions $(uv)$ est $(uv)' = u'v + uv'$ et la dérivée de $x \mapsto \ln x$ est $x \mapsto \frac{1}{x}$.

$F'(x) = -2x + 3 - e^2 + (e^2 - 1) \times x \times \frac{1}{x} + (e^2 - 1) \times 1 \times \ln(x)$.

$F'(x) = -2x + 3 - e^2 + e^2 - 1 + (e^2 - 1)\ln(x)$.

$F'(x) = -2x + 2 + (e^2 - 1)\ln x = f(x)$ ; donc $F$ est une primitive de $f$ sur l'intervalle $]0\,;+\infty[$.

8° D'après le tableau de variation et la question 1°, le bénéfice est positif ou nul sur l'intervalle $[1\,;\,e^2]$.

La valeur moyenne du bénéfice de l'entreprise sur l'intervalle $[1\,;\,e^2]$ est le réel :

$$\mu = \frac{1}{e^2 - 1}\int_1^{e^2} f(x)\,dx = \frac{1}{e^2 - 1}\,(F(e^2) - F(1)).$$

$$F(e^2) - F(1) = -e^{2^2} + (3 - e^2)\,e^2 + (e^2 - 1) \times e^2 \ln(e^2) - (-1^2 + (3 - e^2) \times 1 + (e^2 - 1) \times 1 \times \ln(1))$$

$F(e^2) - F(1) = -2e^{2^2} + 3e^2 + 2e^2 \times e^2 - 2e^2 - (2 - e^2) = 2e^2 - 2$ ;

donc $\mu = \frac{2e^2 - 2}{e^2 - 1} = 2$.

> $e^{2^2} = e^2 \times e^2$.

$\mu = 2$ ; donc la valeur moyenne du bénéfice est de 2 000 €.

**10** → *Énoncé p. 161*

### Partie A

1° *a)* $f = u \times v + 10$, donc $f' = u'v + uv'$ avec $u(x) = 9x^2$ ; $u'(x) = 18x$ et $v(x) = 1 - 2\ln(x)$ ; $v'(x) = -\frac{2}{x}$.

Donc, pour tout réel $x$ de l'intervalle $]0\,;\,1{,}5]$, on a :

$$f'(x) = 18x\,(1 - 2\ln(x)) + 9x^2 \times \left(-\frac{2}{x}\right) = 18x - 36x\ln(x) - 18x = -36x\ln(x).$$

*b)* Le signe de $f'(x)$ est l'opposé de celui de $\ln(x)$ car $-36x < 0$ sur l'intervalle $]0\,;\,1{,}5]$.
Or $\ln x = 0 \Leftrightarrow x = 1$ et $\ln x > 0 \Leftrightarrow x > 1$.

D'où le tableau de signe ci-dessous :

| $x$ | 0 | | 1 | | 1,5 |
|---|---|---|---|---|---|
| Signe de $f'(x)$ | ‖ | + | 0 | – | |

*c)* On en déduit que :
– la fonction $f$ est strictement croissante sur l'intervalle $]0 ; \mathrm{e}]$ ;
– la fonction $f$ est strictement décroissante sur l'intervalle $[1 ; 1,5]$.

2° *a)* $F(x) = 10x + 5x^3 - 6x^3\ln(x)$.

> $F$ primitive de $f$ sur $]0 ; 1,5]$
> $\Leftrightarrow F'(x) = f(x)$ sur $]0 ; 1,5]$.

Pour tout réel $x$ de l'intervalle $]0 ; 1,5]$,
$F(x) = 10x + 5x^3 - u(x) \times v(x)$ avec $u(x) = 6x^3$ ;
$u'(x) = 18x^2$ et $v(x) = \ln(x)$ ; $v'(x) = \dfrac{1}{x}$.

Donc : $F'(x) = 10 + 15x^2 - 18x^2\ln(x) - 6x^3 \times \dfrac{1}{x} = 10 + 15x^2 - 18x^2\ln(x) - 6x^2$

$= 9x^2 - 18x^2\ln(x) + 10$

$F'(x) = 9x^2(1 - 2\ln(x)) + 10 = f(x)$.

Donc $F$ est une primitive de $f$ sur $]0 ; 1,5]$.

*b)* $\displaystyle\int_1^{1,5} f(x)\mathrm{d}x = F(1,5) - F(1) \approx 23,66 - 15 \approx 8,66$.

## Partie B

1° La période des six derniers mois correspond à l'intervalle $[1 ; 1,5]$.
$f(1) = 9(1 - 0) + 10 = 19$.
$f(1,5) = 9 \times 1,5^2(1 - 2\ln(1,5)) + 10 = 20,25 - 40,5\ln(1,5) + 10 = 30,25 - 40,5\ln(1,5) \approx 13,83$.
L'action a donc baissé d'environ 5,17 € lors des six derniers mois.

$19 \times \dfrac{1}{4} = 4,75 < 5,17$.

**La proposition est vraie :** l'action a perdu plus du quart de sa valeur durant les six derniers mois.

2° La valeur moyenne de l'action sur les six derniers mois est égale à :

$$\mu = \frac{1}{1,5 - 1}\int_1^{1,5} f(x)\mathrm{d}x \approx 2 \times 8,664 \approx 17,33 > 17.$$

**La proposition est fausse :** la valeur moyenne de l'action au cours des six derniers mois est supérieure à 17 €.

**11** → *Énoncé p. 162*

## Partie A

1° La tangente à $\mathscr{C}$ au point d'abscisse 0 est la droite d'équation :

$$y = f'(0)(x - 0) + f(0).$$

$f'(x) = -\,e^{-x}$ donc $f'(0) = -1$ et $f(0) = 1$ d'où $y = -x + 1$ et on retrouve bien l'équation de la droite.

2° Pour tout $x \in \mathbb{R}$, $h(x) = f(x) - g(x)$ donc $h'(x) = f'(x) - g'(x) = -\,e^{-x} - (-1)$ soit $h'(x) = 1 - e^{-x}$.

3° $h'(x) = 0 \Leftrightarrow 1 - e^{-x} = 0 \Leftrightarrow e^{-x} = 1 = e^0 \Leftrightarrow x = 0$ ;
$h'(x) > 0 \Leftrightarrow 1 - e^{-x} > 0 \Leftrightarrow -e^{-x} > -1 \Leftrightarrow e^{-x} < 1 = e^0 \Leftrightarrow -x < 0 \Leftrightarrow x > 0$ ;
$h'(x) < 0 \Leftrightarrow 1 - e^{-x} < 0 \Leftrightarrow -e^{-x} < -1 \Leftrightarrow e^{-x} > 1 = e^0 \Leftrightarrow -x > 0 \Leftrightarrow x < 0$.
La fonction $h$ est donc strictement décroissante sur $]-\infty ; 0]$ et strictement croissante sur $[0 ; +\infty[$.

4° D'après les variations de $h$, la fonction admet un minimum en $x = 0$.
On en déduit que, pour tout $x$ réel, $h(x) \geqslant h(0)$, soit $h(x) \geqslant 0$ et donc :

$$f(x) - g(x) \geqslant 0.$$

La courbe $\mathscr{C}$ est donc toujours au-dessus de sa tangente au point d'abscisse 0.

## Partie B

1° Pour calculer l'intégrale proposée, il faut déterminer une primitive de la fonction $h$ sur l'intervalle $[0 ; 1]$ et donc des fonctions $f$ et $g$.

> $h = f - g$, donc $H = F - G$.

On pose $u(x) = -x$ et donc $u'(x) = -1$.
La fonction $f$ est de la forme $u'e^u$ à une constante près :

$$f(x) = e^{-x} = -(-1)e^{-x} = -u'(x)\,e^{u(x)}.$$

Une primitive de $u'e^u$ est $e^u$ ; donc :

une primitive $F$ de $f$ sur $\mathbb{R}$ est $F(x) = -\,e^{u(x)} = -\,e^{-x}$.

$g(x) = -x + 1$ donc une primitive de $g$ est $G$, définie par $G(x) = -\dfrac{1}{2}x^2 + x$.

Une primitive $H$ de la fonction $h$ sur $[0 ; 1]$ est définie par :

$$H(x) = -\,e^{-x} - \left(-\frac{1}{2}x^2 + x\right) = \frac{1}{2}x^2 - x - e^{-x}.$$

$$\int_0^1 h(x)\,dx = H(1) - H(0) = \frac{1}{2} \times 1^2 - 1 - e^{-1} - (-\,e^{-0}) = \frac{1}{2} - 1 - \frac{1}{e} + 1 = \frac{1}{2} - \frac{1}{e}.$$

2° Le domaine colorié sur le graphique correspond à l'aire du domaine délimité par la courbe $\mathscr{C}$, la droite $d$ et les droites verticales d'équation $x = 0$ et $x = 1$.
D'après la question A.4°, la courbe $\mathscr{C}$ est toujours au-dessus de la droite $d$ ; donc la fonction $f - g$ est positive.
L'aire $\mathscr{A}$, en unités d'aire, du domaine $D$ se calcule alors par :

$$\mathscr{A} = \int_0^1 (f(x) - g(x))\,dx = \int_0^1 h(x)\,dx = H(1) - H(0) = \frac{1}{2} - \frac{1}{e}$$ d'après la question B.1°.

CHAPITRE

7

# Probabilités conditionnelles

## 1 Calculs de probabilités

### A. Rappels

**Soit $\Omega$ l'ensemble des résultats d'une expérience aléatoire, muni d'une loi de probabilité $P$, et A une partie de ces résultats formant l'événement A. La probabilité de A est la somme des probabilités des issues constituant A.**

- On a $0 \leqslant P(\mathrm{A}) \leqslant 1$.

Si l'événement n'a aucun cas favorable, il est vide et $P(\emptyset) = 0$.
Si l'événement est constitué de tous les résultats possibles, c'est $\Omega$ ; donc $P(\Omega) = 1$.
Si A et B sont deux événements de $\Omega$, alors :

$$P(\mathrm{A} \cup \mathrm{B}) = P(\mathrm{A}) + P(\mathrm{B}) - P(\mathrm{A} \cap \mathrm{B}).$$

On note $\overline{\mathrm{A}}$ l'événement contraire de A et on a $P(\overline{\mathrm{A}}) = 1 - P(\mathrm{A})$.

### B. Probabilités conditionnelles

#### *a*) Probabilité d'un événement B sachant un événement A

On considère une expérience aléatoire et l'ensemble $\Omega$ des résultats, muni d'une loi de probabilité $P$. Soient A et B deux événements de $\Omega$, avec A de probabilité non nulle.

*Définition*

**La probabilité de B, sachant que A est réalisé, est notée $P_{\mathrm{A}}(\mathrm{B})$.**
**Elle est définie par le quotient :**

$$P_{\mathrm{A}}(\mathrm{B}) = \frac{P(\mathrm{A} \cap \mathrm{B})}{P(\mathrm{A})}.$$

**Étant donné deux événements A et B avec $P(\mathrm{A}) \neq 0$ et $P(\mathrm{B}) \neq 0$, on a aussi :**

$$P(\mathrm{A} \cap \mathrm{B}) = P(\mathrm{A}) \times P_{\mathrm{A}}(\mathrm{B}) = P(\mathrm{B}) \times P_{\mathrm{B}}(\mathrm{A}).$$

#### *b*) Arbre pondéré ou de probabilité

On appelle « arbre pondéré » ou « arbre de probabilité » un arbre sur lequel on a placé les probabilités correspondant à chaque branche, comme l'indique le schéma ci-après :

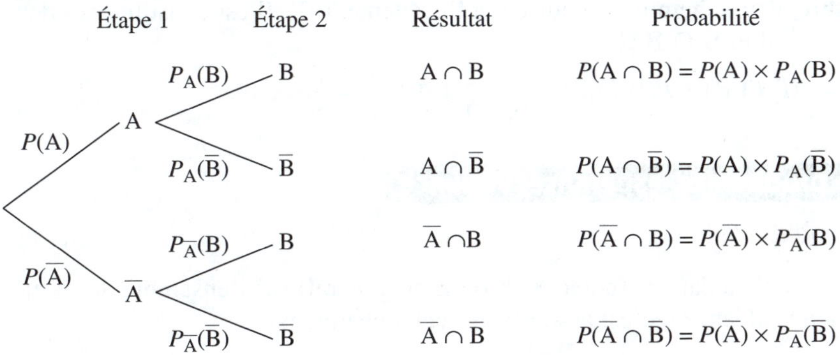


***Règles de calcul***

- La probabilité d'un résultat est égale au produit des probabilités portées par les branches qui conduisent à ce résultat.
- La somme des probabilités portées par les branches issues d'un même nœud est égale à 1.
- La probabilité d'un événement est égale à la somme des probabilités des chemins qui conduisent à cet événement.

**Ainsi, $P(B) = P(A \cap B) + P(\overline{A} \cap B)$.**
**Cette formule est appelée « Formule des Probabilités Totales ».**

***Exemple***

Une urne contient 6 boules indiscernables au toucher : 4 rouges et 2 bleues.
On effectue deux tirages successifs **sans remise**. On se propose de calculer la probabilité de l'événement $B_2$ : « tirer une boule bleue au deuxième tirage ».
On note B : « tirer une boule bleue » et R : « tirer une boule rouge ».

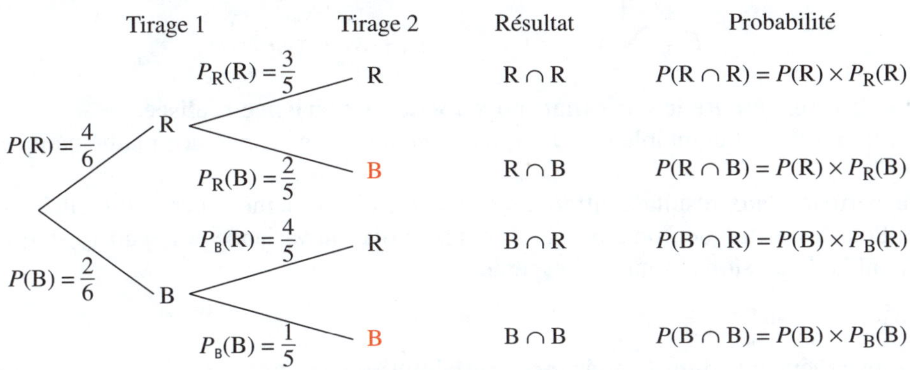

D'après l'arbre, deux chemins conduisent à l'événement $B_2$. Il est constitué des deux événements $R \cap B$ et $B \cap B$ ;

donc $P(B_2) = P(R \cap B) + P(B \cap B) = \frac{4}{6} \times \frac{2}{5} + \frac{2}{6} \times \frac{1}{5} = \frac{1}{3}$.

## 2 Loi de probabilité, espérance, variance

### A. Loi de probabilité

Définir une variable aléatoire (notée X, Y ou Z en général) sur l'ensemble des issues d'une expérience aléatoire, c'est associer un réel à chaque issue.

*Exemple*

On effectue deux lancers successifs d'une pièce de monnaie parfaitement équilibrée. Soit X la variable aléatoire comptant le nombre de « PILE » obtenus, X peut prendre les valeurs 0, 1 ou 2 avec les probabilités respectives $\frac{1}{4}$, $\frac{1}{2}$ et $\frac{1}{4}$.

L'ensemble des résultats d'une expérience aléatoire et les probabilités associées sont consignées dans un tableau (voir ci-dessous) qui définit la **loi de probabilité**.

| **Valeurs de X : $(X = x_i)$** | 0 | 1 | 2 |
|---|---|---|---|
| **Probabilité correspondante : $P(X = x_i)$** | $\frac{1}{4}$ | $\frac{1}{2}$ | $\frac{1}{4}$ |

### B. Espérance mathématique

**Soit une expérience dont les issues sont des nombres réels $x_i$ avec les probabilités $p_i$. L'espérance mathématique de cette loi, notée $E$ ou $E(X)$, est égale à :**

$$E = \sum_{i=1}^{n} x_i p_i = x_1 p_1 + x_2 p_2 + \ldots + x_n p_n.$$

**Ce nombre représente le « résultat moyen » de l'expérience réalisée.**

On dit qu'un jeu est équitable si la loi qui en découle a une espérance mathématique nulle.

Des expériences aux résultats différents peuvent avoir la même espérance mathématique. Pour les distinguer, on a besoin d'autres outils : la variance et l'écart-type, qui mesurent la dispersion autour de l'espérance.

### C. Variance, écart-type

**Soit une expérience dont l'espérance mathématique est notée $E$.**

**La variance de cette expérience, notée $V$, est égale à :**

$$V = p_1 \times (x_1 - E)^2 + p_2 \times (x_2 - E)^2 + \ldots + p_n \times (x_n - E)^2 \text{ ou}$$
$$V = p_1 \times x_1^2 + p_2 \times x_2^2 + \ldots + p_n \times x_n^2 - E^2.$$

**On appelle « écart-type » de cette même expérience le nombre $\sigma = \sqrt{V}$.**

## 3 Schéma de Bernoulli, loi binomiale

### A. Expériences indépendantes

*Exemple*

Une urne contient 10 boules : 7 bleues, 3 rouges.
On tire au hasard une boule dans l'urne.
Les issues de cette expérience sont notées B et R.
La loi de probabilité associée à cette expérience est la suivante :

| **Issue** | B | R |
|---|---|---|
| **Probabilité** | $\frac{7}{10}$ | $\frac{3}{10}$ |

La première boule tirée est remise dans l'urne et on répète la même expérience.
Les deux expériences sont donc identiques et **indépendantes**.

### B. Schéma de Bernoulli

**Une expérience qui ne comporte que deux issues possibles (succès ou échec) est appelée « épreuve de Bernoulli ».**

*Remarque*

Si, dans une épreuve de Bernoulli, la probabilité du succès est $p$, alors celle de l'échec est $1 - p$.

**On appelle « schéma de Bernoulli » une expérience qui consiste à répéter plusieurs fois et de manière indépendante la même épreuve de Bernoulli.**

*Exemple*

Tirer trois boules dans l'urne contenant 7 bleues et 3 rouges.

• Si le tirage s'effectue avec remise, on est en présence d'un schéma de Bernoulli à trois épreuves ; la probabilité d'un succès (« obtenir une bleue ») est 0,7 et celle de l'échec (« obtenir une rouge ») est 0,3.

• Si le tirage se fait sans remise, on n'est plus en présence d'un schéma de Bernoulli puisque les épreuves ne sont plus indépendantes les unes des autres.

## C. Loi binomiale

**On appelle « loi binomiale » la loi de probabilité de la variable aléatoire X qui compte le nombre de succès lors des *n* épreuves d'un schéma de Bernoulli. Cette loi est souvent notée B(*n* ; *p*), la lettre B rappelant le mot « binomial », le nombre *n* étant le nombre d'épreuves et le nombre *p* la probabilité d'un succès lors d'une épreuve.**

*Exemple*

On lance deux fois de suite un dé cubique bien équilibré et on s'intéresse au nombre de « multiples de 3 » obtenus. Les deux lancers sont indépendants.

On note S : « la face obtenue est un multiple de 3 » ; donc $p = P(\mathrm{S}) = \frac{2}{6} = \frac{1}{3}$.

On associe la loi binomiale de paramètres $n = 2$ (nombre de lancers) et $p = \frac{1}{3}$.

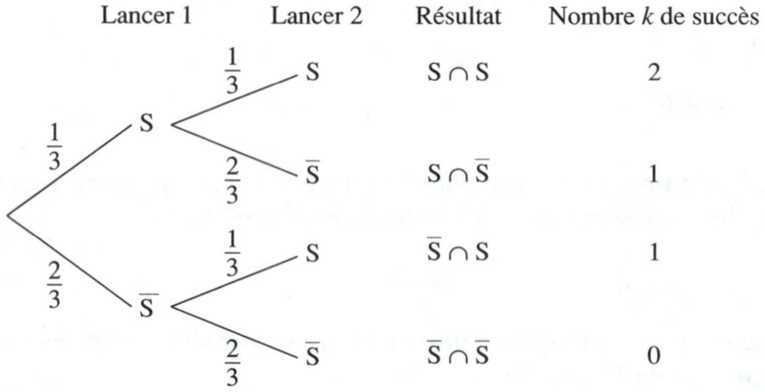


On note X la variable aléatoire qui compte le nombre de succès ; la probabilité d'obtenir exactement 1 succès est :

$$P(\mathrm{X} = 1) = P(\mathrm{S} \cap \overline{\mathrm{S}}) + P(\overline{\mathrm{S}} \cap \mathrm{S}) = \frac{1}{3} \times \frac{2}{3} + \frac{2}{3} \times \frac{1}{3} = \frac{4}{9}.$$

Dans le cas de la loi binomiale, on a $P(\mathrm{X} = 0) + P(\mathrm{X} = 1) + \ldots + P(\mathrm{X} = n) = 1$.

*Propriétés*

**L'espérance de la loi binomiale de paramètres *n* et *p* est égale à $n \times p$.**
**La variance de la loi binomiale est égale à $n \times p \times (1 - p)$ et l'écart-type à $\sqrt{n \times p \times (1 - p)}$.**

## D. Coefficients binomiaux

**Dans un arbre pondéré associé à un schéma de Bernoulli, de paramètres $n$ et $p$, le nombre de chemins correspondant à $k$ succès sur les $n$ épreuves de Bernoulli est noté $\binom{n}{k}$($k$ parmi $n$) et appelé « coefficient binomial ».**

$\binom{n}{k}$ s'obtient avec la calculatrice ou se compte sur l'arbre pondéré si $n$ n'est pas trop grand.

Cas particuliers : $n$ entier naturel, $\binom{n}{0} = \binom{n}{n} = 1$ $\quad n \geqslant 1$, $\binom{n}{1} = \binom{n}{n-1} = n$.

***Propriété***

**Si X est une variable aléatoire suivant la loi binomiale B($n$ ; $p$), alors, pour tout entier naturel $k$ tel que $0 \leqslant k \leqslant n$, on a :**

$$P(X = k) = \binom{n}{k} \times p^k \times (1-p)^{n-k}.$$

On retrouve le résultat du paragraphe précédent :

$$P(X = 1) = \binom{2}{1} \times \left(\frac{1}{3}\right)^1 \times \left(1 - \frac{1}{3}\right)^{2-1} = 2 \times \frac{1}{3} \times \frac{2}{3} = \frac{4}{9}.$$

## E. Échantillonnage

**Si X est une variable aléatoire suivant la loi binomiale B($n$ ; $p$), l'intervalle de fluctuation à 95 % d'une fréquence correspondant à la fréquence aléatoire du succès est l'intervalle $\left[\frac{a}{n} ; \frac{b}{n}\right]$ défini par :**

- **$a$ est le plus petit entier tel que $P(X \leqslant a) > 0{,}025$ ;**
- **$b$ est le plus petit entier tel que $P(X \leqslant b) \geqslant 0{,}975$.**

## 1 Utiliser un arbre pondéré et calculer des probabilités

**EXERCICE TYPE**

Un club de remise en forme propose, outre l'accès aux salles de musculation, des cours collectifs pour lesquels un supplément est demandé lors de l'inscription.
Une fiche identifie chaque membre et son type d'abonnement : avec ou sans cours collectif.
Une étude sur les profils des membres de ce club a montré que :
- 40 % des membres sont des hommes ;
- 65 % des membres sont inscrits aux cours collectifs ;
- parmi les femmes, membres de ce club, seulement 5 % ne sont pas inscrites aux cours collectifs.

On choisit une fiche au hasard et on considère les événements suivants :
- H : « la fiche est celle d'un homme » ;
- F : « la fiche est celle d'une femme » ;
- C : « la fiche est celle d'un membre inscrit à des cours collectifs ».

**1°** Donner les probabilités suivantes : $p(\mathrm{H})$, $p_{\mathrm{F}}(\mathrm{C})$, $p(\mathrm{F})$ et les reporter sur un arbre pondéré modélisant la situation qui sera complété au cours de la résolution de l'exercice.

**2°** Déterminer $p(\mathrm{F} \cap \mathrm{C})$ puis montrer que $p(\mathrm{H} \cap \mathrm{C}) = 0{,}08$.

**3°** On tire la fiche d'un homme.
Quelle est la probabilité que celui-ci soit inscrit aux cours collectifs ?

**4°** On choisit au hasard une fiche d'un membre non inscrit aux cours collectifs.
Quelle est la probabilité que ce soit celle d'un homme ? *(Donner la valeur décimale arrondie au centième.)*

**CORRIGÉ COMMENTÉ**

1° Traduction de l'énoncé pour compléter l'arbre :
- 40 % des membres sont des hommes ; donc $p(\mathrm{H}) = 0{,}4$.
- « Parmi les femmes, membres de ce club, seulement 5 % ne sont pas inscrites au cours collectifs » peut se traduire par « sachant que la fiche choisie est celle d'une femme, la probabilité que celle-ci ne soit pas inscrite à un cours collectif est de 0,05 » ; donc $p_{\mathrm{F}}(\overline{\mathrm{C}}) = 0{,}05$, puis $p_{\mathrm{F}}(\mathrm{C}) = 1 - p_{\mathrm{F}}(\overline{\mathrm{C}}) = 1 - 0{,}05 = 0{,}95$.
- D'autre part, on a également : $p(\mathrm{F}) = 1 - p(\mathrm{H}) = 0{,}6$.

L'arbre pondéré représentant la situation est donc :

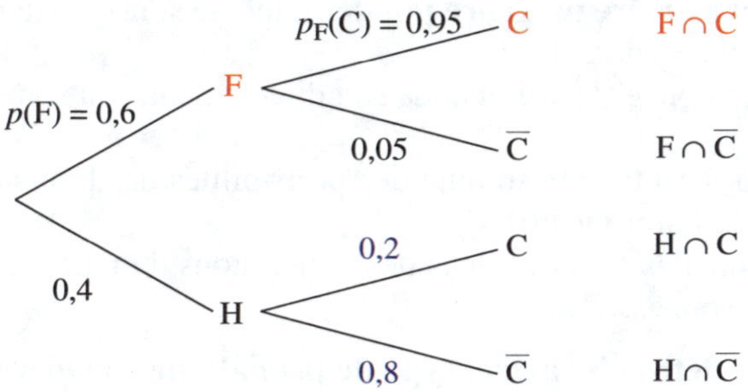


Ne pas hésiter à ajouter l'événement obtenu en bout de branche.

*Le chemin en rouge est utilisé pour la question 2°, les probabilités en bleu sont calculées à la question 3°.*

2° $p(F \cap C) = p(F) \times p_F(C) = 0,6 \times 0,95 = 0,57$, en utilisant la formule du cours ou l'arbre de probabilité.

D'après la formule des probabilités totales, on a $p(C) = p(F \cap C) + p(H \cap C)$, donc $0,65 = 0,57 + p(H \cap C)$ ;

d'où $\mathbf{p(H \cap C) = 0,65 - 0,57 = 0,08}$.

3° On calcule la probabilité que la fiche tirée soit celle d'un membre inscrit au cours collectif sachant que c'est celle d'un homme :

$$p_H(C) = \frac{p(H \cap C)}{p(H)} = \frac{0,08}{0,4} = 0,2.$$

**Sachant que l'on a tiré la fiche d'un homme, la probabilité que celui-ci soit inscrit aux cours collectifs est de 0,2.**

4° On choisit une fiche au hasard d'un membre non inscrit aux cours collectifs et on cherche la probabilité que ce soit celle d'un homme ; donc on cherche la probabilité conditionnelle suivante : « la fiche tirée est celle d'un homme sachant que ce n'est pas celle d'un membre inscrit aux cours collectifs ».

$$p(\overline{C}) = 1 - p(C) = 1 - 0,65 = 0,35.$$

$$p_{\overline{C}}(H) = \frac{p(H \cap \overline{C})}{p(\overline{C})} = \frac{p(H) \times p_H(\overline{C})}{p(\overline{C})}$$

$$= \frac{0,4 \times 0,8}{0,35} = \frac{0,32}{0,35} \approx 0,91 \text{ à } 10^{-2} \text{ près.}$$

**La probabilité que la fiche d'un membre non inscrit aux cours collectifs soit celle d'un homme est d'environ 0,91.**

**À RETENIR**

• Le premier point est de **construire un arbre pondéré**, même si la question n'est pas posée, en suivant les règles suivantes :
– on reporte les probabilités données par l'énoncé soit directement, soit sous forme de pourcentage ;
– on complète l'arbre en utilisant : « la somme des probabilités des branches qui partent d'un même nœud de l'arbre vaut 1 » ;
– les probabilités conditionnelles se lisent dans des expressions du type « sachant que… » ou « parmi les personnes… ».

• Le deuxième point est de **déterminer quel type de probabilité calculer** :
– si la question fait référence à deux événements avec souvent le mot « et » dans la phrase, *c*'est la probabilité d'un événement en bout de branche (intersection de deux événements) qui *s*'obtient en multipliant les probabilités rencontrées sur ce chemin ;
– il est important de bien faire la différence avec une probabilité conditionnelle ;
– si la probabilité est celle d'un événement de la deuxième étape de l'arbre pondéré, la probabilité de cet événement s'obtient en ajoutant les probabilités des chemins qui conduisent à sa réalisation.

## 2 Loi de probabilité, espérance – Schéma de Bernoulli et loi binomiale

**EXERCICE TYPE**

Lors d'une épidémie chez des bovins, on s'est aperçu que, si la maladie est diagnostiquée suffisamment tôt chez un animal, on peut le guérir ; sinon la maladie est mortelle.

Un test est mis au point et essayé sur un échantillon d'animaux dont 1 % est porteur de la maladie. On obtient les résultats suivants :

• si un animal est porteur de la maladie, le test est positif dans 85 % des cas ;
• si un animal est sain, le test est négatif dans 95 % des cas.

On choisit de prendre ces fréquences observées comme probabilités pour la population entière et d'utiliser le test pour un dépistage préventif de la maladie.

On note :

• M l'événement : « l'animal est porteur de la maladie » ;
• T l'événement : « le test est positif ».

**1°** Construire un arbre pondéré modélisant la situation proposée.

**2°** Un animal est choisi au hasard. Montrer que la probabilité pour que son test soit positif est 0,058.

**3°** On choisit cinq animaux au hasard. La taille de ce troupeau permet de considérer les épreuves comme indépendantes et d'assimiler les tirages à des tirages avec remise. On note X la variable aléatoire qui, aux cinq animaux choisis, associe le nombre d'animaux ayant un test positif.
***a***) Quelle est la loi de probabilité suivie par X ?
***b***) Quelle est la probabilité pour qu'au moins un des cinq animaux ait un test positif ?
***c***) Quelle est la probabilité qu'exactement 2 des 5 animaux aient un test positif ?

**4°** Le coût des soins à prodiguer à un animal ayant réagi positivement au test est de 100 € et le coût de l'abattage d'un animal non dépisté par le test et ayant développé la maladie est de 1 000 €. On suppose que le test est gratuit.

D'après les données précédentes, la loi de probabilité du coût à engager par animal subissant le test est donnée par le tableau suivant :

| **Coût** | 0 | 100 | 1 000 |
|---|---|---|---|
| **Probabilité** | 0,940 5 | 0,058 | 0,00 15 |

***a***) Calculer l'espérance mathématique de la variable aléatoire associant à un animal le coût à engager.

***b***) Un éleveur possède un troupeau de 200 bêtes. Si tout le troupeau est soumis au test, quelle somme doit-il prévoir d'engager ?

## CORRIGÉ COMMENTÉ

**1°**

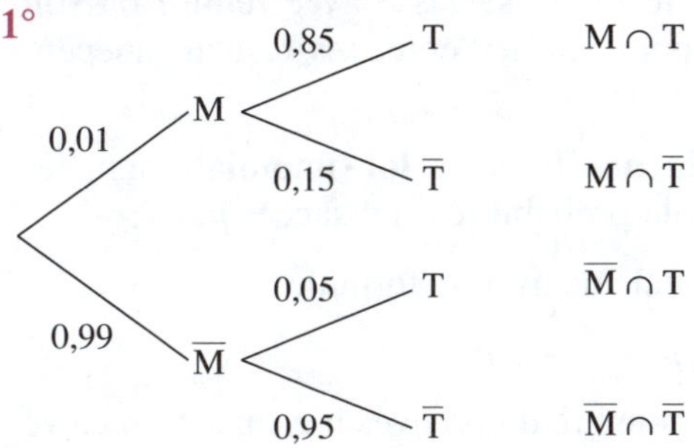


**2°** D'après la formule des probabilités totales et l'arbre :

$$p(T) = p(M \cap T) + p(\overline{M} \cap T) = 0{,}01 \times 0{,}85 + 0{,}99 \times 0{,}05 = 0{,}058.$$

**3°** On reconnaît le cadre d'un schéma de Bernoulli de paramètres $n = 5$ et $p = 0{,}058$.
*a*) X suit donc la loi binomiale B(5 ; 0,058).

La probabilité que $k$ animaux aient un test positif est égale à :

$$P(X = k) = \binom{5}{k} \times 0{,}058^k \times (1 - 0{,}058)^{5-k}.$$

On obtient le tableau de la loi de probabilité de $X$ arrondi à 0,000 1 près :

| $X = k$ | 0 | 1 | 2 | 3 | 4 | 5 |
|---|---|---|---|---|---|---|
| $P(X = k)$ | 0,741 7 | 0,228 4 | 0,028 1 | 0,001 7 | 0,000 1 | 0 |

*b*) L'événement contraire est : tous les animaux ont un test négatif qui, d'après le tableau précédent, a une probabilité d'environ 0,741 7. La probabilité pour qu'au moins un des cinq animaux ait un test positif est donc $1 - 0{,}741\,7 = 0{,}258\,3$.

La probabilité de l'événement contraire est parfois plus facile à calculer.

*c*) La probabilité qu'exactement deux animaux aient subi un test positif est, d'après le tableau, de 0,028 1.

4° *a*) $E = 0 \times 0{,}940\,5 + 100 \times 0{,}058\,0 + 1\,000 \times 0{,}001\,5$
$= 5{,}80 + 1{,}50 = 7{,}30$ €, qui représente le coût moyen par animal.

*b*) Pour 200 bêtes, le coût sera en moyenne de $200 \times 7{,}30 = 1\,460$ €.

## À RETENIR

- **Un schéma de Bernoulli est une succession d'épreuves indépendantes et identiques.** Le nombre d'épreuves correspond au nombre de tirages ou au nombre d'objets choisis. Il est indispensable que le tirage se fasse avec remise ou soit considéré comme un tirage avec remise pour que les épreuves restent indépendantes et identiques.

- **La loi qui découle d'un schéma de Bernoulli est la loi binomiale** dont les paramètres sont le nombre d'épreuves $n$ et la probabilité d'un succès $p$.

- La probabilité du nombre $k$ de succès se calcule avec la formule :

$$P(X = k) = \binom{n}{k} \times p^k \times (1 - p)^{n-k}$$

ou éventuellement à l'aide d'un arbre si le nombre d'épreuves n'est pas trop élevé (voir exercices 8 et 9).

- Lors du calcul de la probabilité de l'événement « au moins un… », il est plus astucieux de calculer celle de l'événement contraire « aucun… », puis de retrancher le résultat à 1.

• **Avant de se lancer dans un calcul d'espérance mathématique, il est important de bien établir la loi de probabilité associée à la variable aléatoire choisie.** Pour cela, il faut utiliser l'arbre de probabilité d'une question préliminaire ou le tableau de la loi de probabilité.

• L'espérance mathématique se calcule ensuite avec la formule :

$$\sum_{i=1}^{n} x_i p_i = x_1 p_1 + x_2 p_2 + \ldots + x_n p_n.$$

Cela revient à effectuer un calcul de moyenne ; donc le résultat obtenu est « la moyenne théorique que l'on peut obtenir dans un grand nombre de cas ».

• La variance et l'écart-type se calculent alors avec les formules suivantes :
$V = p_1 \times x_1^2 + p_2 \times x_2^2 + \ldots + p_n \times x_n^2 - E^2$ ;
$\sigma = \sqrt{V}$. L'écart-type mesure la dispersion autour de l'espérance.
Ces deux quantités n'ont pas toujours un intérêt dans les problèmes traités.

**1** ★ 10 min

Dans une forêt, Gérard ramasse des champignons.
70 % des champignons sont des cèpes, les autres sont des morilles.
40 % des champignons sont trop vieux pour être mangés et une morille sur trois n'est plus comestible.
On désignera par A l'événement : « être un cèpe » et par B l'événement : « être comestible ».

1° Compléter le tableau en indiquant les probabilités de chaque événement.

| | A | $\overline{A}$ | Total |
|---|---|---|---|
| **B** | | | |
| $\overline{B}$ | | | |
| **Total** | | | |

2° Calculer la probabilité que le champignon que Gérard tient dans sa main soit comestible, sachant que c'est un cèpe.

→ Corrigé p. 192

**2** ★ 20 min

Pour chacune des questions suivantes, trois réponses sont proposées, dont une seule convient.

1° On lance un dé cubique équilibré. Les faces sont numérotées de 1 à 6. La probabilité d'obtenir une face numérotée par un multiple de 2 est :

*a*) $\frac{1}{6}$ *b*) $\frac{1}{3}$ *c*) $\frac{1}{2}$

2° Soient A et B deux événements tels que $p(A) = 0{,}2$, $p(B) = 0{,}3$ et $p(A \cap B) = 0{,}1$ ; alors :

*a*) $p(A \cup B) = 0{,}4$ *b*) $p(A \cup B) = 0{,}5$ *c*) $p(A \cup B) = 0{,}6$

3° On lance une pièce de monnaie bien équilibrée 10 fois de suite. X est la variable aléatoire qui compte le nombre de « pile » obtenus. La probabilité d'obtenir exactement 5 « pile » est (arrondie au centième) :

*a*) 0,13 *b*) 0,19 *c*) 0,25 *d*) 0,5

4° Une expérience aléatoire a trois issues possibles : 2, 3 et $a$ (où $a$ est un réel).

On sait que $p(2) = \frac{1}{2}$, $p(3) = \frac{1}{3}$ et $p(a) = \frac{1}{6}$.
On sait, de plus, que l'espérance mathématique associée est nulle. On a alors :

*a*) $a = -12$ *b*) $a = 6$ *c*) $a = -5$

→ Corrigé p. 192

**3** ★ 15 min

Une maladie est apparue dans le cheptel bovin d'un pays. Elle touche 0,5 % de ce cheptel.

1° On choisit au hasard un animal dans ce cheptel. Quelle est la probabilité qu'il soit malade ?

2° On choisit successivement et au hasard 10 animaux. On appelle X la variable aléatoire égale au nombre d'animaux malades parmi eux.
*a*) Montrer que X suit une loi binomiale dont on donnera les paramètres.
Calculer son espérance mathématique.
*b*) On désigne par A l'événement : « aucun animal n'est malade parmi les 10 » et B l'événement : « au moins un animal est malade parmi les 10 ».
Calculer les probabilités de A et de B.

→ *Corrigé p. 193*

**4** ★★ 25 min

Dans un club de sport, Julien joue au basket. Il sait que, lors d'un lancer, sa probabilité de marquer un panier est égale à 0,6. Julien lance le ballon quatre fois de suite. Les quatre lancers sont indépendants les uns des autres.

1° Montrer que la probabilité que Julien ne marque aucun panier est égale à 0,025 6.

2° Calculer la probabilité que Julien marque au moins un panier.

3° Combien de fois Julien doit-il lancer le ballon au minimum pour que la probabilité qu'il marque au moins un panier soit supérieure à 0,999 ?

→ *Corrigé p. 193*

**5** ★ 10 min

Dans un lycée qui ne reçoit pas d'interne, la répartition des 895 élèves se fait de la façon suivante :

| **Niveau** | Seconde | Première | Terminale | Total |
|---|---|---|---|---|
| **Externes** | 50 | | 85 | 195 |
| **Demi-pensionnaires** | 285 | 220 | | |
| **Total** | | | 280 | |

1° Compléter le tableau ci-dessus.
On rencontre un élève du lycée au hasard et on suppose que tous les élèves ont la même probabilité d'être rencontrés. On note :

– E l'événement : « l'élève rencontré est externe » ;
– S l'événement : « l'élève rencontré est en Seconde » ;
– T l'événement : « l'élève rencontré est en Terminale ».
*Les résultats numériques seront donnés sous forme décimale à 0,01 près.*

2° Calculer $P(E \cap S)$ et $P(\bar{E} \cap T)$.

3° L'élève est en Terminale. Quelle est la probabilité qu'il soit externe ?

4° Citer deux événements incompatibles.

→ Corrigé p. 194

6 ★★ 30 min

Stéphane dirige un zoo spécialisé dans la protection des espèces menacées et a lancé un programme de reproduction de panthères par insémination artificielle. Il a remarqué que la probabilité d'obtenir un mâle est de 0,17. Il choisit un échantillon de 60 bébés (on admet que la population est suffisamment grande pour considérer qu'il s'agit d'un tirage avec remise). Il se pose la question suivante : à partir de quel nombre $i$ la probabilité que l'échantillon compte au moins $i$ mâles dépassera-t-elle 0,3 ?

1° Dans un premier temps, il écrit l'algorithme ci-dessous, mais une mauvaise manipulation a effacé deux lignes.

```
Code de l'algorithme

▼ VARIABLES
├─n EST_DU_TYPE NOMBRE
├─C EST_DU_TYPE NOMBRE
├─i EST_DU_TYPE NOMBRE
├─p EST_DU_TYPE NOMBRE
└─A EST_DU_TYPE NOMBRE
▼ DEBUT_ALGORITHME
  ├─LIRE n
  ├─LIRE p
  ├─A PREND_LA_VALEUR 0
  ├─i PREND_LA_VALEUR 0
  ▼ TANT_QUE (A<=0.3) FAIRE
    ├─DEBUT_TANT_QUE
    ├─
    ├─A PREND_LA_VALEUR A+C*pow(p,i)*pow(1-p,n-i)
    ├─i PREND_LA_VALEUR i+1
    └─FIN_TANT_QUE
  └─
└─FIN_ALGORITHME
```

*a*) Que représente C dans l'algorithme incomplet précédent ? (pow($p$,$i$) est égal à $p^i$)

*b*) Quelle doit être la dernière instruction à donner pour faire afficher la plus grande valeur de $i$ pour laquelle $P(X \leqslant i) \leqslant 0{,}3$ ?

*c*) Faire fonctionner l'algorithme et donner la valeur de $i$.

2° N'étant pas très satisfait de son résultat, il décide de prendre un échantillon plus grand mais est limité par son logiciel. Il utilise alors un tableur.
Quelle instruction doit-il écrire dans la cellule B2, puis recopier vers le bas, pour effectuer le même calcul qu'avec le logiciel ?

| | A | B |
|---|---|---|
| 1 | k | P(X≤k) |
| 2 | 0 | 1,39536E-05 |
| 3 | 1 | 0,000185431 |
| 4 | 2 | 0,001221528 |
| 5 | 3 | 0,005324307 |
| 6 | 4 | 0,017298981 |

Faire également fonctionner le logiciel avec $n = 100$ et $p = 0{,}17$.

→ *Corrigé p. 194*

**7** ★★ 30 min

Un supermarché dispose d'un stock de pommes. On sait que 40 % des pommes proviennent d'un fournisseur A et le reste d'un fournisseur B. Il a été constaté que 85 % des pommes provenant du fournisseur A étaient commercialisables. La proportion de pommes commercialisables est de 95 % pour le fournisseur B.
Le responsable des achats prend au hasard une pomme dans le stock. On considère les événements suivants :
– A : « La pomme provient du fournisseur A. »
– B : « La pomme provient du fournisseur B. »
– C : « La pomme est commercialisable. »

**PARTIE A**

1° Construire un arbre pondéré traduisant cette situation.

2° Montrer que la probabilité que la pomme ne soit pas commercialisable est 0,09.

3° La pomme choisie est non commercialisable. Le responsable des achats estime qu'il y a deux fois plus de chance qu'elle provienne du fournisseur A que du fournisseur B. A-t-il raison ?

**PARTIE B**

*On arrondira les résultats au millième si nécessaire.*
On prend au hasard 15 pommes dans le stock. Le stock est suffisamment important pour qu'on puisse assimiler ce prélèvement à un tirage aléatoire avec remise.

1° Quelle est la probabilité que les 15 pommes soient toutes commercialisables ?

2° Quelle est la probabilité qu'au moins 12 pommes soient commercialisables ?

→ *Corrigé p. 195*

**8** ★★ 40 min

Un chalutier se rend sur sa zone de pêche.
La probabilité qu'un banc de poissons soit sur cette zone est de 0,7.
Le chalutier est équipé d'un sonar pour détecter la présence d'un banc de poissons.
Si un banc est présent, le sonar indique la présence du banc dans 80 % des cas.
S'il n'y pas de banc de poissons dans la zone de pêche, le sonar indique néanmoins la présence d'un banc dans 5 % des cas.
On note :
– B l'événement : « il y a un banc de poissons sur la zone » ;
– S l'événement : « le sonar indique l'existence d'un banc de poissons ».

1° Représenter la situation à l'aide d'un arbre pondéré.

2° Déterminer la probabilité qu'il y ait un banc de poissons sur la zone et que le sonar le détecte.

3° Montrer que la probabilité que le sonar indique la présence d'un banc de poissons (réel ou fictif) est égale à 0,575.

4° Lors d'une sortie en mer, le pêcheur se trouve toujours dans l'une des trois situations suivantes :
**Situation 1 :** Un banc de poissons est présent sur la zone et le sonar le détecte. Le filet est lancé et la pêche est fructueuse. Dans ce cas, le pêcheur gagne 2 000 €.
**Situation 2 :** Il n'y a pas de banc de poissons sur zone mais le sonar en signale un. Le filet est lancé pour rien. Dans ce cas, le pêcheur perd 500 €.
**Situation 3 :** Le sonar ne détecte aucun banc de poisson (qu'il y en ait ou pas). Le filet n'est pas lancé et le bateau rentre à vide. Dans ce cas, le pêcheur perd 300 €.
*a)* On note X la variable aléatoire indiquant le « gain » (positif ou négatif) réalisé par le pêcheur. Dresser la loi de probabilité de X.
*b)* Le pêcheur effectue de nombreuses sorties. Quel gain par sortie peut-il espérer avoir en moyenne ?

5° Le pêcheur prévoit d'effectuer trois sorties successives sur la zone de pêche.
*a)* Déterminer la probabilité que, pour les trois sorties, le sonar reste muet, c'est-à-dire qu'il n'indique pas la présence d'un banc de poissons (réel ou fictif).
*b)* Déterminer la probabilité que, lors de ces trois sorties, le sonar indique exactement une fois la présence d'un banc de poissons (réel ou fictif).

→ *Corrigé p. 196*

9 ★★ 40 min

Pour faire connaître l'ouverture d'un nouveau magasin vendant des salons, le directeur fait distribuer des bons publicitaires permettant de recevoir un cadeau gratuit sans obligation d'achat.
Une enquête statistique préalable a montré que, parmi les personnes qui entrent dans le magasin :
– 90 % entrent dans le magasin avec ce bon publicitaire. Parmi elles, 10 % achètent un salon ;
– parmi les personnes qui entrent sans bon publicitaire, 80 % achètent un salon.

Une personne entre dans le magasin. On note :
– B l'événement : « la personne a un bon publicitaire » et $\overline{B}$ l'événement : « la personne n'a pas de bon publicitaire » ;
– S l'événement : « la personne achète un salon » et $\overline{S}$ l'événement contraire de S.

1° Calculer les probabilités suivantes à $10^{-2}$ près :
– la personne n'achète pas de salon, sachant qu'elle est venue avec un bon publicitaire ;
– la personne achète un salon ;
– la personne est venue avec un bon publicitaire, sachant qu'elle a acheté un salon.
Le bon publicitaire et le cadeau associé coûtent 15 € au magasin. Un salon vendu rapporte 500 € au magasin s'il est vendu sans bon publicitaire.

2° Compléter le tableau qui donne la loi de probabilité du bénéfice réalisé par le magasin selon la situation de la personne entrant.

| **Situation de la personne entrant** | La personne a un bon publicitaire et achète un salon | La personne a un bon publicitaire et n'achète pas de salon | La personne n'a pas de bon publicitaire et achète un salon | La personne n'a pas de bon publicitaire et n'achète pas de salon |
|---|---|---|---|---|
| **Bénéfice réalisé par le magasin (en euros)** | 485 | – 15 | 500 | 0 |
| **Probabilité** | | | | |

3° Calculer le bénéfice moyen du magasin réalisé par personne entrant.

4° Le directeur pense changer la valeur du cadeau offert. Soit $x$ le prix de revient, en euros, du nouveau bon publicitaire. Calculer, dans ce cas, l'espérance E de la loi de probabilité du bénéfice du magasin en fonction de $x$.

5° Le directeur souhaite réaliser 76 € de bénéfice moyen par personne entrant.
Quel doit être le prix de revient $x$ du nouveau bon publicitaire ?

→ Corrigé p. 198

## 1 → *Énoncé p. 186*

Il faut d'abord traduire les données de l'énoncé, ce qui est fait dans les encadrés.

1°

| | **A** | $\bar{\text{A}}$ | **Total** |
|---|---|---|---|
| **B** | 0,4 | 0,2 | 0,6 |
| $\bar{\text{B}}$ | 0,3 | 0,1 | 0,4 |
| **Total** | 0,7 | 0,3 | 1 |

$P(\bar{\text{B}}) = 0{,}4$ donc $P(\text{B}) = 0{,}6$.

40 % des champignons sont trop vieux donc $P(\bar{\text{B}}) = 0{,}4$.

Une morille sur trois n'est pas comestible donc $P(\bar{\text{A}} \cap \bar{\text{B}}) = 0{,}1$.

70 % des champignons sont des cèpes donc $P(\text{A}) = 0{,}7$ et $P(\bar{\text{A}}) = 0{,}3$.

Les autres probabilités se déduisent par somme ou différence.

2° La probabilité que le champignon que Gérard tient dans sa main soit comestible, sachant que c'est un cèpe, est $P_{\text{A}}(\text{B})$, et :

$$P_{\text{A}}(\text{B}) = \frac{P(\text{A} \cap \text{B})}{P(\text{A})} = \frac{0{,}4}{0{,}7} = \frac{4}{7}.$$

## 2 → *Énoncé p. 186*

1° La réponse est $\frac{1}{2}$. Réponse *c*).

Le dé est cubique et bien équilibré, donc chaque face a la même probabilité $\frac{1}{6}$ d'être obtenue.

L'événement « obtenir une face numérotée par un multiple de 2 » est constitué des événements élémentaires « obtenir la face 2 », « obtenir la face 4 » et « obtenir la face 6 » ; donc :

$$p\text{ (obtenir une face numérotée par un multiple de 2)} = \frac{1}{6} + \frac{1}{6} + \frac{1}{6} = \frac{1}{2}.$$

2° $p(\text{A} \cup B) = p(\text{A}) + p(B) - p\,(\text{A} \cap B) = 0{,}2 + 0{,}3 - 0{,}1 = 0{,}4$. Réponse *a*).

3° L'expérience n'a que deux issues qui sont $S$, « le résultat est pile », et $\bar{S}$, « le résultat n'est pas pile ». La probabilité de $S$ est $p = 0{,}5$, car la pièce est bien équilibrée. Cela constitue une épreuve de Bernoulli de paramètre $p = 0{,}5$.

On a un tirage avec remise, donc on réalise cette expérience 10 fois dans des conditions d'indépendance, ce qui constitue un schéma de Bernoulli de paramètres $n = 10$ et $p = 0{,}5$.

On appelle $X$ la variable aléatoire qui associe le nombre de « pile » obtenus, c'est-à-dire le nombre de succès à l'issue du schéma ; $X$ suit alors la loi binomiale $\mathcal{B}\,(10\,;0{,}5)$.

$$p(X = 5) = \binom{10}{5} \times 0{,}5^5 \times (1 - 0{,}5)^{10-5} \approx 0{,}25.$$ Réponse *c*).

4° $a = -12$. Réponse *a*).

$$E(X) = 0 \Leftrightarrow 2 \times \frac{1}{2} + 3 \times \frac{1}{3} + a \times \frac{1}{6} = 0 \Leftrightarrow 2 + \frac{a}{6} = 0 \Leftrightarrow \frac{a}{6} = -2 \Leftrightarrow a = -12.$$

**3** → Énoncé p. 187 1° $p = \frac{0,5}{100} = 0,005$.

2° *a*) On suppose que la taille du cheptel permet d'assimiler le choix de chaque animal à une épreuve de Bernoulli indépendante des autres. Le choix successif de 10 animaux est un schéma de Bernoulli de paramètres $n = 10$ et de probabilité $p = 0,005$ ; donc X suit une loi binomiale et $E = n \times p = 10 \times 0,005 = 0,05$.

*b*) $p(A) = p(X = 0) = \binom{10}{0} 0,005^0 \times 0,995^{10} \approx 0,95$.

$p(B) = p(X \geqslant 1) = 1 - p(A) \approx 0,05$.

$$P(X = k) = \binom{n}{k} \times p^k \times (1-p)^{n-k}.$$

**4** → Énoncé p. 187

1° Les 4 lancers sont indépendants les uns des autres et chaque lancer est une épreuve de Bernoulli ; on est donc dans la situation d'un schéma de Bernoulli à 4 épreuves de probabilité de succès $p = 0,6$ et d'échec $1 - p = 0,4$.

**L'événement « Julien ne marque aucun panier » a donc pour probabilité :**

$$\mathbf{(1-p)^4 = 0,4^4 = 0,025\,6.}$$

2° Le **contraire** de l'événement « marquer **au moins un**… » est l'événement « ne marquer **aucun**… ».

L'événement « Julien marque au moins un panier » est l'événement contraire de « Julien ne marque aucun panier » ; il a donc pour probabilité 1 – 0,025 6, soit 0,974 4.

**La probabilité que Julien marque au moins un panier est égale à 0,974 4.**

3° On considère que Julien effectue *n* lancers.

On est dans la situation d'un schéma de Bernoulli à *n* épreuves de probabilité de succès $p = 0,6$ et d'échec $1 - p = 0,4$.

La probabilité de ne marquer aucun panier au cours de *n* lancers est de $0,4^n$ et, comme à la question précédente, celle de marquer au moins un panier est de $1 - 0,4^n$.

On cherche donc *n* tel que $1 - 0,4^n \geqslant 0,999$ qui équivaut successivement à :

$1 - 0,4^n \geqslant 0,999 \Leftrightarrow -0,4^n \geqslant 0,999 - 1$

$\Leftrightarrow 0,4^n \leqslant 0,001$

$\Leftrightarrow \ln(0,4^n) \leqslant \ln 0,001$ (car les nombres $(0,4^n)$ et 0,001 sont strictement positifs et la fonction *ln* est strictement croissante sur $]0 ; +\infty[$)

$\Leftrightarrow n \ln 0,4 \leqslant \ln 0,001$

$\Leftrightarrow n \geqslant \frac{\ln 0,001}{\ln 0,4}$ (car $0,4 < 1$ ; donc $\ln 0,4 < 0$).

$\frac{\ln 0,001}{\ln 0,4} \approx 7,5$ arrondi à 0,1 près ; **le nombre de lancers minimum pour que la**

**probabilité de marquer au moins un panier soit supérieure à 0,999 est donc de 8 lancers.** *(Le nombre de paniers doit être un nombre entier.)*

**5** → *Énoncé p. 187* 1° La répartition des 895 élèves se fait de la façon suivante :

| Niveau | Seconde | Première | Terminale | Total |
|---|---|---|---|---|
| **Externes** | 50 | **60** | 85 | 195 |
| **Demi-pensionnaires** | 285 | 220 | **195** | **700** |
| **Total** | **335** | **280** | 280 | **895** |

2° $E \cap S$ est l'événement « l'élève est externe et en Seconde » ; donc :

$$P(\mathrm{E} \cap \mathrm{S}) = \frac{50}{895} = \frac{10}{179} \approx 0{,}06.$$

> L'événement E ∩ S se lit dans à l'intersection de la ligne E et de la colonne S.

$\overline{\mathrm{E}} \cap \mathrm{T}$ est l'événement « l'élève n'est pas externe et en Terminale » ; donc :

$$P(\overline{\mathrm{E}} \cap \mathrm{T}) = \frac{195}{895} = \frac{39}{179} \approx 0{,}22.$$

3° $$P_{\mathrm{T}}(\mathrm{E}) = \frac{P(\mathrm{E} \cap \mathrm{T})}{P(\mathrm{E})} = \frac{\frac{85}{895}}{\frac{280}{895}} = \frac{85}{280} = \frac{17}{56}$$

> Reconnaître une probabilité conditionnelle et utiliser uniquement la colonne Terminale donne $\frac{85}{285}$.

La probabilité que l'élève soit externe, sachant qu'il est en Terminale, est de $\frac{17}{56}$.

4° Les événements S et T sont incompatibles, l'élève ne peut être à la fois en Seconde et en Terminale.

**6** → *Énoncé p. 188* La variable aléatoire qui compte le nombre de bébés mâles suit la loi binomiale de paramètres $n = 60$ et $p = 0,17$. Il s'agit de déterminer le plus petit entier $i$ tel que $P(X \leqslant i) \geqslant 0,3$.

1° L'algorithme complet écrit avec le logiciel « algoBox » est donné ci-contre.

```
Code de l'algorithme
VARIABLES
  n EST_DU_TYPE NOMBRE
  C EST_DU_TYPE NOMBRE
  i EST_DU_TYPE NOMBRE
  p EST_DU_TYPE NOMBRE
  A EST_DU_TYPE NOMBRE
DEBUT_ALGORITHME
  LIRE n
  LIRE p
  A PREND_LA_VALEUR 0
  i PREND_LA_VALEUR 0
  TANT_QUE (A<=0.3) FAIRE
    DEBUT_TANT_QUE
    C PREND_LA_VALEUR ALGOBOX_COEFF_BINOMIAL(i,n)
    A PREND_LA_VALEUR A+C*pow(p,i)*pow(1-p,n-i)
    i PREND_LA_VALEUR i+1
    FIN_TANT_QUE
  i PREND_LA_VALEUR i-1
  AFFICHER i
FIN_ALGORITHME
```

*a)* C donne la valeur du coefficient binomial $\binom{n}{i}$.

*b)* La dernière instruction à donner pour faire afficher la plus grande valeur de $i$ est « $i$ prend la valeur $i - 1$ », car, dans la boucle, la dernière instruction a incrémenté $i$ de 1 alors que la dernière probabilité a été calculée.

*c)* $i = 9$.

2° L'avantage de son premier algorithme était qu'il pouvait calculer $i$ avec des valeurs différentes de $n$ et $p$. Avec le tableur, l'instruction qu'il aurait dû entrer pour avoir le même résultat est « =LOI.BINOMIALE(A2;60;0,17;VRAI) » avec Excel et « =LOI.BINOMIALE(A2;60;0,17;1) » avec Open Office Calc.
Avec un échantillon de $n = 100$ animaux et $p = 0{,}17$, on obtient $i = 15$. Voir tableau ci-contre.
***Remarque :*** l'instruction qui permet de calculer $P(X = k)$ est « =LOI.BINOMIALE(A2;60;0,17;0) » avec le tableur OpenOffice Calc et « =LOI.BINOMIALE(A2;60;0,17;FAUX) » avec Excel.

| | A | B |
|---|---|---|
| 1 | k | P(X≤k) |
| 2 | 0 | 8,08741E-09 |
| 3 | 1 | 1,73733E-07 |
| 4 | 2 | 1,85314E-06 |
| ⋮ | ⋮ | ⋮ |
| 15 | 13 | 0,176553661 |
| 16 | 14 | 0,258267346 |
| 17 | 15 | 0,354223497 |

**7** → *Énoncé p. 189*

## Partie A

1° L'arbre pondéré traduisant cette situation est :

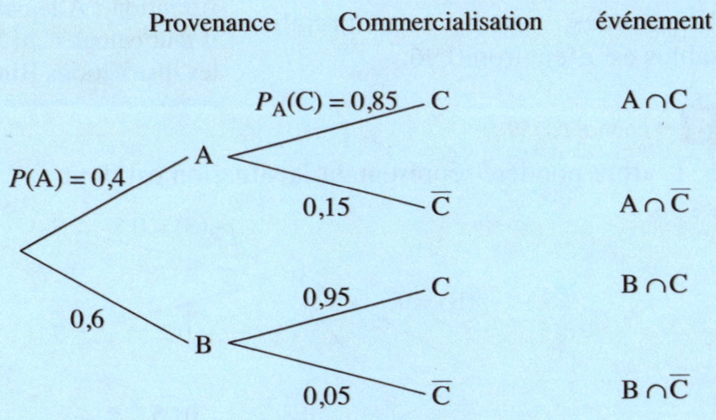


2° D'après l'arbre pondéré :
$$P(\overline{C}) = P(A \cap \overline{C}) + P(B \cap \overline{C}) = 0{,}4 \times 0{,}15 + 0{,}6 \times 0{,}05 = 0{,}09\,.$$
La probabilité que la pomme tirée au hasard ne soit pas commercialisable est de 0,09.

3° On compare les probabilités conditionnelles $P_{\overline{C}}(A)$ et $P_{\overline{C}}(B)$.
$$P_{\overline{C}}(A) = \frac{P(A \cap \overline{C})}{P(\overline{C})} = \frac{0{,}4 \times 0{,}15}{0{,}09} = \frac{0{,}06}{0{,}09} = \frac{2}{3} \text{ et } P_{\overline{C}}(B) = \frac{P(B \cap \overline{C})}{P(\overline{C})} = \frac{0{,}6 \times 0{,}05}{0{,}09} = \frac{0{,}03}{0{,}09} = \frac{1}{3}.$$
$P_{\overline{C}}(A) = 2 \times P_{\overline{C}}(B)$, donc le responsable des achats a raison de dire qu'il y a deux fois plus de chance qu'elle provienne du fournisseur A.

## Partie B

Choisir au hasard une pomme dans le stock est une expérience qui n'a que deux issues qui sont : $C$, « la pomme est commercialisable », et $\overline{C}$, « la pomme n'est pas commercialisable ». La probabilité de $C$ est $p = 1 - P(\overline{C}) = 1 - 0{,}09$. Cela constitue une épreuve de Bernoulli de paramètre $p = 0{,}91$.

On assimile ce choix à un tirage avec remise, donc on réalise cette expérience 15 fois dans des conditions d'indépendance, ce qui constitue un schéma de Bernoulli de paramètres $n = 15$ et $p = 0{,}91$.

On appelle $X$ la variable aléatoire qui associe, à tout choix de 15 pommes, le nombre de pommes commercialisables, c'est-à-dire le nombre de succès à l'issue du schéma ; $X$ suit alors la loi binomiale $\mathcal{B}$ (15 ; 0,91).

1° $p(X = 15) = \binom{15}{15} \times 0{,}91^{15} \times (1 - 0{,}91)^{0} \approx 0{,}243$

La probabilité que les 15 pommes soient commercialisables est d'environ 0,243.

2° $p(X \geqslant 12) = 1 - p(X < 12) \approx 0{,}960$

La probabilité qu'au moins 12 pommes soient commercialisables est d'environ 0,96.

> Attention ! À la calculatrice, pour $p(X < 12)$, il faut calculer $p(X \leqslant 11)$ en utilisant les instructions BinomFrep ou Bcd.

**8** → Énoncé p. 190

1° L'arbre pondéré représentant la situation est donc :

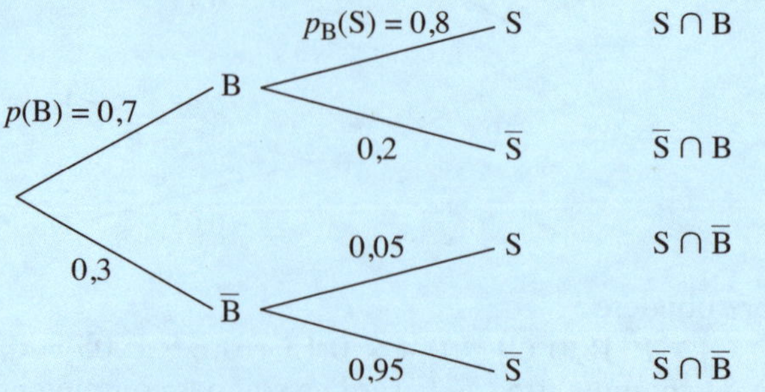


2° $p(S \cap B) = p(B) \times p_B(S) = 0{,}7 \times 0{,}8 = 0{,}56$ ; donc la probabilité qu'il y ait un banc de poissons sur la zone et que le sonar le détecte est 0,56.

> A et B se traduit par $A \cap B$ ;
> A ou B se traduit par $A \cup B$.

3° $p(S) = p(S \cap B) + p(S \cap \overline{B})$
$p(S) = p(B) \times p_B(S) + p(\overline{B}) \times p_{\overline{B}}(S)$
$= 0{,}7 \times 0{,}8 + 0{,}3 \times 0{,}05 = 0{,}575$.

La probabilité que le sonar indique la présence d'un banc de poissons (réel ou fictif) est égale à 0,575.

4° *a)* X la variable aléatoire indiquant le « gain » (positif ou négatif) réalisé par le pêcheur prend donc les valeurs (– 300), (– 500) ou (+ 2 000).
Un banc de poissons est présent sur la zone et le sonar le détecte correspond à X = 2 000 et a pour probabilité $p(X = 2\,000) = p(S \cap B) = 0{,}56$.
Il n'y a pas de banc de poissons sur la zone mais le sonar en signale un correspond à X = – 500 et a pour probabilité $p(X = -500) = p(S \cap \overline{B}) = 0{,}015$.
Le filet n'est pas lancé et le bateau rentre à vide correspond à X = – 300 et a pour probabilité $p(X = -300) = 0{,}425$.

| $X = x_i$ | – 300 | – 500 | 2 000 |
|---|---|---|---|
| $p(X = x_i)$ | 0,425 | 0,015 | 0,56 |

S'assurer que la somme des probabilités est égale à 1.

*b)* $E(X) = -300 \times 0{,}425 + (-500) \times 0{,}015 + 2\,000 \times 0{,}56$
$= 985.$
Sur de nombreuses sorties, le gain par sortie que le pêcheur peut espérer avoir en moyenne est de 985 €.

5° Les sorties sont indépendantes et on a deux issues possibles : S de probabilité 0,575 et $\overline{S}$ de probabilité 0,425. On fait trois fois la même expérience, donc on obtient un schéma de Bernoulli.
L'arbre pondéré représentant la situation est donc :

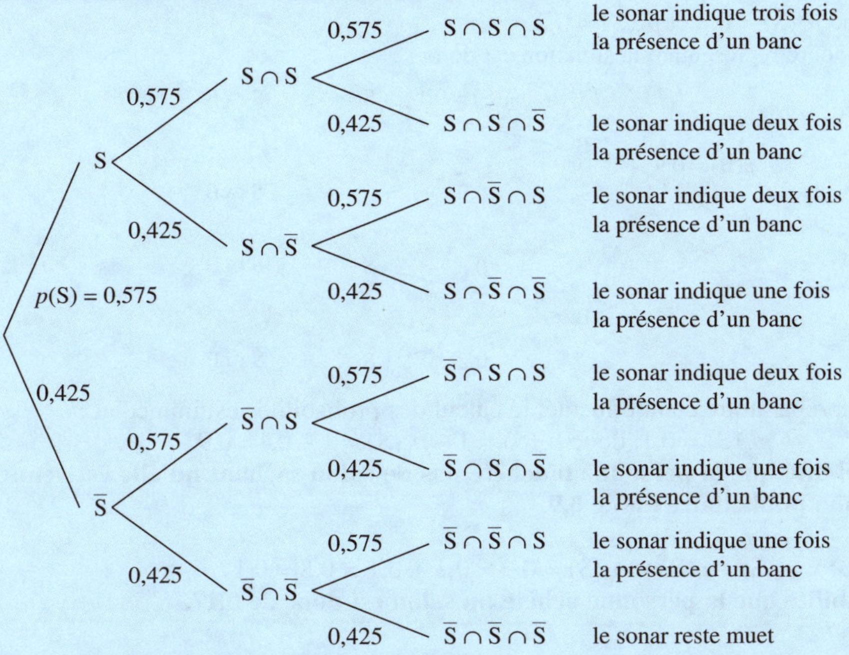

*a)* Le sonar reste muet correspond à l'événement $\overline{S} \cap \overline{S} \cap \overline{S}$.
$p(\overline{S} \cap \overline{S} \cap \overline{S}) = 0{,}425^3 \approx 0{,}077$ arrondi à $10^{-3}$ près.

*b)* Le sonar fonctionne exactement une seule fois, d'après l'arbre, correspond à trois événements disjoints ayant la même probabilité ; donc :

$$p = 3 \times p(\overline{S} \cap S \cap \overline{S}) = 3 \times 0{,}575 \times 0{,}425^2 \approx 0{,}312 \text{ arrondi à } 10^{-3} \text{ près.}$$

***Autre méthode :***

Soit X la variable aléatoire comptant le nombre de fois où le sonar indique la présence d'un banc. X suit la loi binomiale B(3 ; 0,575) ; donc on en déduit que :

$P(X = 0) = \binom{3}{0} \times 0{,}575^0 \times (1 - 0{,}575)^{3-0} \approx 0{,}077$ ;

$P(X = 1) = \binom{3}{1} \times 0{,}575^1 \times (1 - 0{,}575)^{3-1} \approx 0{,}312$.

**9** → *Énoncé p. 191*

1° **Traduire l'énoncé par un arbre.**

- Parmi les personnes qui entrent dans le magasin, 90 % ont le bon publicitaire, donc $p(B) = 0{,}9$, et 10 % n'ont pas le bon publicitaire, soit $p(\overline{B}) = 1 - 0{,}9 = 0{,}1$.
- Parmi ces 90 % de personnes, 10 % achètent un salon, donc $p_B(S) = 0{,}1$.
- Parmi les 10 % de personnes entrant sans le bon publicitaire, 80 % achètent un salon, donc $p_{\overline{B}}(S) = 0{,}8$ et $p_{\overline{B}}(\overline{S}) = 0{,}2$.

L'arbre pondéré représentant la situation est donc :

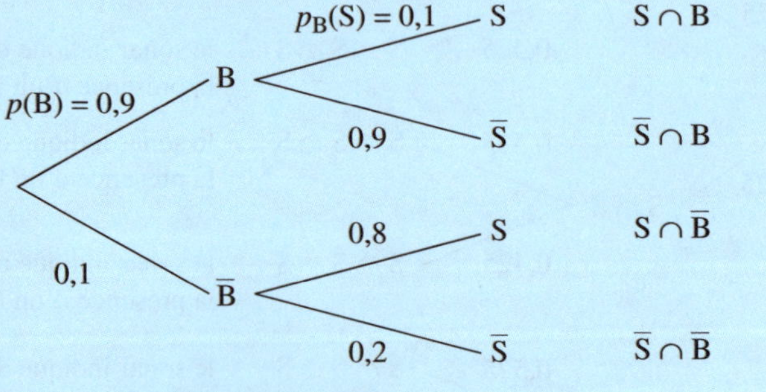


Ce travail préparatoire étant effectué, le calcul des probabilités est immédiat :

$$p_B(S) = 0{,}1, \text{ donc } p_B(\overline{S}) = 1 - p_B(S) = 1 - 0{,}1 = 0{,}9.$$

**La probabilité que la personne n'achète pas de salon sachant qu'elle est venue avec un bon publicitaire est de 0,9.**

$p(S) = p(S \cap B) + p(S \cap \overline{B})$

$p(S) = p(B) \times p_B(S) + p(\overline{B}) \times p_{\overline{B}}(S) = 0{,}9 \times 0{,}1 + 0{,}1 \times 0{,}8 = 0{,}17$.

**La probabilité que la personne achète un salon est donc de 0,17.**

$$p_S(B) = \frac{p(S \cap B)}{p(S)} \times \frac{p(B) \times p_B(S)}{p(S)} = \frac{0{,}09}{0{,}17} \approx 0{,}53 \text{ à } 10^{-2} \text{ près.}$$

**La probabilité que la personne soit venue avec un bon publicitaire sachant qu'elle a acheté un salon est donc d'environ 0,53.**

Faire le lien entre tableau et arbre.

2° Soit X la variable aléatoire associée au bénéfice réalisé par le magasin.
$p(X = 485) = p$(la personne a un bon publicitaire et achète un salon)
$p(X = 485) = p(B \cap S) = 0{,}9 \times 0{,}1 = 0{,}09$.

$p(X = -15) = p$(la personne a un bon publicitaire et n'achète pas de salon)
$p(X = -15) = p(B \cap \overline{S}) = 0{,}9 \times 0{,}9 = 0{,}81$.

$p(X = 500) = p$(la personne n'a pas de bon publicitaire et achète un salon)
$p(X = 500) = p(\overline{B} \cap S) = 0{,}1 \times 0{,}8 = 0{,}08$.

$p(X = 0) = p$(la personne n'a pas de bon publicitaire et n'achète pas de salon)
$p(X = 0) = p(\overline{B} \cap \overline{S}) = 0{,}1 \times 0{,}2 = 0{,}02$.

| **Situation de la personne entrant** | La personne a un bon publicitaire et achète un salon | La personne a un bon publicitaire et n'achète pas de salon | La personne n'a pas de bon publicitaire et achète un salon | La personne n'a pas de bon publicitaire et n'achète pas de salon |
|---|---|---|---|---|
| **Bénéfice réalisé par le magasin (en euros)** | 485 | – 15 | 500 | 0 |
| **Probabilité** | **0,09** | **0,81** | **0,08** | **0,02** |

3° Le bénéfice moyen du magasin réalisé par personne entrant est égal à l'espérance mathématique de la variable aléatoire X :

$$E(X) = 485 \times 0{,}09 + (-15) \times 0{,}81 + 500 \times 0{,}08 + 0 \times 0{,}02 = 71{,}5.$$

**Sur un grand nombre de personnes, le bénéfice moyen du magasin réalisé par client entrant est donc de 71,5 €.**

4° Soit X la variable aléatoire associée au bénéfice réalisé par le magasin.

$p(X = 500 - x) = p$(la personne a un bon publicitaire et achète un salon)
$p(X = 500 - x) = p(B \cap S) = 0{,}9 \times 0{,}1 = 0{,}09$.

$p(X = -x) = p$(la personne a un bon publicitaire et n'achète pas de salon)
$p(X = -x) = p(B \cap \overline{S}) = 0{,}9 \times 0{,}9 = 0{,}81$.

Il n'y a pas de changement dans les autres cas, puisque les personnes n'ont pas de bon publicitaire.

| **Situation de la personne entrant** | La personne a un bon publicitaire et achète un salon | La personne a un bon publicitaire et n'achète pas de salon | La personne n'a pas de bon publicitaire et achète un salon | La personne n'a pas de bon publicitaire et n'achète pas de salon |
|---|---|---|---|---|
| **Bénéfice réalisé par le magasin (en euros)** | $\mathbf{500 - x}$ | $\mathbf{-x}$ | 500 | 0 |
| **Probabilité** | 0,09 | 0,81 | 0,08 | 0,02 |

$E(X) = (500 - x) \times 0{,}09 + (-x) \times 0{,}81 + 500 \times 0{,}08 + 0 \times 0{,}02 = \mathbf{85 - 0{,}9\,x}$.

5° Le directeur souhaite réaliser 76 € de bénéfice moyen par personne entrant ; il faut donc trouver $x$ tel que $E(X) = 76$.

$85 - 0{,}9\,x = 76 \Leftrightarrow -0{,}9\,x = 76 - 85 \Leftrightarrow -0{,}9\,x = -9 \Leftrightarrow x = 10$.

**Pour réaliser un bénéfice de 76 €, le prix de revient $x$ du bon publicitaire doit être de 10 €.**

# Lois de probabilité continue

CHAPITRE 8

## 1 Loi à densité

### A. Variable aléatoire continue

Une variable aléatoire X est dite « continue » sur un intervalle $I = [c\ ;\ d]$ de $\mathbb{R}$ lorsqu'elle peut prendre n'importe quelle valeur de cet intervalle.
On s'intéresse alors à des événements du type : « La valeur de X est comprise entre les réels $a$ et $b$ de $I$ ». Nous noterons un tel événement $a \leqslant X \leqslant b$.
$a$ et $b$ peuvent éventuellement être égaux à $-\infty$ ou $+\infty$.

### B. Densité de probabilité

On appelle « densité de probabilité » sur un intervalle $I = [c\ ;\ d]$ de $\mathbb{R}$ toute fonction $f$ définie sur $I$ et vérifiant les trois conditions suivantes :
- $f$ est continue sur $I$ ;
- $f$ est positive sur $I$ ;
- $\int_c^d f(x)\mathrm{d}x = 1$ (l'aire sous la courbe de $f$ entre $c$ et $d$ est égale à 1).

### C. Loi de probabilité à densité

On définit la loi de probabilité $P$ de densité $f$ sur l'intervalle $I$ en posant, pour tous réels $a$ et $b$ de $I$ avec $a \leqslant b$ :

$$P(a \leqslant X \leqslant b) = \int_a^b f(x)\mathrm{d}x$$

***Remarque :*** Pour tout $a \in I$, $P(X = a) = \int_a^a f(x)\mathrm{d}x = 0$.

### D. Exemples

*a*) Soit $f$ la fonction définie sur $I = [0\ ;\ 1]$ par $f(x) = 1$.
Une primitive de $f$ sur $I$ est $F$ définie sur $I = [0\ ;\ 1]$ par $F(x) = x$.
$f$ est une densité de probabilité sur $I = [0\ ;\ 1]$ car :
- la fonction constante est continue sur $I$ ;
- pour tout $x \in I$, $f(x) = 1 \geqslant 0$ ;
- $\int_0^1 1\mathrm{d}x = F(1) - F(0) = 1 - 0 = 1$.

Pour tous $a$ et $b$ de l'intervalle [0 ; 1] :

$$P(a \leqslant X \leqslant b) = \int_a^b 1\,dx = F(b) - F(a) = b - a.$$

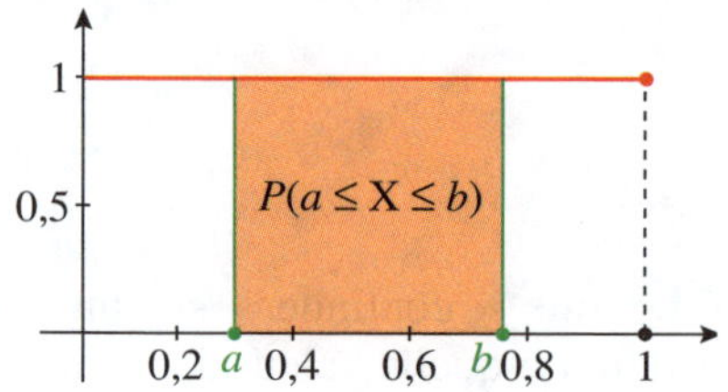


*b*) Soit $f$ la fonction définie sur $I = [1 ; e]$ (avec $\ln(e) = 1$) par :

$$f(x) = \frac{1}{x}.$$

Une primitive de $f$ sur $I$ est $F$ définie sur $I = [0 ; 1]$ par $F(x) = \ln(x)$.

$f$ est une densité de probabilité sur $I = [1 ; e]$ car :

- la fonction inverse est continue sur [1 ; e] ;
- pour tout $x \in I$, $\frac{1}{x} \geqslant 0$ ;
- $\int_1^e \frac{1}{x}\,dx = F(e) - F(1) = \ln(e) - \ln(1) = 1 - 0 = 1.$

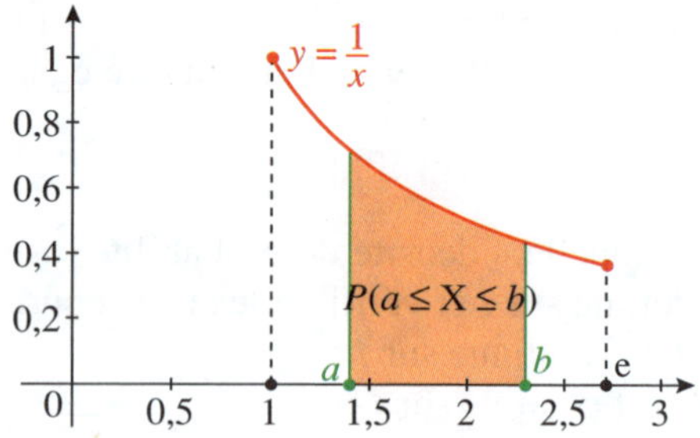


Pour tous $a$ et $b$ de l'intervalle [0 ; 1] :

$$P(a \leqslant X \leqslant b) = \int_a^b \frac{1}{x}\,dx$$
$$= F(b) - F(a)$$
$$= \ln(b) - \ln(a) = \ln\left(\frac{b}{a}\right).$$

## 2 Loi uniforme

### A. Loi uniforme sur [0 ; 1]

Choisir un nombre réel au hasard compris entre 0 et 1, c'est le choisir suivant la loi uniforme sur [0 ; 1].

La loi uniforme sur [0 ; 1] a pour densité la fonction constante $f$ définie sur [0 ; 1] par $f(x) = 1$ (voir exemple ci-après).

*Exemple*

On choisit au hasard un réel entre 0 et 1.

Quelle est la probabilité qu'il soit compris entre $\frac{1}{3}$ et $\frac{1}{2}$ ?

$$P\left(\left[\frac{1}{3} ; \frac{1}{2}\right]\right) = \int_{\frac{1}{3}}^{\frac{1}{2}} 1\mathrm{d}x = \frac{1}{2} - \frac{1}{3} = \frac{1}{6}.$$

## B. Loi uniforme sur [*a* ; *b*]

*Définition*

Une variable aléatoire X suit une loi uniforme sur un intervalle $I = [a ; b]$, $a < b$, lorsque sa densité $f$ est la fonction définie par $f(x) = \frac{1}{b-a}$, si $x \in [a ; b]$, et $f(x) = 0$, si $x \notin [a ; b]$.

La loi uniforme sert à modéliser le choix d'un nombre au hasard dans l'intervalle $I = [a ; b]$.

*Conséquences*

- Pour tout intervalle $J = [c ; d]$ inclus dans l'intervalle $I = [a ; b]$, la probabilité $P(\mathrm{X} \in J)$ est donnée par :

$$P(\mathrm{X} \in J) = \int_c^d f(x)\,\mathrm{d}x = \int_c^d \frac{1}{b-a}\,\mathrm{d}x = \frac{d-c}{b-a} = \frac{\text{longueur de } J}{\text{longueur de } I}.$$

- Si $J$ et $K$ sont deux intervalles de même longueur inclus dans $I$, alors :

$$P(\mathrm{X} \in J) = P(\mathrm{X} \in K).$$

*Exemple*

On choisit un nombre au hasard dans l'intervalle [20 ; 30].
Quelle est la probabilité qu'il soit compris entre 24 et 26 ?
Le choix d'un nombre au hasard entre 20 et 30 est modélisé par la loi uniforme sur l'intervalle [20 ; 30].

$P(24 \leqslant \mathrm{X} \leqslant 26) = \frac{26-24}{30-20} = \frac{1}{5}.$

## C. Espérance de la loi uniforme sur [*a* ; *b*]

- L'espérance d'une variable aléatoire X de densité la fonction $f$ sur l'intervalle $[a ; b]$ est définie par :

$$E(\mathrm{X}) = \int_a^b t f(t)\,\mathrm{d}t.$$

Dans le cas de la loi uniforme sur un intervalle $[a\,;\,b]$, on a $E(X) = \int_a^b \frac{t}{b-a}\,dt$.

- Une primitive de $t \mapsto t$ est $t \mapsto \frac{t^2}{2}$ ; donc :

$$E(X) = \frac{1}{b-a} \times \left(\frac{b^2}{2} - \frac{a^2}{2}\right) = \frac{1}{b-a} \times \frac{(b-a)(b+a)}{2} = \frac{(b+a)}{2}.$$

- L'espérance de la loi uniforme sur $[a\,;\,b]$ est donc $\mathbf{E(X) = \frac{b+a}{2}}$.

On retrouve la valeur centrale de l'intervalle qui correspond à « la moyenne de l'intervalle ».

## 3 Lois normales

### A. Variable aléatoire centrée réduite

**Une variable aléatoire est centrée réduite si son espérance est nulle et si son écart-type est 1.**

*Méthode pour centrer et réduire*

Si X est une variable aléatoire d'espérance μ et d'écart-type σ, alors les variables aléatoires $Y = X - \mu$ et $Z = \frac{X - \mu}{\sigma}$ ont une espérance nulle.

La variable Z a, de plus, un écart-type égal à 1.

*Ceci est une conséquence des deux propriétés suivantes sur l'espérance et l'écart-type d'une variable aléatoire X :*

*pour tous nombres a et b : $E(aX + b) = aE(X) + b$, et, pour tout nombre $a > 0$ et tout nombre b, $\sigma(aX + b) = a\,\sigma(X)$.*

L'intérêt est que les paramètres de Z(0 ; 1) ne dépendent pas des paramètres de X(μ ; σ).

### B. Loi normale centrée réduite $\mathcal{N}(0\,;\,1)$

**Une variable aléatoire X suit la loi normale centrée réduite $\mathcal{N}(0\,;\,1)$ lorsque sa densité $f$ est la fonction définie sur $\mathbb{R}$ par $f(x) = \frac{1}{\sqrt{2\pi}}\,e^{-\frac{x^2}{2}}$.**

Sa représentation graphique est la suivante, avec une courbe en forme de cloche, appelée « courbe de Gauss » :

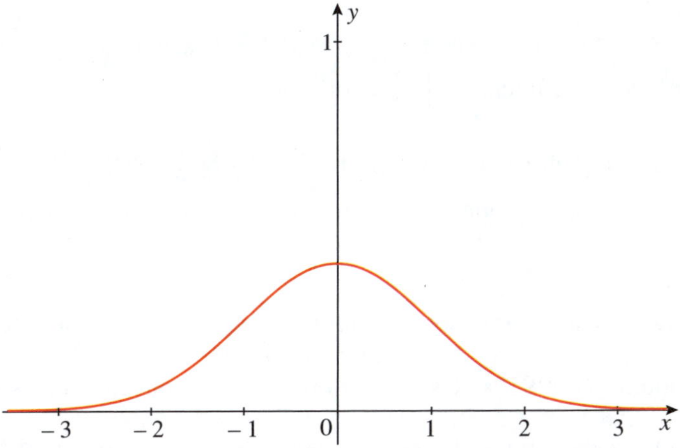


Si une variable aléatoire X suit la loi normale centrée réduite $\mathcal{N}(0\,;1)$, alors, pour tous réels $a$ et $b$ tels que $a < b$, on a :

$$P(a \leqslant X \leqslant b) = \int_a^b f(x)\mathrm{d}x = \int_a^b \frac{1}{\sqrt{2\pi}}\,\mathrm{e}^{-\frac{x^2}{2}}\,\mathrm{d}x.$$

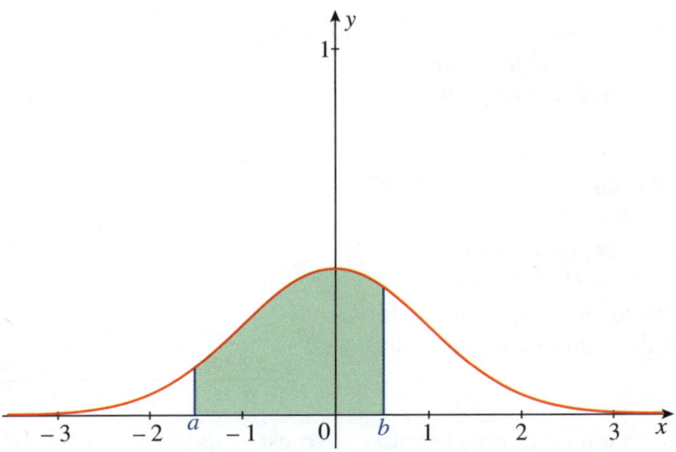


Cette probabilité correspond à l'aire sous la courbe de la fonction $f$ entre les réels $a$ et $b$. Elle s'obtient directement avec la calculatrice en entrant la fonction $f$ dans la calculatrice (en Y1), puis avec :

• TEXAS :
math 9 : fonctIntégr( permet de calculer l'intégrale d'une fonction ; 9 :fnInt( en anglais) .

La séquence math 9 : fonctIntégr( var VAR-Y= Fonction $Y_1$ , $x, t, \theta, n$ , 1 , 2 ) calcule l'intégrale $\int_1^2 f(x)\mathrm{d}x$.

• CASIO :

Dans le menu RUN, pour calculer $\int_a^b f(x)\mathrm{d}x$, faire MENU RUN OPTN CALC $\int \mathrm{d}x$ VAR GRPH Y 1 puis compléter les bornes $a$ et $b$ voulues en se déplaçant avec le curseur.

***Résultat important***

Si X est une variable aléatoire suivant la loi normale centrée réduite $\mathcal{N}(0\,;1)$ alors :

$$P(-1{,}96 \leqslant X \leqslant 1{,}96) \approx 0{,}95.$$

On peut le traduire par : 95 % des réalisations de X se trouvent entre – 1,96 et 1,96.
On a aussi $P(-2{,}58 \leqslant X \leqslant 2{,}58) \approx 0{,}99$.
On peut le traduire par : 99 % des réalisations de X se trouvent entre – 2,58 et 2,58.

## C. Loi normale $\mathcal{N}(\mu\,;\sigma^2)$

**Une variable aléatoire X suit la loi normale $\mathcal{N}(\mu\,;\sigma^2)$ si la variable aléatoire $\dfrac{X-\mu}{\sigma}$ suit la loi normale centrée réduite $\mathcal{N}(0\,;1)$.**

**L'espérance de X est $E(X) = \mu$.**
**La variance de X est $V(X) = \sigma^2$.**
**L'écart-type de X est $\sigma(X) = \sigma$.**

***Exemple***

X suit la loi normale :

$$\mathcal{N}(200\,;50^2).$$

Avec la calculatrice, on obtient :

$$P(50 \leqslant X \leqslant 100) \approx 0{,}02.$$

La représentation graphique de la loi normale centrée réduite est aussi une courbe de Gauss.

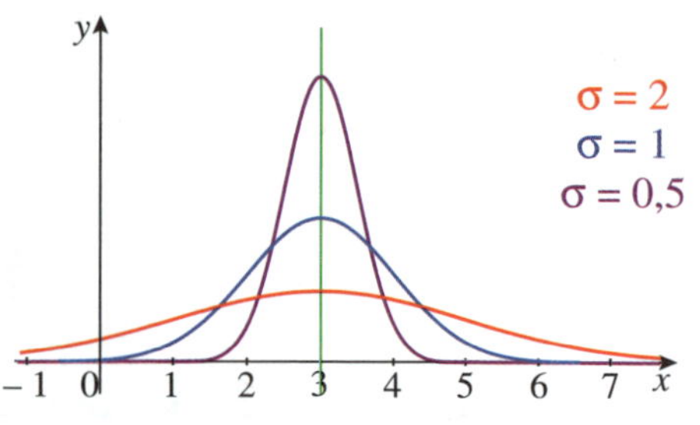


***Remarque***

Avec la même valeur de μ, plus la valeur de σ est grande, plus la courbe de Gauss est « aplatie », ce qui est logique puisque les valeurs sont alors beaucoup plus « dispersées par rapport à la moyenne ».

*Résultats importants*

Si X est une variable aléatoire suivant la loi normale $\mathcal{N}(\mu ; \sigma^2)$, alors :

- 50 % des valeurs de X sont inférieures à $\mu$ et 50 % sont supérieures à $\mu$ ;
- $P(X \in [\mu - \sigma ; \mu + \sigma]) \approx 0,68$.

On peut le traduire par : 68 % des valeurs de X appartiennent à l'intervalle $[\mu - \sigma ; \mu + \sigma]$. On a aussi :

$$P(X \in [\mu - 2\sigma ; \mu + 2\sigma]) \approx 0,95 \quad \text{et} \quad P(X \in [\mu - 3\sigma ; \mu + 3\sigma]) \approx 0,997.$$

*Application*

Utilisation de la calculatrice pour calculer $P(X \leqslant 100)$ si X suit la loi normale $\mathcal{N}(200 ; 50^2)$. L'espérance est donc 200 et l'écart-type 50.

**Attention ! les calculatrices ne permettent pas de calculer directement $P(X \leqslant a)$ mais uniquement $P(a \leqslant X \leqslant b)$.**

$P(a \leqslant X \leqslant b)$ s'obtient :

- avec une calculatrice Casio, par : MENU, choisir STAT DIST NORM Ncd $(a, b, \sigma, \mu)$ ;
- avec une calculatrice Texas, par : distrib (2nde var), choisir normalFRép $(a, b, \mu, \sigma)$.

Pour déterminer la valeur de $P(X \leqslant a)$, on utilise la règle suivante :

- **Si $a \geqslant \mu$, $P(X \leqslant a) = 0,5 + P(\mu \leqslant X \leqslant a)$.**
- **Si $a \leqslant \mu$, $P(X \leqslant a) = 0,5 - P(a \leqslant X \leqslant \mu)$.**

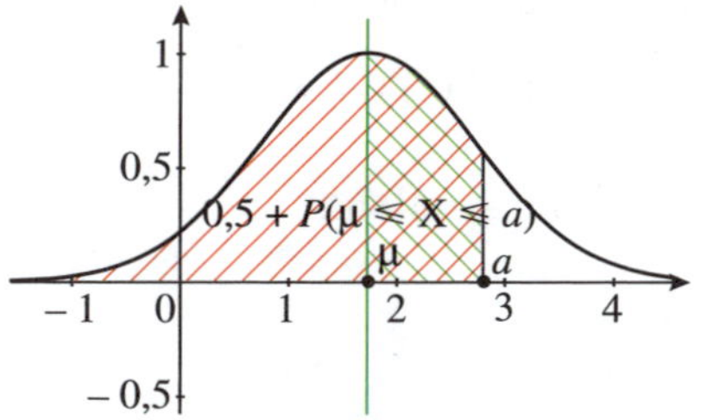


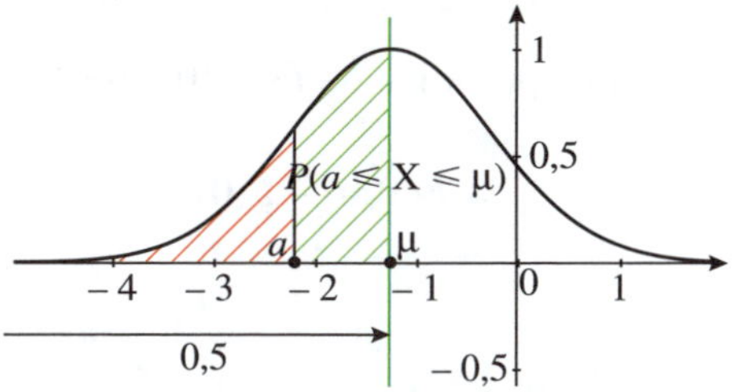


$P(X \leqslant a)$ correspond à l'aire hachurée en rouge.

$P(\mu \leqslant X \leqslant a)$ correspond à l'aire hachurée en vert dans le premier cas.

$P(a \leqslant X \leqslant \mu)$ correspond à l'aire hachurée en vert dans le second cas.

$P(X \leqslant 100)$ pour la loi normale $\mathcal{N}(200 ; 50^2)$ se tape 0,5 – Ncd puis Lower : 100 ; Upper : 200 σ : 50 μ : 200 avec une calculatrice Casio.

$P(X \leqslant 100)$ pour la loi normale $\mathcal{N}(200 ; 50^2)$ se tape 0,5 – normalFRép (100,200,200,50) avec une calculatrice TI.

On trouve, dans chaque cas, $P(X \leqslant 100) \approx 0,022\,75$.

## 1 Reconnaître une fonction à densité et calculer l'espérance d'une variable aléatoire continue

**EXERCICE TYPE**

On suppose que la durée de vie d'un individu d'un pays développé est modélisée par une variable aléatoire continue X dont la fonction densité $f$ est définie sur $[0\ ;\ 100]$ par $f(x) = k \times x^4$ ($k \in \mathbb{R}$).

**1°** Déterminer la valeur de $k$.

**2°** Déterminer la probabilité qu'un individu meure entre 40 et 50 ans.

**3°** Calculer l'espérance de vie d'un individu de ce pays.

**CORRIGÉ COMMENTÉ**

**1°** $f$ est une fonction à densité sur $[0\ ;\ 100]$ si :

- $f$ est continue sur $[0\ ;\ 100]$, ce qui est le cas car $f(x)$ est un polynôme ;
- $f$ est positive sur $[0\ ;\ 100]$, ce qui est vrai pour $k \geqslant 0$ ;
- $\int_0^{100} f(x)\mathrm{d}x = 1$.

> Ne pas oublier de citer les deux conditions simples : la continuité et la positivité de la fonction.

C'est cette dernière condition qui nous permet de déterminer la valeur de $k$.

En effet, une primitive de $f$ sur $[0\ ;\ 100]$ est $F$ définie par $F(x) = k \times \frac{x^5}{5}$.

$\int_0^{100} f(x)\mathrm{d}x = 1 \Leftrightarrow F(100) - F(0) = 1$, soit $k \times \frac{100^5}{5} - 0 = 1$ ; d'où :

$$k = \frac{5}{100^5} = 5 \times 10^{-10}.$$

**2°** La probabilité qu'un individu meure entre 40 et 50 ans est :

$$P(40 \leqslant X \leqslant 50) = \int_{40}^{50} f(x)\mathrm{d}x.$$

Donc $P(40 \leqslant X \leqslant 50) = F(50) - F(40) = \frac{5}{100^5} \times \frac{50^5}{5} - \frac{5}{100^5} \times \frac{40^5}{5} \approx 0{,}021$.

**3°** L'espérance de vie d'un individu de ce pays est :

$$E(X) = \int_0^{100} tf(t)\mathrm{d}t = \int_0^{100} \frac{5}{100^5} t^5\mathrm{d}t = \frac{5}{100^5} \int_0^{100} t^5\mathrm{d}t.$$

Or une primitive de $f : x \mapsto x^5$ est $F_1 : x \mapsto \frac{x^6}{6}$.

Donc $E(X) = \frac{5}{100^5}[F_1(100) - F_1(0)] = \frac{5}{100^5}\left[\left(\frac{100^6}{6}\right) - 0\right] = \frac{500}{6} = \frac{250}{3} \approx 83{,}33$.

$\frac{250}{3} = \frac{249}{3} + \frac{1}{3} = 83 + \frac{1}{3}$.

Les habitants de ce pays ont donc une espérance de vie de 83 ans et 4 mois.

**À RETENIR**

• **Pour s'assurer qu'une fonction *f* est une fonction à densité sur un intervalle *I*,** il faut vérifier les trois conditions de la définition, à savoir : la continuité, la positivité de *f* sur *I*, ainsi que l'aire sous la courbe de *f*, entre les bornes de *I*, égale à 1.
• Connaissant la fonction de densité *f*, le calcul des probabilités s'effectue avec $P(a \leqslant X \leqslant b) = \int_a^b f(x)\mathrm{d}x$ et celui de l'espérance de la variable aléatoire X avec $E(X) = \int_a^b tf(t)\mathrm{d}t$. Le calcul de l'aire ou de l'espérance nécessite de connaître les primitives des fonctions usuelles.

## 2 Reconnaître et utiliser une loi uniforme

**EXERCICE TYPE**

À partir de 2 h du matin, les bus de nuit passent toutes les demi-heures à l'arrêt Place de la Victoire. Un noctambule, ne pouvant reprendre sa voiture, arrive sur la place entre 3 h et 4 h.
On suppose que la durée, de 3 h à l'heure de son arrivée sur la place, est une variable aléatoire X uniformément répartie sur l'intervalle [0 ; 60].
**1°** Calculer la probabilité de l'événement A : « le noctambule attend le bus moins de 5 minutes ».
**2°** Calculer la probabilité de l'événement B : « le noctambule attend le bus plus de 20 minutes ».

**CORRIGÉ COMMENTÉ**

Si X est le temps écoulé uniformément en minutes, entre 3 heures et 4 heures, alors X suit la loi uniforme sur l'intervalle [0 ; 60].

**1°** A est l'événement « le noctambule attend moins de 5 minutes ».
Cela signifie que le noctambule arrive entre 3 h 25 et 3 h 30 ou entre 3 h 55 et 4 h.
A est la réunion de deux événements incompatibles :

$(25 < X \leqslant 30)$ et $(55 < X \leqslant 60)$.

La longueur d'un intervalle fermé ou ouvert est la même.

$P(\text{A}) = P(25 < \text{X} \leqslant 30) + P(55 < \text{X} \leqslant 60)$.

$P(25 < \text{X} \leqslant 30) = \dfrac{\text{longueur de } ]25\,;\,30]}{\text{longueur de } [0\,;\,60]} = \dfrac{5}{60} = \dfrac{1}{12}$ ;

$P(55 < \text{X} \leqslant 60) = \dfrac{\text{longueur de } ]55\,;\,60]}{\text{longueur de } [0\,;\,60]} = \dfrac{5}{60} = \dfrac{1}{12}$.

Donc $P(\text{A}) = \dfrac{1}{12} + \dfrac{1}{12} = \dfrac{1}{6}$.

2° B est l'événement « le noctambule attend le bus plus de 20 minutes ».
Cela signifie que le noctambule arrive entre 3 h et 3 h 10 ou entre 3 h 30 et 3 h 40.
B est la réunion de deux événements incompatibles :

$$(0 \leqslant \text{X} < 10) \quad \text{et} \quad (30 \leqslant \text{X} < 40)$$

$P(\text{B}) = P(0 \leqslant \text{X} < 10) + P(30 \leqslant \text{X} < 40)$.

$P(0 \leqslant \text{X} < 10) = \dfrac{\text{longueur de } [0\,;\,10[}{\text{longueur de } [0\,;\,60]} = \dfrac{10}{60} = \dfrac{1}{6}$ ;

$P(30 \leqslant \text{X} < 40) = \dfrac{\text{longueur de } [30\,;\,40[}{\text{longueur de } [0\,;\,60]} = \dfrac{10}{60} = \dfrac{1}{6}$.

Donc $P(\text{B}) = \dfrac{1}{6} + \dfrac{1}{6} = \dfrac{1}{3}$.

**À RETENIR**

- Lorsqu'une variable aléatoire X modélise le choix d'un nombre au hasard dans un intervalle donné $[a\,;\,b]$, alors cette variable aléatoire suit la loi uniforme sur l'intervalle $[a\,;\,b]$.
- En général, il est demandé de calculer la probabilité $P(\text{X} \in J)$ où $J = [c\,;\,d]$ est un intervalle inclus dans l'intervalle $I = [a\,;\,b]$. On a alors :

$$P(\text{X} \in J) = \frac{d-c}{b-a} = \frac{\text{longueur de } J}{\text{longueur de } I}.$$

## 3 Loi normale : savoir utiliser la calculatrice pour calculer des probabilités continues

**EXERCICE TYPE**

On considère que, pour un cyclomotoriste, le nombre de kilomètres parcourus avant le premier accident suit une loi normale de moyenne 3 500 km et d'écart-type 500 km.

1° Déterminer le pourcentage de cyclomotoristes ayant eu leur premier accident entre 3 000 et 4 000 km.
2° Déterminer le pourcentage de cyclomotoristes ayant eu leur premier accident avant 3 000 km.
3° Déterminer le pourcentage de cyclomotoristes ayant eu leur premier accident après 2 500 km.
4° Au bout de combien de kilomètres peut-on dire que 75 % des cyclomotoristes ont eu leur premier accident ?

## CORRIGÉ COMMENTÉ

Soit X la variable aléatoire continue représentant le nombre de kilomètres parcourus par un cyclomotoriste avant son premier accident ; X suit la loi normale $\mathcal{N}(3\,500 ; 500^2)$ avec $\mu = 3\,500$ et $\sigma = 500$.

1° Pour déterminer le pourcentage de cyclomotoristes ayant eu leur premier accident entre 3 000 km et 4 000 km, on doit calculer $P(3\,000 < X < 4\,000)$.
Ce calcul s'effectue à la calculatrice :

- TI : 2nde var normalFRép (valeur mini, valeur maxi, μ, σ).

donc ici : normalFRép (3000,4000,3500,500) ≈ 0,682 7.

- Casio : MENU STAT DIST NORM Ncd (Lower,Upper, μ, σ).

donc ici : Ncd (3000,4000,3500,500) ≈ 0,682 7.
Environ 68,27 % des cyclomotoristes ont eu leur premier accident après avoir parcouru entre 3 000 et 4 000 km.
Ce dernier résultat est conforme au résultat annoncé dans le cours, à savoir :
$P(X \in [\mu - \sigma ; \mu + \sigma]) \approx 0{,}68$, avec ici $\mu - \sigma = 3\,500 - 500 = 3\,000$ et $\mu + \sigma = 3\,500 + 500 = 4\,000$.

2° Il s'agit de calculer $P(X < 3\,000)$, avec $3\,000 < \mu = 3\,500$.

- TI : 0,5 – 2nde var normalFRép (valeur mini, valeur maxi, μ, σ).

Donc ici : 0,5 – normalFRép (3000,3500,3500,500) ≈ 0,158 7.

- Casio : 0,5 – MENU STAT DIST NORM Ncd (Lower,Upper, σ, μ).

Donc ici : 0,5 – Ncd (3000,3500,500,3500) ≈ 0,1587.
Environ 15,87 % des cyclomotoristes ont eu leur premier accident après avoir parcouru moins de 3 000 km.

3° Il s'agit de calculer :
$P(X > 2\,500) = 1 - P(X < 2\,500)$,
avec $2\,500 < \mu = 3\,500$.

Tous les calculs de probabilité avec la loi normale se font à la machine.

- TI : 1 – (0,5 – 2nde var normalFRép (valeur mini, valeur maxi, μ, σ)).

Donc ici : 1 – (0,5 – normalFRép (2500,3500,3500,500)) ≈ 0,977 2.

• Casio : 1 – (0,5 – Ncd (2500,3500,500,3500)) ≈ 0, 977 2.

Environ 97,72 % des cyclomotoristes ont eu leur premier accident après avoir parcouru plus de 2 500 km.

4° Il s'agit, cette fois, de déterminer $x$ pour que $P(X < x) = 0{,}75$.
Ce calcul s'effectue aussi à la calculatrice :

• TI : 2nde var FracNormale (probabilité, μ, σ).

Donc ici : FracNormale (0.75,3500,500) ≈ 3 837.

• Casio : MENU STAT DIST NORM InvN (probabilité, σ, μ).

Donc ici : InvN (0.75,500,3500) ≈ 3 837.

Ainsi, 75 % des cyclomotoristes ont eu leur premier accident après avoir parcouru moins de 3 837 km.

## À RETENIR

• La première erreur à ne pas commettre est de ne pas confondre $\sigma$ et $\sigma^2$. Ainsi la loi normale $\mathcal{N}(300\ ;\ 25)$ signifie que $\mu = 300$, $\sigma^2 = 25$ et donc que $\sigma = 5$. C'est d'autant plus important que les calculatrices demandent $\sigma$ pour les calculs.

• Tous les calculs de probabilités se font avec la calculatrice ; il faut juste choisir le bon calcul à faire avec la calculatrice.

• Si la variable aléatoire prend ses valeurs entre deux nombres $a$ et $b$, on calcule alors $P(a \leqslant X \leqslant b)$ qui s'obtient directement avec les instructions suivantes sur une calculatrice :

– Casio : MENU, choisir STAT DIST NORM Ncd $(a, b, \sigma, \mu)$.

– TI : distrib (2nde var), choisir normalFRép $(a, b, \mu, \sigma)$.

• Si la variable aléatoire a ses valeurs inférieures à un nombre $x$, on calcule $P(X \leqslant x)$ qui s'obtient en suivant la règle suivante :

– si $x \geqslant \mu$, $P(X \leqslant x) = 0{,}5 + P(\mu \leqslant X \leqslant x)$ ;

– si $x \leqslant \mu$, $P(X \leqslant x) = 0{,}5 - P(x \leqslant X \leqslant \mu)$,

où $P(x \leqslant X \leqslant \mu)$ s'obtient avec la première règle.

• Si la variable aléatoire a ses valeurs supérieures à un nombre $x$, on calcule $P(X \geqslant x)$ avec $P(X \geqslant x) = 1 - P(X \leqslant x)$. On se ramène alors au cas précédent.

• Si on cherche à déterminer $x$ pour que $P(X < x) = k$, où $k$ est un réel donné, la calculatrice donne :

– TI : 2nde var FracNormale $(k, \mu, \sigma)$.

– Casio : MENU STAT DIST NORM InvN $(k, \sigma, \mu)$.

**1** ★ 15 min

1° Déterminer le réel $\alpha$ pour que la fonction $f$ définie sur $[0 ; 1]$ par $f(x) = x + \alpha$ soit une densité de probabilité sur $[0 ; 1]$.

2° Soit $P$ la loi de probabilité de densité $f$ sur $[0 ; 1]$.
Calculer $P(0{,}3 \leqslant X \leqslant 0{,}8)$ et $P(X \geqslant 0{,}6)$.

→ Corrigé p. 218

**2** ★ 5 min

Le temps T d'attente, en minutes, d'un patient ayant un rendez-vous dans le cabinet d'un médecin suit une loi uniforme sur $[0 ; 30]$.
Calculer les probabilités suivantes :
*a*) $P(T = 10)$ *b*) $P(T \leqslant 10)$ *c*) $P(15 \leqslant T \leqslant 25)$ *d*) $P(T \geqslant 12)$

→ Corrigé p. 218

**3** ★ 5 min

Par manipulation génétique, un laboratoire a réussi à créer une variété de tomates dont le calibre théorique est un diamètre de 9 cm.
À la suite d'études poussées, le laboratoire considère que le diamètre des tomates est une variable aléatoire X suivant la loi uniforme sur $[7 ; 11]$.
Les tomates de diamètres inférieurs à 8,1 cm ou supérieurs à 9,9 cm sont dites « non calibrées ».
Quelle est la probabilité qu'une tomate prise au hasard soit « non calibrée » ?

→ Corrigé p. 219

**4** ★ 5 min

Soit X une variable aléatoire suivant la loi normale $\mathcal{N}(6 ; 4)$.

1° Calculer les probabilités $P(4 < X < 7{,}5)$ et $P(X > 9)$.

2° Déterminer le réel $k$ tel que $P(X < k) = 0{,}8$.

→ Corrigé p. 219

**5** ★★ 15 min

Le pH de l'urine d'un sportif sain est une variable aléatoire normale
$X = \mathcal{N}(6{,}25 ; 0{,}25^2)$.

1° Déterminer le pourcentage de sportifs sains dont le pH se trouve compris entre 6 et 6,5.

2° Déterminer l'intervalle, centré sur l'espérance, où se trouvera la mesure du pH pour 80 % des sportifs sains.

→ Corrigé p. 219

**6** ★★ 15 min

On admet que l'âge moyen auquel les premiers mots du vocabulaire apparaissent chez les jeunes enfants suit une loi normale d'espérance 11,5 mois et d'écart-type 3,2 mois. On a observé le phénomène sur une population de 2 000 enfants.

1° Évaluer le nombre d'enfants ayant acquis leurs premiers mots avant 10 mois.

2° Évaluer le nombre d'enfants ayant acquis leurs premiers mots après 15 mois.

3° Évaluer le nombre de mois nécessaires pour que 1 600 enfants aient acquis leurs premiers mots. → Corrigé p. 220

**7** ★ 10 min

Une usine fabrique des billes de 7 mm de diamètre. Les erreurs d'usinage provoquent une variation du diamètre qui est une variable aléatoire normale $X = \mathcal{N}(0\ ;\ 0{,}014^2)$. Lors du contrôle de fabrication, on rejette les billes qui passent à travers une bague de 6,98 mm, ainsi que celles qui ne passent pas à travers une bague de 7,02 mm.

Quel est le pourcentage de billes rejetées ? → Corrigé p. 221

**8** ★★★ 25 min

On suppose que la taille des individus suit une loi normale de paramètres $(\mu\ ;\ \sigma)$.
Sachant que 4 % des individus mesurent moins de 160 cm et 11 % plus de 180 cm, quelles sont les valeurs de $\mu$ et $\sigma$ ? → Corrigé p. 221

**9** ★★ 25 min

On suppose qu'avec une certaine balance, l'erreur en gramme (g) sur la pesée d'un corps est une variable aléatoire suivant la loi normale Y de moyenne 0 et d'écart type 0,08.

Soit X la variable aléatoire égale à la pesée d'un corps de masse 72,37 g.

1° Calculer la probabilité $P(72{,}3 < X < 72{,}5)$.

2° Déterminer un intervalle $I$ centré sur 72,37 tel que $P(X \in I) = 0{,}90$.

→ Corrigé p. 222

**10** ★★ 45 min

Une entreprise commercialise des olives en bocaux. Le poids annoncé d'un bocal est de 500 g et on considère qu'un bocal est mal rempli lorsqu'il pèse moins de 485 g. On admet que la variable aléatoire X qui à chaque bocal associe son poids en gramme suit la loi normale $\mathcal{N}(500 ; 12^2)$.

### Partie A

1° Calculer la probabilité qu'un bocal soit mal rempli.

2° Sans calculer, déterminer la probabilité $P(488 < X < 512)$.

3° Déterminer le réel $a$ tel que $P(500 - a < X < 500 + a) = 0{,}86$.

### Partie B

Grâce à une politique de qualité, on a ramené le pourcentage de bocaux mal remplis à 2 %. On effectue un contrôle sur 200 bocaux prélevés sur le stock. *(On assimile ce prélèvement à un tirage avec remise.)*
On désigne par Y la variable aléatoire indiquant le nombre de bocaux mal remplis.

1° Quelle est la loi suivie par Y ? Quels sont ces paramètres ?

2° Donner l'espérance et l'écart-type de Y.

3° Déterminer la probabilité pour qu'au moins 99 % des bocaux soient bien remplis.

### Partie C

Les bocaux sont remplis sur deux chaînes de travail $A$ et $B$. On rappelle que 2 % des bocaux sont mal remplis.
La chaîne $A$ fournit 80 % des bocaux. Parmi les bocaux remplis par la chaîne $A$, 1 % sont mal remplis.
Un bocal est choisi au hasard parmi le stock.
On note :
– A l'événement : « le bocal est rempli sur la chaîne $A$ ».
– B l'événement : « le bocal est rempli sur la chaîne $B$ ».
– M l'événement : « le bocal est mal rempli ».

1° Construire un arbre pondéré illustrant la situation.

2° Déterminer $P(M)$ et $P(A \cap M)$.

3° En déduire $P(B \cap M)$ et $P_B(M)$.

→ *Corrigé p. 222*

**11** ★★ 50 min

La société Allouf produit des boîtes d'allumettes extra-longues contenant chacune 70 allumettes.

### Partie A

On désigne par X la variable aléatoire qui à chaque boîte associe sa contenance en allumettes. On admet que la variable aléatoire X suit la loi normale $\mathcal{N}(70\ ;\ 5^2)$.

**1°** Calculer la probabilité que la contenance d'une boîte soit inférieure à 76 allumettes.

**2°** *a)* Calculer la probabilité que la contenance d'une boîte soit comprise entre 64 et 76 allumettes.

*b)* Sans calculer, déterminer la probabilité que la contenance d'une boîte soit comprise entre 60 et 80 allumettes.

### Partie B

On admet que 5 % des boîtes n'ont pas la contenance nécessaire et sont donc déclarées non conformes.
Les boîtes sont vendues par lots de dix. On appelle Y la variable aléatoire qui à tout lot de 10 boîtes associe le nombre de boîtes non conformes. *(La production est suffisamment importante pour que l'on assimile le prélèvement de 10 boîtes au hasard à un tirage avec remise.)*

**1°** Justifier que Y suit une loi binomiale dont on précisera les paramètres.

**2°** Quelle est la probabilité que, dans un lot, il n'y ait aucune boîte non conforme ?

**3°** Quelle est la probabilité que, dans un lot, il y ait au moins 2 boîtes non conformes ?

### Partie C

La société Allouf décide de procéder à un contrôle avant la mise sur le marché.
On sait que :
– 5 % des boîtes sont non conformes ;
– si une boîte est non conforme, elle est rejetée avec une probabilité de 0,92 ;
– si une boîte est conforme, elle est acceptée avec une probabilité de 0,96.
On note C l'événement : « la boîte est conforme ».
On note A l'événement : « la boîte est acceptée ».

**1°** Construire un arbre pondéré qui décrit la situation.

**2°** *a)* Calculer la probabilité de l'événement : « la boîte est conforme et acceptée ».
*b)* Calculer la probabilité de l'événement : « la boîte est acceptée ».

**3°** Sachant que la boîte est rejetée, quelle est la probabilité qu'elle soit non conforme ?

→ *Corrigé p. 224*

**12** ★★★ 45 min

La durée d'attente, exprimée en minutes, à chaque caisse d'un supermarché peut être modélisée par une variable aléatoire T qui suit une loi normale d'espérance $\mu = 12$ minutes et d'écart-type $\sigma = 4$ minutes. *(Les résultats seront arrondis au centième.)*

1° *a)* Déterminer la probabilité que la durée d'attente à une caisse soit inférieure à 10 minutes.
*b)* Déterminer la probabilité que la durée d'attente à une caisse soit comprise entre 6 et 10 minutes.
*c)* Déterminer l'intervalle $I$ centré sur $\mu = 12$ pour lequel $P(T \in I) = 0{,}6$.

2° On suppose que la durée d'attente à une caisse de ce supermarché est indépendante de celle des autres caisses.
Actuellement, 6 caisses sont ouvertes. On désigne par Y la variable aléatoire qui représente le nombre de caisses pour lesquelles la durée d'attente est supérieure à 10 minutes.
*a)* Établir la loi de probabilité de Y.
*b)* Le gérant du supermarché ouvre des caisses supplémentaires si la durée d'attente à au moins 4 des 6 caisses est supérieure à 10 minutes. Déterminer à 0,01 près la probabilité d'ouverture de nouvelles caisses.

→ *Corrigé p. 225*

**1** → *Énoncé p. 213*

> $f$ est une densité de probabilité sur un intervalle $I = [c\ ;\ d]$ si :
> - $f$ est définie, continue et positive sur $I$ ;
> - $\int_c^d f(x)\,\mathrm{d}x = 1$.

1° On cherche $\alpha$ pour que $\int_0^1 (x+\alpha)\mathrm{d}x = 1$.

Or une primitive de $f$ sur $[0\ ;\ 1]$ est $F$ telle que $F(x) = \frac{x^2}{2} + \alpha x$.

Donc $\int_0^1 (x+\alpha)\mathrm{d}x = F(1) - F(0) = \frac{1}{2} + \alpha$.

$\int_0^1 (x+\alpha)\mathrm{d}x = 1 \Leftrightarrow \frac{1}{2} + \alpha = 1 \Leftrightarrow \alpha = \frac{1}{2}$.

Ainsi, sur $[0\ ;\ 1]$, $f(x) = x + \frac{1}{2}$.

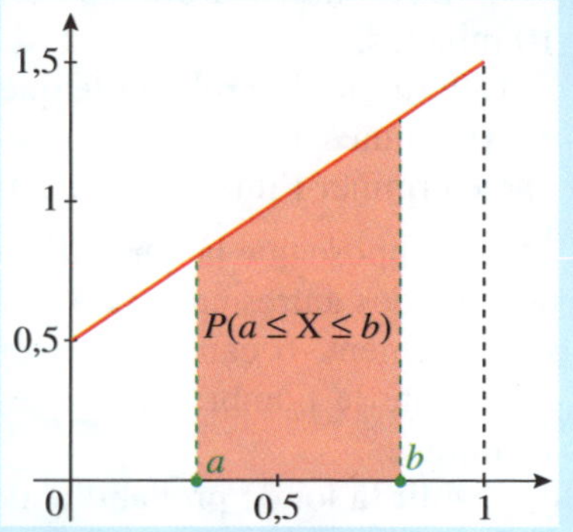


On s'assure aussi que la fonction $f$ vérifie les deux premières conditions d'une fonction à densité, à savoir :
- $f$ est continue sur $[0\ ;1]$ en tant que fonction polynôme ;
- pour tout $x$ appartenant à $[0\ ;\ 1]$, $f(x) = x + \frac{1}{2} \geqslant 0$.

2° $P(0,3 \leqslant X \leqslant 0,8) = \int_{0,3}^{0,8} (x + \frac{1}{2})\mathrm{d}x = F(0,8) - F(0,3)$

$$= \frac{0,8^2}{2} + \frac{1}{2} \times 0,8 - \left(\frac{0,3^2}{2} + \frac{1}{2} \times 0,3\right)$$

$$= \frac{1,44 - 0,39}{2} = 0,525.$$

$P(X \geqslant 0,6) = 1 - P(0 \leqslant X \leqslant 0,6) = 1 - [F(0,6) - F(0)] = 1 - \left[\frac{0,36 + 0,6}{2} - 0\right] = 0,52.$

**2** → *Énoncé p. 213*

*a)* $P(T = 10) = 0$.

*b)* $P(T \leqslant 10) = \frac{\text{longueur de } [0\ ;\ 10]}{\text{longueur de } [0\ ;\ 30]} = \frac{10}{30} = \frac{1}{3}$.

*c)* $P(15 \leqslant T \leqslant 25) = \frac{1}{3}$ car longueur de $[15\ ;25]$ = longueur de $[0\ ;10]$.

*d*) $P(\mathrm{T} \geqslant 12) = \dfrac{\text{longueur de } [12\ ;\ 30]}{\text{longueur de } [0\ ;\ 30]} = \dfrac{18}{30} = 0{,}6.$

**3** → *Énoncé p. 213*

Une tomate prise au hasard est « non calibrée » si son diamètre X vérifie un des deux événements incompatibles $(X < 8{,}1)$ ou $(X > 9{,}9)$.
En notant A l'événement « la tomate est "non calibrée" », on a :

$$P(A) = P(X < 8{,}1) + P(X > 9{,}9).$$

X suivant la loi uniforme sur [7 ; 9], $P(A) = \dfrac{8{,}1 - 7}{11 - 7} + \dfrac{11 - 9{,}9}{11 - 7} = \dfrac{1{,}1}{4} + \dfrac{1{,}1}{4} = 0{,}55.$

**4** → *Énoncé p. 213*

Soit X une variable aléatoire suivant la loi normale $\mathcal{N}(6\ ;\ 4)$.
Cela signifie que $\mu = 6$ et $\sigma = 2$.

> Loi normale $\mathcal{N}(6\ ;\ 4)$ signifie que $\sigma^2 = 4$.

1° Pour calculer $P(4 < X < 7{,}5)$, on utilise la calculatrice :

• TI : [2nde] [var] normalFRép (valeur mini, valeur maxi, μ, σ).

Donc ici : normalFRép (4,7.5,6,2) ≈ 0,615.

• Casio : [MENU] STAT DIST NORM Ncd (Lower,Upper, σ, μ).

Donc ici : Ncd (4,7.5,2,6) ≈ 0,615.

Pour calculer $P(X > 9)$, on opère de la façon suivante :

$$P(X > 9) = 1 - P(X < 9) \quad \text{et} \quad 9 > \mu = 6.$$

• TI : 1 – (0,5 – [2nde] [var] normalFRép (6,9,6,2)) ≈ 0,066 8.

• Casio : 1 – (0,5 – Ncd (6,9,2,6)) ≈ 0,066 8.

2° Pour déterminer le réel $k$ tel que $P(X < k) = 0{,}8$, on utilise la calculatrice :

• TI : [2nde] FracNormale (probabilité, μ, σ).

Donc ici : $k$ = FracNormale (0.80,6,2) ≈ 7,68.

• Casio : [MENU] STAT DIST NORM InvN (probabilité, σ, μ).

Donc ici : $k$ = InvN (0.80,2,6) ≈ 7,68.

**5** → *Énoncé p. 213*

$X = \mathcal{N}(6{,}25\ ;\ 0{,}25^2)$, donc $\mu = 6{,}25$ et $\sigma = 0{,}25$.

1° Ainsi, l'intervalle [6 ; 6,5] n'est autre que l'intervalle $[\mu - \sigma\ ;\ \mu + \sigma]$.
D'après la remarque du cours, le pourcentage de sportifs sains dont le pH est compris entre 6 et 6,5 est d'environ 68 %.

> $P(X \in [\mu - \sigma\ ;\ \mu + \sigma]) \approx 0{,}68.$

2° On cherche un intervalle $[a\ ;\ b]$, centré sur μ, tel que 80 % des sportifs sains ont un pH situé dans cet intervalle.

Cela peut aussi se traduire par : on cherche $a$ et $b$ tels que 10 % des sportifs sains ont un pH inférieur à $a$ et 10 % ont un pH supérieur à $b$.
On utilise la calculatrice pour déterminer $a$ :

• TI : 2nde var FracNormale (probabilité $a$, μ, σ) qui permet de déterminer le nombre $k$ pour lequel $P(X < k) = a$.

Donc ici : $a$ = FracNormale (0.10,6.25,0.25) ≈ 5,93.

• Casio : MENU STAT DIST NORM InvN (probabilité, σ, μ).

Donc ici : InvN (0.10,0.25,6.25) ≈ 5,93.

Par symétrie par rapport à μ, on obtient $b = 6{,}25 + (6{,}25 - 5{,}93) = 6{,}57$.
L'intervalle, centré sur l'espérance, où se trouve la mesure du pH pour 80 % des sportifs sains est [5,93 ; 6,57].

**6** → *Énoncé p. 214*

Soit X la variable aléatoire qui compte le nombre de mois nécessaires pour qu'un enfant acquiert ses premiers mots ; elle suit la loi normale $\mathcal{N}(11{,}5 ; 3{,}2^2)$.

1° On cherche à déterminer $P(X < 10)$ avec $10 < \mu = 11{,}5$.
On utilise la calculatrice :

• TI : 0,5 – 2nde var normalFRép (10,11.5,11.5,3.2) ≈ 0,320.

• Casio : 0,5 – MENU STAT DIST NORM Ncd (10,11.5,3.2,11.5) ≈ 0,320.

Le nombre d'enfants ayant prononcé leurs premiers mots avant 10 mois est environ :

$$2\,000 \times 0,32 = 640.$$

2° On cherche à déterminer $P(X > 15)$ avec $15 > \mu = 11{,}5$.
$P(X > 15) = 1 - P(X \leqslant 15)$.
On utilise la calculatrice :

• TI : 1 – (0,5 + 2nde var normalFRép (11.5,15,11.5,3.2)) ≈ 0,137.

• Casio : 1 – (0,5 + MENU STAT DIST NORM Ncd (11.5,15,3.2,11.5)) ≈ 0,137.

Le nombre d'enfants ayant prononcé leurs premiers mots après 15 mois est environ :

$$2\,000 \times 0,137 = 274.$$

3° 1 600 enfants sur 2 000 font une proportion de $\frac{1\,600}{2\,000} = 0{,}8$ ou 80 %.

On cherche un nombre $k$ pour que $P(X < k) = 0{,}8$.
On utilise la calculatrice :

• TI : 2nde var FracNormale ($k$, μ, σ).

Donc ici : $k$ = FracNormale (0.8,11.5,3.2) ≈ 14,19.

• Casio : MENU STAT DIST NORM InvN ($k$, σ, μ).

Donc ici : Ncd (0.8,3.2,11.5) ≈ 14,19.

Le nombre de mois nécessaires pour que 1 600 enfants aient acquis leurs premiers mots est d'environ 14,2.

**7** → Énoncé p. 214

On pose A l'événement : « la bille est rejetée ».
A est la réunion de deux événements incompatibles :

$$(X < -0{,}02) \quad \text{et} \quad (X > 0{,}02).$$

L'événement contraire de A est $(-0{,}02 < X < 0{,}02)$.
On a donc :

$$P(A) = P(X < -0{,}02) + P(X > 0{,}02) \text{ ou encore}$$
$$P(A) = 1 - P(-0{,}02 < X < 0{,}02).$$

Ce calcul *s*'effectue à l'aide de la calculatrice :

- TI : 1 – [2nde] [var] FracNormale [(– 0.02, 0.02, 0, 0.014)] ≈ 0,153.
- Casio : 1 – Ncd [(– 0.02, 0.02, 0.014, 0)] ≈ 0,153.

On peut donc conclure qu'environ 15,3 % des billes ne sont pas acceptées.

**8** → Énoncé p. 214

On doit avoir $P(X < 160) = 0{,}04$ et $P(X > 180) = 0{,}11$.

On introduit la variable aléatoire centrée réduite $Z = \dfrac{X-\mu}{\sigma}$ qui suit donc la loi normale $\mathcal{N}(0\,;\,1^2)$.

- $P(X < 160) = 0{,}04 \Leftrightarrow P\left(Z < \dfrac{160-\mu}{\sigma}\right) = 0{,}04.$
- $P(X > 180) = 0{,}11 \Leftrightarrow P\left(Z > \dfrac{180-\mu}{\sigma}\right) = 0{,}11.$

En posant $k = \dfrac{160-\mu}{\sigma}$ et $k' = \dfrac{180-\mu}{\sigma}$, le calcul revient donc à chercher les nombres $k$ tel que $P(Z < k) = 0{,}04$ et $k'$ tel que $P(Z > k') = 0{,}11$.
À la calculatrice :

- TI : $\dfrac{160-\mu}{\sigma}$ = FracNormale [(0.04, 0, 1)] ≈ – 1,75.
- Casio : $\dfrac{160-\mu}{\sigma}$ = InvN [(0.04, 0, 1)] ≈ – 1,75.
- TI : $\dfrac{180-\mu}{\sigma}$ = FracNormale [(0.11, 0, 1)] ≈ – 1,23.
- Casio : $\dfrac{180-\mu}{\sigma}$ = InvN [(0.11, 0, 1)] ≈ – 1,23.

Voir les exercices précédents pour la séquence complète des touches.

Or, par symétrie de la loi normale centrée réduite, $P(Z < -k') = P(Z > k')$ ;
donc $\dfrac{180-\mu}{\sigma} \approx 1{,}23$.
On obtient donc le système :

$$\begin{cases} 160 - \mu = -1{,}75\sigma \\ 180 - \mu = 1{,}23\sigma. \end{cases}$$

Par soustraction (ligne 2 – ligne 1), on a $20 = 2{,}98\ \sigma$, d'où $\sigma \approx 6{,}7$.
En reportant cette valeur : $\mu \approx 160 + 1{,}75 \times 6{,}7 \approx 171{,}7$.

**9** → *Énoncé p. 214*

1° On a $X = 72{,}37 + Y$.

$P(72{,}3 < X < 72{,}5) = P(72{,}3 - 72{,}37 < Y < 72{,}5 - 72{,}37)$
$= P(-0{,}07 < Y < 0{,}13)$.

> On se ramène à la loi normale centrée réduite que si l'énoncé le suggère.

Ce calcul s'effectue à l'aide de la calculatrice :

- TI : 2nde var normalFRép (– 0.07, 0.13, 0, 0.08) ≈ 0,757.
- Casio : MENU STAT DIST NORM Ncd (– 0.07, 0.13, 0.08, 0) ≈ 0,757.

On aurait pu aussi dire que si Y suit $\mathcal{N}(0\ ;\ (0{,}08)^2)$, alors X suit $\mathcal{N}(72{,}37\ ;\ (0{,}08)^2)$, et calculer directement $P(72{,}3 < X < 72{,}5)$.

2° Déterminer un intervalle $I$ centré sur 72,37 tel que $P(X \in I) = 0{,}90$ revient à chercher un intervalle $I'$ centré sur 0 tel que $P(Y \in I') = 0{,}90$.
Par symétrie, on doit donc chercher deux nombres $a$ et $b$ tels que 5 % des erreurs soient inférieures à $a$ et 5 % des erreurs soient supérieures à $b$. Donc on cherche, à la calculatrice, $a$ et $b$ pour que $P(Y < a) = 0{,}05$ et $P(Y > b) = 0{,}05$.

- TI : $a$ = FracNormale (0.05, 0, 0.08) ≈ – 0,13.
- Casio : $a$ = InvN (0.05, 0.08, 0) ≈ – 0,13.

> Pour déterminer l'intervalle, le calcul de $a$ suffit.

Donc $I' = [-0{,}13\ ;\ 0{,}13]$.
Et, par suite, $I = [72{,}37 - 0{,}13\ ;\ 72{,}37 + 0{,}13] = [72{,}24\ ;\ 72{,}50]$.

**10** → *Énoncé p. 215*

**Partie A**

1° La probabilité qu'un bocal soit mal rempli se traduit par $P(X < 485)$, avec $485 < \mu = 500$. À la calculatrice, on obtient :

- TI : 0,5 – 2nde var normalFRép (485, 500, 500,12) ≈ 0,106.
- Casio : 0,5 – MENU STAT DIST NORM Ncd (485, 500, 12, 500) ≈ 0,106.

La probabilité qu'un bocal soit mal rempli est donc d'environ 0,106.

2° On a $P(488 < X < 512) = P(500 - 12 < X < 500 + 12)$
$= P(X \in [\mu - \sigma ; \mu + \sigma]) \approx 0{,}68$ *(voir cours).*

3° Par symétrie de la loi normale, $P(X < 500 - a) = P(X > 500 + a)$.
De plus, $P(500 - a < X < 500 + a) = 1 - (P(X < 500 - a) + P(X > 500 + a))$
$= 1 - 2\,P(X < 500 - a)$.

Donc $P(500 - a < X < 500 + a) = 0{,}86 \Leftrightarrow P(X < 500 - a) = \dfrac{1 - 0{,}86}{2} = 0{,}07$.

Déterminons à la calculatrice le nombre $k$ tel que $P(X < k) < 0{,}07$.

- TI : $k$ = FracNormale (0.07, 500, 12) ≈ 482,3.
- Casio : $k$ = InvN (0.07, 12, 500) ≈ 482,3.

Donc $k = 500 - a \approx 482{,}3$ ; d'où $a \approx 500 - 482{,}3 \approx 17{,}7$.

## Partie B

1° Chaque contrôle est une épreuve de Bernoulli de paramètre $p = 0{,}02$. Contrôler 200 bocaux, c'est répéter la même épreuve de Bernoulli 200 fois de façon indépendante. La variable Y suit donc une loi binomiale de paramètres $n = 200$ et $p = 0{,}02$.

2° $E(Y) = n \times p = 200 \times 0{,}02 = 4$ ; $\sigma(Y) = n \times p \times (1 - p) = 200 \times 0{,}02 \times 0{,}98 = 3{,}92$.

3° 99 % des 200 bocaux font $200 \times 0{,}99 = 198$.
Si au moins198 bocaux sont bien remplis, alors 2 au plus sont mal remplis.
Il faut donc déterminer $P(Y \leqslant 2)$.
À la calculatrice :

- TI : 2nde var binom FRép (200,0.02,2) ≈ 0,235.
- Casio : MENU STAT DIST BINM Bcd (0.05, 0, 0.08) ≈ 0,235.

La probabilité qu'au moins 99 % des bocaux soient bien remplis est d'environ 0,235.

## Partie C

1°

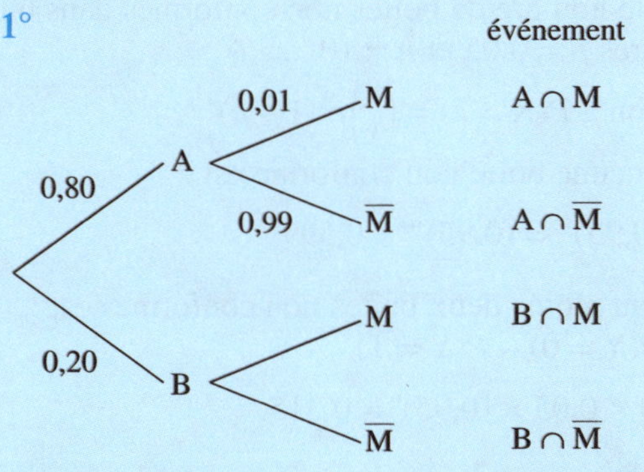


Toutes les probabilités données par l'énoncé, comme $P(M) = 0{,}2$ ne se reportent pas sur l'arbre mais peuvent être utilisées pour des calculs intermédiaires.

2° $P(\text{M}) = 0{,}02$.
$P(\text{A} \cap \text{M}) = P(\text{A}) \times P_{\text{A}}(\text{M}) = 0{,}80 \times 0{,}01 = 0{,}008$.

3° Or, $P(\text{M}) = P(\text{A} \cap \text{M}) + P(\text{B} \cap \text{M})$ ; donc $P(\text{B} \cap \text{M}) = 0{,}02 - 0{,}008 = 0{,}012$

et $P_{\text{B}}(\text{M}) = \dfrac{P(\text{B} \cap \text{M})}{P(\text{B})} = \dfrac{0{,}012}{0{,}2} = 0{,}06$.

**11** → *Énoncé p. 216*

**Partie A**

1° On doit calculer $P(\text{X} < 76)$ avec $76 > \mu = 70$. On utilise la calculatrice :

• TI : 0,5 + [2nde] [var] normalFRép [(70, 76, 70, 5)] ≈ 0,885.

• Casio : 0,5 + [MENU] STAT DIST NORM Ncd [(70, 76, 5, 70)] ≈ 0,885.

La probabilité que la contenance d'une boîte soit inférieure à 76 allumettes est de 0,885.

2° *a*) On doit calculer $P(64 < \text{X} < 76)$. On utilise la calculatrice :

• TI : [2nde] [var] normalFRép [(64, 76, 70, 5)] ≈ 0,77.

• Casio : [MENU] STAT DIST NORM Ncd [(64, 76, 5, 70)] ≈ 0,77.

La probabilité que la contenance d'une boîte soit comprise entre 64 et 76 allumettes est de 0,77.

*b*) On doit déterminer $P(60 < \text{X} < 80)$.
Or $[60 ; 80] = [\mu - 2\sigma ; \mu + 2\sigma]$ ; donc $P(60 < \text{X} < 80) \approx 0{,}95$ *(voir cours).*

**Partie B**

1° L'expérience qui consiste à déterminer si une boîte est non conforme est une épreuve de Bernoulli de paramètre $p = 0{,}05$.
Tester un lot de 10 boîtes, c'est répéter 10 fois de façon indépendante la même épreuve de Bernoulli.
Ainsi, la variable aléatoire Y qui compte le nombre de boîtes non conformes dans un lot de 10 suit la loi binomiale de paramètres $p = 0{,}05$ et $n = 10$.

2° Pour tout entier naturel $k$, $0 \leqslant k \leqslant n$, on a $P(\text{X} = k) = \dbinom{n}{k} p^k (1-p)^{n-k}$.

La probabilité que dans un lot il n'y ait aucune boîte non conforme est :

$$P(\text{Y} = 0) = \binom{10}{0} 0{,}05^0 (0{,}95)^{10} = (0{,}95)^{10} \approx 0{,}599.$$

3° La probabilité que dans un lot il y ait au moins deux boîtes non conformes est :

$$P(\text{Y} \geqslant 2) = 1 - P(\text{Y} = 0) - P(\text{Y} = 1).$$

Or $P(\text{Y} = 1) = \dbinom{10}{1} \times 0{,}05^1 \times (0{,}95)^9 = 10 \times 0{,}05 \times (0{,}95)^9 \approx 0{,}315$.

Donc $P(\text{Y} \geqslant 2) \approx 1 - 0{,}599 - 0{,}315 \approx 0{,}086$.

### Partie C

1°

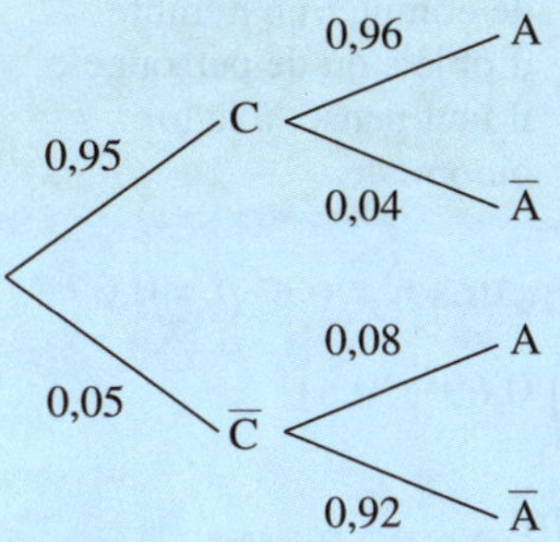


événement

$C \cap A$

$C \cap \overline{A}$

$\overline{C} \cap A$

$\overline{C} \cap \overline{A}$

2° $P(C \cap A) = P(C) \times P_C(A) = 0{,}95 \times 0{,}96 = 0{,}912$.

3° $P(A) = P(A \cap C) + P(A \cap \overline{C}) = 0{,}912 + 0{,}05 \times 0{,}08 = 0{,}916$.

4° $P_{\overline{A}}(\overline{C}) = \dfrac{P(\overline{A} \cap \overline{C})}{P(\overline{A})} = \dfrac{0{,}92 \times 0{,}05}{1 - 0{,}916} \approx 0{,}548$.

**12** → *Énoncé p. 217*

1° *a*) On doit calculer $P(T < 10)$ avec $10 < \mu = 12$.
On utilise la calculatrice :

- TI : 0,5 – [2nde] [var] normalFRép [(10, 12, 12, 4)] ≈ 0,31.
- Casio : 0,5 – [MENU] STAT DIST NORM Ncd [(10, 12, 12, 4)] ≈ 0,31.

*b*) On doit calculer $P(6 < T < 10)$.
On utilise la calculatrice :

- TI : [2nde] [var] normalFRép [(6, 10, 12, 4)] ≈ 0,24.
- Casio : [MENU] STAT DIST NORM Ncd [(6, 10, 12, 4)] ≈ 0,24.

*c*) On cherche un nombre $a$ tel que $P(\mu - a < T < \mu + a) = 0{,}6$.

Et, par symétrie, on cherche un nombre $a$ tel que $P(T < \mu - a) = \dfrac{1 - 0{,}6}{2} = 0{,}2$.

$\mu - a$ s'obtient à la calculatrice par :

- TI : $\mu - a =$ FracNormale [(0.2, 12, 4)] ≈ 8,63.
- Casio : $\mu - a =$ InvN [(0.2, 4, 12)] ≈ 8,63.

Donc $a = \mu - 8{,}63 = 12 - 8{,}63 = 3{,}37$.
L'intervalle cherché est donc $I = [8{,}63 ; 15{,}37]$.

2° *a*) L'épreuve qui consiste à déterminer si la durée d'attente à une caisse dépasse 10 minutes est une épreuve de Bernoulli de paramètre $p = P(T > 10)$ avec $p = 1 - P(T < 10) = 1 - 0{,}31 = 0{,}69$.
La même épreuve est répétée sur six caisses de façon indépendante. L'expérience satisfait aux deux conditions d'un schéma de Bernoulli.

> Lorsqu'un énoncé de probabilité demande de compter un nombre d'objets ou de personnes, il faut penser à la loi binomiale.

La variable aléatoire Y suit donc la loi binomiale de paramètres $n = 6$ et $p = 0{,}69$.

Pour tout entier naturel $k$, $0 \leqslant k \leqslant 6$, on a $P(Y = k) = \binom{6}{k} 0{,}69^k \times 0{,}31^{6-k}$.

*b*) $P(Y \geqslant 4) = \binom{6}{4} 0{,}69^4 \times 0{,}31^{6-4} + \binom{6}{5} 0{,}69^5 \times 0{,}31^{6-5} + \binom{6}{6} 0{,}69^6 \times 0{,}31^{6-6}$.

$P(Y \geqslant 4) = 15 \times 0{,}69^4 \times 0{,}31^2 + 6 \times 0{,}69^5 \times 0{,}31 + 0{,}69^6 \approx 0{,}726$.

La probabilité d'ouverture de nouvelles caisses est donc d'environ 0,73.

On peut aussi faire le calcul suivant :
$P(Y \geqslant 4) = 1 - P(Y \leqslant 3)$ et $P(Y \leqslant 3)$ s'obtient avec la calculatrice :

- TI : $P(Y \leqslant 3)$ s'obtient avec distrib (2nde var) binomFRép (6,0.69,3).
- Casio : $P(Y \leqslant 3)$ s'obtient avec Bcd dans OPTN, choisir STAT DIST BINM Bcd puis (3,6,0.69).

CHAPITRE 9

# Estimation

## 1 Intervalle de fluctuation

### A. Rappels de Première

On se place dans le cas d'un échantillon de taille $n$ obtenu par $n$ répétitions indépendantes de la même épreuve de Bernoulli et où $p$ représente la probabilité qu'elle se réalise.

*Propriété*

**X est une variable aléatoire comptant le nombre de succès. Elle suit la loi binomiale B($n$ ; $p$) et $F_n = \frac{X}{n}$ est la variable aléatoire qui représente la fréquence aléatoire du succès.**
**L'intervalle de fluctuation à 95 % d'une fréquence correspondant à la fréquence aléatoire du succès est l'intervalle $\left[\frac{a}{n} ; \frac{b}{n}\right]$ défini par :**
- **$a$ est le plus petit entier tel que $P(X \leqslant a) > 0{,}025$ ;**
- **$b$ est le plus petit entier tel que $P(X \leqslant b) \geqslant 0{,}975$.**

En particulier, on a alors :

$$P\left(\frac{a}{n} \leqslant F_n \leqslant \frac{b}{n}\right) \geqslant 0{,}95 \quad \text{ou encore} \quad P(a \leqslant X \leqslant b) \geqslant 0{,}95.$$

*Prise de décision*

$I$ désigne l'intervalle de fluctuation et $F_n$ la fréquence du caractère observé dans la population.
- **Si $F_n \notin I$, alors on peut rejeter l'hypothèse que l'échantillon soit compatible avec la population, avec un risque d'erreur de 5 %.**
- **Si $F_n \in I$, alors on ne peut pas rejeter l'hypothèse que l'échantillon soit compatible avec la population.**

*Exemple*

D'après les sources de l'INSEE, en France, 40 % des hommes de plus de 15 ans sont célibataires. On interroge 50 hommes de plus de 15 ans et on dénombre 26 célibataires. On appelle X la variable aléatoire égale au nombre d'hommes célibataires dans l'échantillon.

Déterminer l'intervalle de fluctuation au seuil de 95 % de la fréquence correspondant à la variable X.
L'échantillon considéré est-il conforme aux résultats publiés par l'INSEE ?

**Réponse :** La fréquence observée sur l'échantillon est $\frac{26}{50} = 0{,}52$.

La variable aléatoire X suit la loi binomiale B(50 ; 0,4). *(Choisir 50 personnes dans la population française peut être assimilé à un tirage avec remise.)*
L'intervalle de fluctuation de la variable fréquence au seuil de 95 %, obtenu à la calculatrice, est $I = [0{,}26 ; 0{,}54]$ *(voir ci-dessous)* ; donc l'échantillon est conforme aux résultats de l'INSEE au risque d'erreur de 5 %, puisque $0{,}52 \in I$.
À la calculatrice, on définit la fonction $f$ par :

- Texas : $f(x) =$ binomFRép. (50,0.4,X).
- Casio : $f(x) =$ Bcd (X,50,0.4).

Le tableur de la calculatrice permet de déterminer les deux réels $a$ et $b$ de l'intervalle de fluctuation : $a = 13$ et $b = 27$. D'où $\frac{a}{n} = 0{,}26$ et $\frac{b}{n} = 0{,}54$.

## B. Intervalle de fluctuation asymptotique

On se place dans le cas d'un échantillon de taille $n$ et où $p$ représente la proportion dans la population. On fait l'hypothèse que l'échantillon est issu d'un tirage aléatoire correspondant à un schéma de Bernoulli.
Soit X une variable aléatoire comptant le nombre de succès.
Elle suit une loi binomiale B($n$ ; $p$) et $F_n = \frac{X}{n}$ la variable aléatoire qui représente la fréquence aléatoire du succès.

**Si $n$ est « assez grand », alors la variable aléatoire $F_n$ qui à tout échantillon de taille $n$ associe la fréquence, prend ses valeurs dans l'intervalle de fluctuation asymptotique au seuil de 95 % suivant :**

$$\left[p - 1{,}96\frac{\sqrt{p(1-p)}}{\sqrt{n}} ; p + 1{,}96\frac{\sqrt{p(1-p)}}{\sqrt{n}}\right].$$

**En pratique, on considère que $n$ est « assez grand » sous les conditions :**

$$n \geqslant 30, \quad np \geqslant 5 \quad \text{et} \quad n(1-p) \geqslant 5.$$

**Si les conditions ne sont pas vérifiées, on se contente d'utiliser la méthode vue en Première.**

*Exemple*

Dans l'exemple précédent, l'intervalle de fluctuation asymptotique au seuil de 95 % est :

$$I = \left[0{,}4 - 1{,}96 \times \frac{\sqrt{0{,}4(1-0{,}4)}}{\sqrt{50}}\ ;\ 0{,}4 + 1{,}96 \times \frac{\sqrt{0{,}4(1-0{,}4)}}{\sqrt{50}}\right] \approx [\,0{,}264\ ;\ 0{,}536].$$

*On peut remarquer qu'il est inclus dans celui trouvé avec la méthode de Première.*

### C. Prise de décision

*Règle de décision*

**Si la fréquence observée $f$ appartient à l'intervalle de fluctuation asymptotique au seuil de 95 %, alors on accepte l'hypothèse que l'échantillon est conforme à la population ; sinon on la rejette.**

Dans l'exemple, la fréquence observée sur l'échantillon est 0,52, et 0,52 appartient à l'intervalle de fluctuation asymptotique au seuil de 95 % ; donc l'échantillon est conforme à la population.

## 2 Intervalle de confiance

La plupart du temps, on ne connaît pas les caractéristiques d'une population entière. On sélectionne alors un échantillon de taille $n$ « représentatif » de cette population.

**Soit $f$ la fréquence du caractère étudié, observée dans un échantillon représentatif de la population.**
**Si $n$ est « assez grand », l'intervalle de confiance au seuil de confiance de 95 % est :**

$$I = \left[f - \frac{1}{\sqrt{n}}\ ;\ f + \frac{1}{\sqrt{n}}\right].$$

**En pratique, on considère que $n$ est « assez grand » sous les conditions :**

$$n \geqslant 30, \quad nf \geqslant 5 \quad \text{et} \quad n(1-f) \geqslant 5.$$

L'analyse statistique ne procure pas des résultats exacts à 100 %, mais les résultats les plus probables. L'intervalle de confiance est une estimation de l'écart entre la plus petite valeur (limite inférieure) et la plus grande valeur (limite supérieure) du résultat possible. Cela signifie que la proportion $p$ (soit le vrai résultat) du caractère étudié dans la population entière est comprise entre les valeurs $f - \frac{1}{\sqrt{n}}$ et $f + \frac{1}{\sqrt{n}}$ avec un niveau de confiance de 95 %.

*Exemple*

La chaîne de télévision n° 1 a lancé un nouveau jeu en première partie de soirée. Aussitôt l'émission finie, le responsable de la programmation étudie les résultats de l'audience sur un panel de 200 personnes.

Sur ces 200 personnes, 50 ont regardé l'émission.

Donner l'intervalle de confiance de la proportion $p$ au niveau de confiance 0,95 de téléspectateurs ayant regardé le jeu.

Comment peut-il interpréter le résultat obtenu ?

La proportion $p$ appartient à l'intervalle :

$$\left[f-\frac{1}{\sqrt{n}}\,;f+\frac{1}{\sqrt{n}}\right]=\left[\frac{50}{200}-\frac{1}{\sqrt{200}}\,;\frac{50}{200}+\frac{1}{\sqrt{200}}\right]\approx[0{,}179\,;0{,}321].$$

Avec cet intervalle, il peut considérer que son jeu a attiré entre 17,9 % et 32,1 % des personnes.

Il faut néanmoins avoir à l'esprit que, si l'on compte les personnes ayant regardé le jeu parmi 200 personnes interrogées au hasard et ce, sur un grand nombre d'échantillons de 200 personnes, 95 % des intervalles de confiance obtenus contiennent la vraie valeur de $p$, mais il est aussi possible que l'échantillon choisi soit parmi les 5 % de mauvais échantillons ne contenant pas $p$.

# 1 Calculer un intervalle de fluctuation asymptotique et interpréter le résultat obtenu

**EXERCICE TYPE**

On lance 200 fois un dé et on obtient 46 fois la face 6.
Que peut-on en conclure ?

**CORRIGÉ COMMENTÉ**

La question que l'on se pose est : le dé est-il truqué ?
On fait l'hypothèse que le dé n'est pas truqué et donc que la fréquence théorique d'apparition du 6 est $p = \frac{1}{6}$.

On calcule l'intervalle de fluctuation asymptotique au seuil de 95 % en vérifiant au préalable que les conditions d'application sont vérifiées :

$$n = 200 \geqslant 30, \quad np = 200 \times \frac{1}{6} \geqslant 5 \quad \text{et} \quad n(1-p) = 200 \times \frac{5}{6} \geqslant 5.$$

$$\left[p - 1{,}96\,\frac{\sqrt{p(1-p)}}{\sqrt{n}}\,;\,p + 1{,}96\,\frac{\sqrt{p(1-p)}}{\sqrt{n}}\right] \approx [0{,}115\,;\,0{,}218].$$

Ne pas hésiter à s'écrire un programme dans la calculatrice qui donne directement l'intervalle.

Or $\frac{46}{200} = 0{,}23 \notin [0{,}115\,;\,0{,}218]$ ; on va donc rejeter l'hypothèse selon laquelle le dé n'est pas truqué.

**À RETENIR**

• On utilise un intervalle de fluctuation au seuil de 95 % lorsque la proportion $p$ dans la population est connue ou supposée connue.
• Cet intervalle sous certaines conditions **(à vérifier)** sur $n$ et $p$ se calcule avec la formule suivante :

$$\left[p - 1{,}96\,\frac{\sqrt{p(1-p)}}{\sqrt{n}}\,;\,p + 1{,}96\,\frac{\sqrt{p(1-p)}}{\sqrt{n}}\right].$$

C'est l'**intervalle de fluctuation asymptotique**. Si les conditions ne sont pas réunies, l'intervalle de fluctuation est calculé avec la loi binomiale.
• Pour déterminer si la proportion observée $f$ dans un échantillon est conforme à une valeur de référence connue $p$ dans la population, on effectue le test de conformité suivant :
– on calcule $f$ ;
– si la fréquence observée $f$ appartient à l'intervalle de fluctuation asymptotique au seuil de 95 %, alors on accepte l'hypothèse que l'échantillon est conforme à la population ; sinon on la rejette.

## 2 Calculer un intervalle de confiance et déterminer un effectif pour obtenir une précision donnée

### EXERCICE TYPE

Lors du second tour des élections présidentielles, un candidat souhaite connaître les intentions de vote de la population de son pays. Un premier sondage sur 250 personnes interrogées donne une intention de vote en sa faveur de 54 %. Un second sondage sur 1 900 personnes interrogées donne une intention de vote en sa faveur de 53 %.

**1°** Quel est le sondage le plus favorable au candidat ?

**2°** Le candidat table plutôt sur un résultat de 52 % en sa faveur. Il se demande combien faudrait-il interroger de personnes pour obtenir un intervalle de confiance au niveau de confiance 0,95 du pourcentage de personnes ayant l'intention de voter pour lui, avec une précision de 1,5 %.

### CORRIGÉ COMMENTÉ

> Toujours vérifier les conditions sur $n$ et $f$ pour pouvoir appliquer les formules.

**1°** Le premier sondage donne une proportion de 0,54 sur un échantillon de taille $n = 250$.
On calcule l'intervalle de confiance au niveau de confiance 0,95 en vérifiant au préalable que les conditions d'application sont vérifiées :
$n = 250 \geqslant 30$, $nf = 250 \times 0{,}54 = 135 \geqslant 5$ et $n\,(1 - f) = 250 \times 0{,}46 = 115 \geqslant 5$.
On peut déterminer l'intervalle de confiance :

$$I = \left[0{,}54 - \frac{1}{\sqrt{250}}\,;\,0{,}54 + \frac{1}{\sqrt{250}}\right] \approx [0{,}477\,;\,0{,}603].$$

Cet intervalle de confiance ne permet pas d'affirmer à 95 % que le candidat sera élu. *(50 % des votes sont nécessaires pour être élu.)*
Le second sondage donne une proportion de 0,53 sur un échantillon de taille $n = 1\,900$.
On vérifie que les conditions d'applications sont vérifiées :

$$n = 1\,900 \geqslant 30,\ nf = 1\,900 \times 0{,}53 = 1007 \geqslant 5 \text{ et}$$
$$n\,(1 - f) = 1\,900 \times 0{,}47 = 893 \geqslant 5.$$

On peut déterminer l'intervalle de confiance :

$$I = \left[0{,}53 - \frac{1}{\sqrt{1\,900}}\,;\,0{,}53 + \frac{1}{\sqrt{1\,900}}\right] \approx [0{,}507\,;\,0{,}553].$$

Cet intervalle de confiance permet d'affirmer à 95 % que le candidat sera élu. C'est donc le second sondage qui est le plus favorable à ce candidat.

2° Pour un échantillon de taille $n$, l'intervalle de confiance au niveau 0,95 de personnes ayant l'intention de voter pour le candidat est :

$$\left[0{,}52 - \frac{1}{\sqrt{n}}\ ;\ 0{,}52 + \frac{1}{\sqrt{n}}\right].$$

Pour avoir une précision de 1,5 %, l'intervalle de confiance doit être [0,505 ; 0,535], donc $0{,}52 + \frac{1}{\sqrt{n}} = 0{,}535$.

$$0{,}52 + \frac{1}{\sqrt{n}} = 0{,}535 \Leftrightarrow \frac{1}{\sqrt{n}} = 0{,}015 = \frac{15}{1\,000}$$

$$\Leftrightarrow \sqrt{n} = \frac{1\,000}{15}$$

$$\Leftrightarrow n = \left(\frac{1\,000}{15}\right)^2,$$

Pour l'autre borne de l'intervalle, le calcul donne le même résultat.

soit $n \approx 4\,445$.

Il faudrait donc interroger 4 445 personnes pour avoir un intervalle de confiance au niveau de confiance 0,95 correspondant au souhait du candidat.

## À RETENIR

- On utilise un intervalle de confiance lorsqu'on veut estimer une proportion inconnue $p$ dans une population.
- Cet intervalle de confiance de $p$ au niveau de confiance 0,95 sous certaines conditions **(à vérifier)** sur $n$ et $f$ se calcule avec la formule suivante :

$$\left[f - \frac{1}{\sqrt{n}}\ ;\ f + \frac{1}{\sqrt{n}}\right].$$

- Pour déterminer une taille d'échantillon suffisante pour obtenir une estimation d'une proportion au niveau de confiance 0,95 pour une précision attendue, on écrit l'intervalle de confiance avec $n$ comme inconnue qui doit être égal à un intervalle tenant compte de la précision souhaitée.
- Il reste alors à résoudre une équation en égalant les bornes des deux intervalles (mais un seul calcul suffit).

**1** ★ 10 min

La proportion de naissances d'enfants prématurés est d'environ 6 % en France (source INSEE). Une étude suggère que les femmes vivant dans la région Antilles-Guyane sont plus susceptibles d'avoir un enfant prématuré.
Une enquête est réalisée auprès de 625 femmes ayant eu un enfant en Guyane. 88 femmes ont eu un enfant prématuré. Quelle conclusion peut-on en tirer ?

→ *Corrigé p. 241*

**2** ★ 10 min

1° Déterminer la valeur du réel $a$ tel que l'intervalle $]-\infty ; a]$ soit considéré comme un intervalle de fluctuation au seuil de 95 % d'une variable aléatoire X suivant une loi normale $\mathcal{N}(0 ; 1)$. (*Arrondir à* $10^{-2}$.)

2° Vérifier que l'intervalle $[-3 ; 1{,}66]$ peut être considéré comme un intervalle de fluctuation au seuil de 95 % d'une variable aléatoire X suivant une loi normale $\mathcal{N}(0 ; 1)$.

→ *Corrigé p. 241*

**3** ★ 10 min

1° À la suite du lancement d'un nouveau savon dans un supermarché, pour étudier le pourcentage $p$ de consommateurs satisfaits par le produit, on a interrogé 256 personnes.
144 d'entre elles se sont déclarées satisfaites. Donner un intervalle de confiance avec un niveau de confiance 0,95 de $p$.

2° Donner l'intervalle de confiance au niveau 0,95 de la proportion de l'absentéisme sur l'année dans une entreprise comprenant 500 employés sachant que, sur un échantillon de 80 personnes, la proportion est de 15 %.

→ *Corrigé p. 241*

**4** ★★ 25 min

Le dernier sondage avant les élections municipales d'une ville moyenne donnait les résultats suivant :
– l'échantillon de 1 000 personnes choisi est représentatif de la population de la ville ;
– 500 personnes déclarent qu'elles voteront pour Letoit ;
– 250 personnes déclarent qu'elles voteront pour Menton ;
– 50 personnes déclarent qu'elles voteront pour Corneille.

1° Donner les intervalles de confiance au niveau 0,95 du pourcentage de personnes ayant l'intention de voter pour Letoit, Menton et Corneille.

2° Letoit est-il sûr d'être élu au premier tour ?

3° Le pourcentage de personnes ayant l'intention de voter pour le candidat Ribetou est évalué à 12 %. Combien faut-il interroger de personnes pour obtenir un intervalle de confiance à 95 % du pourcentage de personnes ayant l'intention de voter pour Ribetou, avec une précision de 1 % ? → Corrigé p. 242

**5** ★★ 25 min

Dans un pays ensoleillé, on admet que, dans la population d'enfants entre 8 et 12 ans, le pourcentage d'enfants ayant eu des troubles respiratoires est de 9 %.
Un médecin d'une ville de ce pays est étonné du nombre d'enfants l'ayant consulté à ce sujet et en informe son ministère. Suite à une forte augmentation de l'industrialisation de la région, une enquête discrète est alors menée. 80 enfants sont sélectionnés de manière aléatoire.

1° Déterminer l'intervalle de fluctuation asymptotique au seuil de 95 % de la proportion d'enfants de 8 à 12 ans ayant déjà souffert de troubles respiratoires.

2° L'enquête a montré que, sur les 80 enfants, 12 avaient souffert de troubles respiratoires. Une enquête plus vaste sera diligentée si la proportion observée est supérieure à la borne supérieure de l'intervalle de fluctuation asymptotique au seuil de 95 %. Que va conclure le ministère ?

3° Le médecin est muté dans une région montagneuse. Avant de partir, il envoie un courrier indiquant que le nombre d'enfants interrogés est insuffisant pour mettre en évidence que plus d'enfants souffraient de troubles respiratoires dans la ville que dans le reste du pays. Quel calcul a-t-il fait pour justifier son courrier ? → Corrigé p. 243

**6** ★★ 20 min

Rémi révise pour préparer son contrôle de mathématiques. Il remarque que le calcul des intervalles de fluctuation suit toujours la même règle. Il écrit alors un petit algorithme pour éviter de faire le même calcul à chaque exercice :

**Saisie des variables**
    $n$ entier ; *inf*, *sup* et $p$ réels
**Début algorithme**
    Saisir $n$, $p$.
    *inf* reçoit $p - 1{,}96\,\dfrac{\sqrt{p(1-p)}}{\sqrt{n}}$.
    *sup* reçoit $p + 1{,}96\,\dfrac{\sqrt{p(1-p)}}{\sqrt{n}}$.
    Afficher *inf* et *sup*.
**Fin algorithme**

1° Son ami Milo lui fait remarquer qu'il ne tient pas compte des conditions sur $n$ et $p$. Il modifie l'algorithme.
Quelle(s) instruction(s) a-t-il ajoutée(s) ?

2° Marie leur montre que leur algorithme doit être amélioré en prenant pour exemple $n = 80$ et $p = 0{,}05$. Expliquer pourquoi.

→ Corrigé p. 243

**7** ★★ 30 min

Le ministère du Travail ordonne une enquête sur le respect de la parité dans deux administrations. La parité signifie que l'identité sexuelle n'intervient pas au niveau du recrutement.
Dans l'administration A, on compte 66 femmes pour 150 employés, alors que, dans l'administration B, on compte 1 150 femmes pour 2 500 employés.

1° Dans chacune des deux administrations, déterminer le pourcentage de femmes employées.

2° On note X la variable aléatoire qui compte le nombre d'employés féminins dans l'entreprise A.
Déterminer la loi de X, puis préciser l'intervalle $I$ de fluctuation asymptotique de $\frac{X}{150}$ au seuil de 95 %.

3° On note Y la variable aléatoire qui compte le nombre d'employés féminins dans l'entreprise B.
Déterminer la loi de Y, puis préciser l'intervalle de fluctuation asymptotique $J$ de $\frac{Y}{2\,500}$ au seuil de 95 %.

4° Conclure.

→ Corrigé p. 244

**8** ★★★ 40 min

On dispose de deux urnes identiques numérotées 1 et 2, et dont le numéro est masqué. On sait que l'urne 1 contient 30 boules blanches et 70 boules rouges, alors que l'urne 2 contient 60 boules blanches et 40 boules rouges. On choisit une urne au hasard et on effectue 200 tirages avec remise d'une boule. On note N le nombre d'apparitions des boules blanches lors des 200 tirages et on se propose de déterminer l'urne choisie.

**1°** Si les tirages ont lieu dans l'urne 1, quelle loi suit la variable N ?

**2°** Si les tirages ont lieu dans l'urne 2, quelle loi suit la variable N ?

**3°** Déterminer, dans chaque cas, l'intervalle de fluctuation asymptotique au seuil de 95 %.

**4°** On a obtenu 68 boules blanches durant l'épreuve.
De quelle urne semblent-elles provenir ?

**5°** On change le contenu de l'urne 2 : on place 40 boules blanches et 60 boules rouges.
On effectue à nouveau 200 tirages dans une des urnes dont le numéro est caché.
Le résultat est : 70 boules blanches extraites.
Que peut-on conclure de cette expérience ?

**6°** Combien de tirages, au minimum, faudrait-il effectuer pour être sûr à 95 % que les boules proviennent de l'urne 2 ?

→ *Corrigé p. 245*

**9** ★★ 35 min

Une entreprise de matériel pour l'industrie produit des modules constitués de trois types de pièces : $P_1$, $P_2$ et $P_3$.

**1°** Une pièce $P_1$ est considérée comme bonne si sa longueur, en centimètres, est comprise entre 293,5 et 306,5.
On note L la variable aléatoire qui, à chaque pièce $P_1$ choisie au hasard dans la production d'une journée, associe sa longueur.
On suppose que L suit une loi normale de moyenne 300 et d'écart-type 3.
Déterminer, à $10^{-2}$ près, la probabilité qu'une pièce $P_1$ soit bonne.

**2°** On note A l'événement : « une pièce $P_1$ choisie au hasard dans la production des pièces $P_1$ est défectueuse ».
On note de même B l'événement : « une pièce $P_2$ choisie au hasard dans la production des pièces $P_2$ est défectueuse ».
On admet que les probabilités des deux événements A et B sont $P(A) = 0{,}03$ et $P(B) = 0{,}07$ et on suppose que ces deux événements sont indépendants.

Un module étant choisi au hasard dans la production, calculer, à $10^{-4}$ près, la probabilité de chacun des événements suivants :
– $E_1$ : « les deux pièces du module sont défectueuses » ;
– $E_2$ : « au moins une des deux pièces du module est défectueuse » ;
– $E_3$ : « aucune des deux pièces constituant le module n'est défectueuse ».

**3°** Dans un important stock de ces modules, on prélève au hasard 10 modules pour vérification. Le stock est assez important pour qu'on puisse assimiler ce prélèvement à un tirage avec remise de 10 modules.
On considère la variable aléatoire X qui, à tout prélèvement de 10 modules associe le nombre de modules réalisant l'événement $E_3$ défini à la question **2°**.
On suppose que la probabilité de l'événement $E_3$ est 0,902.
*a)* Expliquer pourquoi X suit une loi binomiale. Déterminer les paramètres de cette loi.
*b)* Calculer, à $10^{-3}$ près, la probabilité que, dans un tel prélèvement, 9 modules au moins réalisent l'événement $E_3$.

**4°** L'entreprise fabrique les pièces $P_3$ dans deux ateliers différents. Le responsable qualité doit contrôler le taux de défectuosité de la pièce $P_3$ dans les deux ateliers pour pouvoir les utiliser ensemble dans l'assemblage du module. En effet, des taux de défectuosité trop différents entraîneraient des retours-qualité et il faudrait commercialiser les modules sous deux appellations différentes.
L'entreprise adopte la stratégie suivante :
– elle calcule les intervalles de confiance à 0,95 du taux de défectuosité dans les deux ateliers ;
– si les deux intervalles sont disjoints, alors elle peut conclure à une différence du taux de défectuosité dans les deux ateliers et elle doit les commercialiser sous deux appellations différentes.
Dans le premier atelier, 198 pièces sur les 250 contrôlées sont bonnes et dans le deuxième atelier, 230 sur les 250.
Que doit conclure l'entreprise ?

→ Corrigé p. 246

**10** ★★★ **60 min**

**Partie A**

Lors d'un meeting d'athlétisme, des prises de sang sont effectuées sur 300 participants. Les échantillons prélevés sont analysés pour déterminer ceux qui contiennent une certaine substance interdite.
La probabilité qu'un échantillon contienne cette substance est 0,15. Le coût d'un contrôle est de 42 €.

Pour diminuer le coût total, on regroupe les échantillons par cinq, en prélevant une moitié de chacun d'eux.

- Si le test du groupe se révèle négatif, on considère que les cinq échantillons sont négatifs.
- Si le test du groupe est positif, il faut alors analyser séparément, les cinq moitiés d'échantillons restants de ce groupe.

1° Démontrer que la probabilité que le test d'un groupe soit positif est environ 0,56.

2° Soit X la variable aléatoire donnant le nombre de groupes dont le test est positif.
*a*) Démontrer que la variable X suit la loi binomiale B(60 ; 0,56).
*b*) Calculer l'espérance de X et en déduire l'économie probable que l'on peut espérer par cette méthode.

**Partie B**

On rappelle que, pour une variable aléatoire X qui suit une loi binomiale de paramètres $n$ et $p$, l'intervalle de fluctuation à 95 % de la variable $F_n = \frac{X}{n}$ est l'intervalle $\left[\frac{a}{n} ; \frac{b}{n}\right]$ défini par :

– $a$ est le plus petit entier tel que $P(X \leqslant a) > 0{,}025$ ;
– $b$ est le plus petit entier tel que $P(X \leqslant b) \geqslant 0{,}975$.

1° Voici un algorithme qui permet d'obtenir la borne $a$ :

| | |
|---|---|
| **Entrées :** | Saisir $n$. |
| | Saisir $p$. |
| **Traitement :** | $S$ prend la valeur 0. |
| | $i$ prend la valeur 0. |
| | Tant que $S \leqslant 0{,}025$ faire |
| | $S$ prend la valeur $S + \binom{n}{i} \times p^i \times (1-p)^{n-i}$ |
| | ........................................................ |
| | Fin de Tant que |
| **Sortie :** | Afficher $i - 1$ |

Compléter la ligne manquante en pointillés.

2° Modifier cet algorithme pour obtenir la borne $b$.

3° Modifier cet algorithme pour obtenir la borne $a$ de l'intervalle de fluctuation à 90 %.

4° À l'aide de la calculatrice, déterminer l'intervalle de fluctuation à 95 % lorsque la variable X suit la loi binomiale de paramètres $n = 60$ et $p = 0{,}56$.

## Partie C

Le même contrôle a été effectué sur des cyclistes. Les résultats des deux contrôles sont rassemblés dans le tableau ci-dessous :

| | Athlètes | Cyclistes | Total |
|---|---|---|---|
| **Test positif** | 45 | 46 | 91 |
| **Test négatif** | 255 | 134 | 389 |
| **Total** | 300 | 180 | 480 |

1° Déterminer un intervalle de confiance au niveau 0,95 de la proportion de tests positifs pour chaque discipline (athlétisme et cyclisme).

2° Peut-on conclure, au niveau de confiance 0,95, que l'utilisation de la substance interdite est la même pour les deux disciplines ?

→ *Corrigé p. 247*

**1** → *Énoncé p. 234*

Ne pas oublier les conditions d'utilisation de la formule.

On fait l'hypothèse que la proportion de prématurés dans l'échantillon est la même que dans la population française.

On détermine l'intervalle de fluctuation asymptotique au seuil 0,95 en remarquant que les conditions nécessaires sont vérifiées.

$n = 625 \geqslant 30$ ; $np = 37{,}5 \geqslant 5$ et $n\,(1-p) = 587{,}5 \geqslant 5$.

$$I = \left[p - 1{,}96\,\frac{\sqrt{p(1-p)}}{\sqrt{n}}\;;\;p + 1{,}96\,\frac{\sqrt{p(1-p)}}{\sqrt{n}}\right]$$

$$= \left[0{,}06 - 1{,}96\,\frac{\sqrt{0{,}06(1-0{,}06)}}{\sqrt{625}}\;;\;0{,}06 + 1{,}96\,\frac{\sqrt{0{,}06(1-0{,}06)}}{\sqrt{625}}\right] \approx [0{,}041\;;\;0{,}079].$$

On calcule la valeur observée de proportion de prématurés dans l'échantillon :

$$f = \frac{88}{625} = 0{,}140\,8.$$

La fréquence observée n'appartient pas à l'intervalle de fluctuation asymptotique au seuil de 95 % ; on rejette donc l'hypothèse et on en conclut que la proportion d'enfants prématurés est plus élevée chez les femmes en Guyane. *(Remarque : l'échantillon est, en revanche, conforme à la population guyanaise où la proportion d'enfants prématurés est de 14 %, source INSEE.)*

**2** → *Énoncé p. 234*

1° Avec la calculatrice, on cherche $a$ tel que $P(X \leqslant a) = 0{,}95$ :

- TI : 2nde var FracNormale (0.95,0,1).
- Casio : MENU STAT DIST NORM InvN (0.95,1,0).

La calculatrice donne environ 1,644 85 comme résultat ; donc, en prenant $a = 1{,}65$, l'intervalle $]-\infty\;;\;1{,}65]$ peut être considéré comme un intervalle de fluctuation au seuil de 95 %.

2° Avec la calculatrice, $P(-3 \leqslant X \leqslant 1{,}66) \approx 0{,}9502 > 0{,}95$ ; donc l'intervalle $[-3\;;\;1{,}66]$ peut être considéré comme un intervalle de fluctuation au seuil de 95 %.

**3** → *Énoncé p. 234*

1° On vérifie que l'on est dans les conditions de la propriété, à savoir :

$$n = 256 > 30,\quad n \times f = 144 > 5 \quad\text{et}\quad n \times (1-f) = 112 > 5.$$

L'intervalle avec un niveau de confiance 0,95 de $p$ est :

$$\left[\frac{144}{256} - \frac{1}{\sqrt{256}}\;;\;\frac{144}{256} + \frac{1}{\sqrt{256}}\right] = [0{,}5\;;\;0{,}625].$$

2° On vérifie que l'on est dans les conditions de la propriété, à savoir :
$n = 80 > 30$ ; $n \times f = 80 \times 0{,}15 = 12 > 5$ et $n \times (1-f) = 80 \times 0{,}85 = 68 > 5$.
Donc $I = \left[f - \frac{1}{\sqrt{n}} ; f + \frac{1}{\sqrt{n}}\right] = \left[0{,}15 - \frac{1}{\sqrt{80}} ; 0{,}15 + \frac{1}{\sqrt{80}}\right] \approx [0{,}04 ; 0{,}26]$.

**4** → *Énoncé p. 234*

L'échantillon de 1 000 personnes est supposé suffisamment grand pour déterminer un intervalle de confiance. Dans les trois cas, on vérifie aisément que les conditions requises pour les calculs sont vérifiées.

1° L'intervalle de confiance à 95 % de la proportion de personnes ayant l'intention de voter pour Letoit est :

$$\left[\frac{500}{1\,000} - \frac{1}{\sqrt{1\,000}} ; \frac{500}{1\,000} + \frac{1}{\sqrt{1\,000}}\right] \approx [0{,}468 ; 0{,}532].$$

L'intervalle de confiance à 95 % de la proportion de personnes ayant l'intention de voter pour Menton est :

$$\left[\frac{250}{1\,000} - \frac{1}{\sqrt{1\,000}} ; \frac{250}{1\,000} + \frac{1}{\sqrt{1\,000}}\right] \approx [0{,}218 ; 0{,}282].$$

L'intervalle de confiance à 95 % de la proportion de personnes ayant l'intention de voter pour Corneille est :

$$\left[\frac{50}{1\,000} - \frac{1}{\sqrt{1\,000}} ; \frac{50}{1\,000} + \frac{1}{\sqrt{1\,000}}\right] \approx [0{,}018 ; 0{,}082].$$

2° L'intervalle de confiance de Letoit permet d'estimer, avec une confiance de 95 %, que la proportion d'individus dans la population prêts à voter pour le candidat en question est comprise entre 46,8 % et 53,2 %.
Cela ne permet en aucun cas de conclure qu'il sera élu au premier tour.
On peut remarquer que, même si la borne inférieure de l'intervalle de confiance était supérieure à 0,5, il y aurait toujours le risque que l'échantillon fasse partie des 5 % de « mauvais » échantillons.

3° Pour un échantillon de taille $n$, l'intervalle de confiance au niveau 0,95 de personnes ayant l'intention de voter Ribetou est $\left[0{,}12 - \frac{1}{\sqrt{n}} ; 0{,}12 + \frac{1}{\sqrt{n}}\right]$.

Pour avoir une précision de 1 %, l'intervalle de confiance doit être [0,11 ; 0,13] ; donc $0{,}12 + \frac{1}{\sqrt{n}} = 0{,}13$.

Le calcul est le même avec l'autre borne.

$$0{,}12 + \frac{1}{\sqrt{n}} = 0{,}13 \Leftrightarrow \frac{1}{\sqrt{n}} = 0{,}01 = \frac{1}{100} \Leftrightarrow \sqrt{n} = 100 \Leftrightarrow n = 10\,000.$$

Avec la précision demandée, il faudrait donc interroger 10 000 personnes pour avoir un intervalle de confiance au niveau de confiance 0,95 du pourcentage de personnes ayant l'intention de voter Ribetou.

**5** → *Énoncé p. 235*

1° On détermine l'intervalle de fluctuation asymptotique au seuil 0,95 en remarquant que les conditions nécessaires sont vérifiées :

$$n = 80 \geqslant 30, \quad np = 7{,}2 \geqslant 5 \quad \text{et} \quad n(1-p) = 72{,}8 \geqslant 5.$$

$$I = \left[p - 1{,}96\frac{\sqrt{p(1-p)}}{\sqrt{n}} \; ; p + 1{,}96\frac{\sqrt{p(1-p)}}{\sqrt{n}}\right]$$

$$= \left[0{,}09 - 1{,}96\frac{\sqrt{0{,}09(1-0{,}09)}}{\sqrt{80}} \; ; 0{,}09 + 1{,}96\frac{\sqrt{0{,}09(1-0{,}09)}}{\sqrt{80}}\right] \approx [0{,}027 \; ; 0{,}153].$$

2° On calcule la valeur observée de proportion d'enfants ayant souffert de troubles respiratoires dans l'échantillon : $f = \frac{12}{80} = 0{,}15$.

La fréquence observée appartient à l'intervalle de fluctuation asymptotique au seuil de 95 % ; donc le ministère, en suivant la règle de décision choisie, ne prévoit pas d'enquête supplémentaire.

3° Il a calculé le nombre d'enfants à interroger pour que la proportion observée de 15 % soit en dehors de l'intervalle de fluctuation asymptotique.

Il faut et il suffit que la borne supérieure de l'intervalle de fluctuation asymptotique soit inférieure à 0,15 et donc de résoudre l'inéquation suivante :

$$0{,}09 + 1{,}96\frac{\sqrt{0{,}09(1-0{,}09)}}{\sqrt{n}} < 0{,}15 \Leftrightarrow 1{,}96\frac{\sqrt{0{,}09 \times 0{,}91}}{\sqrt{n}} < 0{,}06$$

$$\Leftrightarrow \frac{\sqrt{0{,}0819}}{\sqrt{n}} < \frac{0{,}06}{1{,}96} \Leftrightarrow \frac{1{,}96\sqrt{0{,}0819}}{0{,}06} < \sqrt{n}.$$

$\sqrt{n} > \frac{1{,}96\sqrt{0{,}0819}}{0{,}06} \approx 9{,}35$ ; on doit donc prendre $n > 87$ pour montrer une proportion anormalement élevée dans la ville.

**6** → *Énoncé p. 235*

1° Avant de calculer *inf* et *sup*, il ajoute une instruction testant si $n$ et $p$ vérifient le champ d'application de la formule :

**Si $n \geqslant 30$ ; $np \geqslant 5$ et $n(1-p) \geqslant 5$, alors :**

$$inf \text{ reçoit } p - 1{,}96\frac{\sqrt{p(1-p)}}{\sqrt{n}} \ldots$$

2° Le champ d'application de la formule n'est pas valide car $n \times p = 4 < 5$ ; donc leur algorithme ne calcule rien.
Elle rajoute alors comme instruction après « Afficher *inf* et *sup* » :

| |
|---|
| **Sinon**<br>**afficher le message « calculer l'intervalle de fluctuation avec la loi binomiale ».** |

*Pour ce calcul, se reporter à la méthode étudiée en Première et reprise dans l'exercice* 7 *du chapitre « Probabilités conditionnelles » et dans l'exercice* 10 *de ce chapitre.*

7 → *Énoncé p. 236*

1° Proportion de femmes dans l'administration A : $\dfrac{66}{150} = 0{,}44$ soit 44 %.

Proportion de femmes dans l'administration B : $\dfrac{1\,150}{2\,500} = 0{,}46$ soit 46 %.

2° On suppose que le nombre d'employés est suffisamment grand pour que le choix d'un employé pris au hasard *s*'apparente à un tirage avec remise. Si l'on suppose que l'entreprise A respecte la parité, alors X suit la loi binomiale de paramètres $p = 0{,}5$ et $n = 150$.
On vérifie que l'on est dans les conditions de la propriété :

$$n = 150 > 30, \quad n \times p = 75 > 5, \quad n \times (1 - p) = 75 > 5.$$

$$I_A = \left[p - 1{,}96\,\frac{\sqrt{p(1-p)}}{\sqrt{n}}\ ;\ p + 1{,}96\,\frac{\sqrt{p(1-p)}}{\sqrt{n}}\right]$$

$$= \left[0{,}5 - 1{,}96\,\frac{\sqrt{0{,}5(1-0{,}5)}}{\sqrt{150}}\ ;\ 0{,}5 + 1{,}96\,\frac{\sqrt{0{,}5(1-0{,}5)}}{\sqrt{150}}\right].$$

Penser à se programmer l'algorithme de l'exercice 6.

$I_A \approx [0{,}42\ ;\ 0{,}58]$.

3° De même, Y suit la loi binomiale de paramètres $p = 0{,}5$ et $n = 2\,500$.
$n = 2\,500 > 30, \quad n \times p = 1\,250 > 5, \quad n \times (1 - p) = 1\,250 > 5.$

$$J_B = \left[p - 1{,}96\,\frac{\sqrt{p(1-p)}}{\sqrt{n}}\ ;\ p + 1{,}96\,\frac{\sqrt{p(1-p)}}{\sqrt{n}}\right]$$

$$= \left[0{,}5 - 1{,}96\,\frac{\sqrt{0{,}5(1-0{,}5)}}{\sqrt{2\,500}}\ ;\ 0{,}5 + 1{,}96\,\frac{\sqrt{0{,}5(1-0{,}5)}}{\sqrt{2\,500}}\right].$$

$J_B \approx [0{,}48\ ;\ 0{,}52]$.

4° Conclusion : La proportion 0,46 n'est pas dans l'intervalle de fluctuation $J_B$. Autrement dit, la proportion de 0,46 s'observe dans moins de 5 % des cas. On peut donc rejeter l'hypothèse que l'administration B respecte la parité.
En revanche, la proportion 0,44 se trouve dans l'intervalle de fluctuation $I_A$. On ne peut donc pas rejeter l'hypothèse que l'administration A respecte la parité.

**8** → *Énoncé p. 237*

1° Chaque tirage est une épreuve de Bernoulli de paramètre $p = 0,3$.
Les 200 tirages sont indépendants (tirage avec remise), la variable N suit donc la loi binomiale de paramètres $p = 0,3$ et $n = 200$.

2° Chaque tirage est une épreuve de Bernoulli de paramètre $p = 0,6$.
Les 200 tirages sont indépendants (tirage avec remise), la variable N suit donc la loi binomiale de paramètres $p = 0,6$ et $n = 200$.

3° On vérifie, dans chaque cas, que l'on est dans les conditions de la propriété, à savoir :
- 1er cas : $n = 200 > 30$, $n \times p = 60 > 5$ et $n \times (1 - p) = 140 > 5$ ;
- 2e cas : $n = 200 > 30$, $n \times p = 120 > 5$ et $n \times (1 - p) = 80 > 5$.

Intervalle de fluctuation asymptotique au seuil de 95 % :

- 1er cas : $$I_1 = \left[p - 1,96\,\frac{\sqrt{p(1-p)}}{\sqrt{n}}\ ;\ p + 1,96\,\frac{\sqrt{p(1-p)}}{\sqrt{n}}\right]$$
$$= \left[0,3 - \frac{1,96\,\sqrt{0,3(1-0,3)}}{\sqrt{200}}\ ;\ 0,3 + 1,96\,\frac{\sqrt{0,3(1-0,3)}}{\sqrt{200}}\right]$$
$I_1 \approx [0,236\ ;\ 0,364]$.

- 2e cas : $$I_2 = \left[p - 1,96\,\frac{\sqrt{p(1-p)}}{\sqrt{n}}\ ;\ p + 1,96\,\frac{\sqrt{p(1-p)}}{\sqrt{n}}\right]$$
$$= \left[0,6 - 1,96\,\frac{\sqrt{0,6(1-0,6)}}{\sqrt{200}}\ ;\ 0,6 + 1,96\,\frac{\sqrt{0,6(1-0,6)}}{\sqrt{200}}\right]$$
$I_2 \approx [0,532\ ;\ 0,668]$.

4° 68 boules blanches sur 200 tirages, cela représente une proportion de 0,34.
On peut donc affirmer au risque d'erreur de 5 % que l'urne d'où sont extraites les boules est l'urne 1.

5° On calcule le nouvel intervalle de fluctuation pour l'urne 2.
On vérifie que l'on est dans les conditions de la propriété :
$$n = 200 > 300, \quad n \times p = 80 > 5, \quad n \times (1 - p) = 120 > 5.$$

$$I'_2 = \left[p - 1{,}96\,\frac{\sqrt{p(1-p)}}{\sqrt{n}}\ ;\ p + 1{,}96\,\frac{\sqrt{p(1-p)}}{\sqrt{n}}\right]$$

$$= \left[0{,}4 - 1{,}96\,\frac{\sqrt{0{,}4(1-0{,}4)}}{\sqrt{200}}\ ;\ 0{,}4 + 1{,}96\,\frac{\sqrt{0{,}4(1-0{,}4)}}{\sqrt{200}}\right]$$

$I'_2 \approx [0{,}332\ ;\ 0{,}468]$.

70 boules sur 200 représentent une proportion de 0,35.
Or, dans ce cas, les deux intervalles $I_1$ et $I'_2$ contiennent la valeur 0,35. On ne peut donc pas conclure sur l'origine des boules.

6° Plus $n$ augmente et plus les intervalles se réduisent. On cherche donc $n$ pour que la borne supérieure de $I_1$ soit strictement inférieure à 0,35.

Sur la calculatrice, on entre la fonction $f$ définie par $f(x) = 0{,}3 + 1{,}96\,\dfrac{\sqrt{0{,}3 \times 0{,}7}}{\sqrt{x}}$.

On fait afficher le tableau de valeurs de $f$ avec un pas de 1 et pour $n = 323$, on obtient $I_1 = [0{,}250\,02\ ;\ 0{,}349\,98]$.
Pour $n = 323$, on a aussi $I'_2 = [0{,}346\,57\ ;\ 0{,}453\,43]$.

$I_1$ et $I'_2$ sont disjoints.

On peut donc, dans ce cas, rejeter l'hypothèse que les boules proviennent de l'urne 1, au risque de 5 %.

## 9 → Énoncé p. 237

1° L suit une loi normale de moyenne 300 et d'écart-type 3 et on cherche $P(293{,}5 < \mathrm{L} < 306{,}5)$.
À la calculatrice, on obtient $P(293{,}5 \leqslant \mathrm{L} \leqslant 306{,}5) \approx 0{,}97$ arrondi à $10^{-2}$ près.
La probabilité qu'une pièce $P_1$ soit bonne est d'environ 0,97.

2° $P(\mathrm{E}_1) = P(\mathrm{A} \cap \mathrm{B}) = P(\mathrm{A}) \times P(\mathrm{B}) = 0{,}03 \times 0{,}07 = 0{,}002\,1$ car les deux événements sont indépendants.
$P(\mathrm{E}_2) = P(\mathrm{A} \cup \mathrm{B}) = P(\mathrm{A}) + P(\mathrm{B}) - P(\mathrm{A} \cap \mathrm{B}) = 0{,}03 + 0{,}07 - 0{,}002\,1 = 0{,}097\,9$.
$P(\mathrm{E}_3) = P(\overline{\mathrm{A} \cup \mathrm{B}}) = 1 - P(\mathrm{A} \cup \mathrm{B}) = 1 - P(\mathrm{E}_2) = 1 - 0{,}097\,9 = 0{,}902\,1$.

3° *a)* On effectue 10 tirages indépendants et l'expérience a deux issues possibles $\mathrm{E}_3$ ou son événement contraire ; on est donc dans le cadre de la répétition d'épreuves de Bernoulli et X suit la loi binomiale de paramètres $n$ et $p$ avec $n = 10$ et $p = P(\mathrm{E}_3) = 0{,}902$.

*b)* $P(\mathrm{X} \geqslant 9) = P(\mathrm{X} = 9) + P(\mathrm{X} = 10)$

$$= \binom{10}{9} \times 0{,}902^9 \times 0{,}098^1 + \binom{10}{10} \times 0{,}902^{10} \times 0{,}098^0 \approx 0{,}744.$$

4° L'intervalle de confiance à 95 % de la proportion de pièces défectueuses dans le premier atelier est :

$$\left[\frac{52}{250}-\frac{1}{\sqrt{250}}\ ;\ \frac{52}{250}+\frac{1}{\sqrt{250}}\right]\approx[0{,}145\ ;\ 0{,}271]$$

L'intervalle de confiance à 95 % de la proportion de pièces défectueuses dans le deuxième atelier est :

$$\left[\frac{20}{250}-\frac{1}{\sqrt{250}}\ ;\ \frac{20}{250}+\frac{1}{\sqrt{250}}\right]\approx[0{,}017\ ;\ 0{,}143]$$

Les deux intervalles sont disjoints ; l'entreprise doit donc commercialiser les modules sous deux appellations différentes.

**10** *Énoncé p. 238*

### Partie A

1° Soit Y la variable aléatoire qui compte le nombre de tests positifs dans un groupe de 5 athlètes. Chaque test est une épreuve de Bernoulli de paramètre $p = 0{,}15$. Les cinq tests sont indépendants ; Y suit donc la loi binomiale de paramètres $p = 0{,}15$ et $n = 5$.
Le test d'un groupe est positif si, et seulement si, $Y \geqslant 1$. Donc la probabilité que le test d'un groupe soit positif est :

$$P(Y \geqslant 1) = 1 - P(Y = 0) = 1 - (1 - 0{,}15)^5 = 1 - 0{,}85^5 \approx 0{,}56.$$

2° *a*) Le test d'un groupe est une épreuve de Bernoulli de paramètre $p = 0{,}56$. Puisqu'il y a 300 athlètes, regroupés par groupe de cinq, il y a 60 groupes. Les tests des différents groupes sont clairement indépendants ; la variable X suit donc la loi binomiale de paramètres $p = 0{,}56$ et $n = 60$.

*b*) $E(X) = n \times p = 60 \times 0{,}56 = 33{,}6$.
Si l'on avait réalisé les 300 tests, le coût total aurait été de :

$$300 \times 42\text{ €} = 12\,600\text{ €}.$$

Avec la méthode des groupes, on réalise 60 tests de groupe dont, en moyenne, 33,6 s'avèrent positifs et pour chacun desquels 5 tests individuels supplémentaires sont nécessaires, soit :

$$60 + 5 \times 33{,}6 = 228 \text{ tests au total.}$$

Le coût total est alors de 228 × 42 € = 9 576 €.
L'économie réalisée est donc de 12 600 € – 9 576 € = 3 024 €.

### Partie B

1° Ligne manquante : $i$ prend la valeur $i + 1$.

*i* a un rôle de compteur

2° Pour obtenir la borne $b$, il faut remplacer la ligne « Tant que $S \leqslant 0{,}025$ » par « Tant que $S < 0{,}975$ ».

3° Pour obtenir la borne $a$ de l'intervalle de fluctuation à 90 %, il faut remplacer la ligne « Tant que S $\leqslant$ 0,025 » par la ligne « Tant que S $\leqslant$ 0,05 ».
*En effet, l'intervalle doit rester centré ; il faut donc considérer que la probabilité doit être comprise entre 0,05 et 0,95. Cela donne bien un intervalle d'amplitude 0,9.*

4° On utilise le tableur de la calculatrice après avoir introduit la fonction :

- Texas : binomFRép (60,0.56,X).
- Casio : Bcd (X,60,0.56).

On trouve $a = 26$ et $b = 41$. L'intervalle de fluctuation à 95 % est donc :

$$\left[\frac{26}{60} ; \frac{41}{60}\right] \approx [0{,}43 ; 0{,}69].$$

## Partie C

1° Intervalle de confiance au niveau 0,95 de la proportion de tests positifs pour l'athlétisme :

$$I_A = \left[f - \frac{1}{\sqrt{n}} ; f + \frac{1}{\sqrt{n}}\right] = \left[\frac{45}{300} - \frac{1}{\sqrt{300}} ; \frac{45}{300} + \frac{1}{\sqrt{300}}\right] \approx [0{,}092 ; 0{,}208].$$

Intervalle de confiance au niveau 0,95 de la proportion de tests positifs pour le cyclisme :

$$I_C = \left[f - \frac{1}{\sqrt{n}} ; f + \frac{1}{\sqrt{n}}\right] = \left[\frac{46}{180} - \frac{1}{\sqrt{180}} ; \frac{46}{180} + \frac{1}{\sqrt{180}}\right] \approx [0{,}181 ; 0{,}33].$$

2° Les deux intervalles se chevauchent ; on ne peut donc pas rejeter l'hypothèse que l'utilisation de la substance interdite soit la même pour les deux disciplines.

CHAPITRE

# 10 Matrices

## 1 Définition

■ **Une matrice A est un tableau de nombres ordonnés en lignes et colonnes. Les nombres sont les éléments ou coefficients de la matrice.**
**Le nombre situé à l'intersection de la ligne numérotée $i$ et de la colonne numérotée $j$ est noté $a_{ij}$.**

■ La dimension de la matrice est $n \times p$, avec $n$ le nombre de lignes et $p$ le nombre de colonnes.

$$\begin{array}{cc} & \begin{array}{cccc} 1 & 2 & j & p \end{array} \\ \mathrm{A} = \begin{array}{c} 1 \\ 2 \\ \\ i \\ \\ n \end{array} & \begin{bmatrix} a_{11} & a_{12}\dots & a_{1j}\dots & a_{1p} \\ a_{21} & a_{22}\dots & a_{2j}\dots & a_{2p} \\ & & & \\ a_{i1} & a_{i2}\dots & a_{ij}\dots & a_{ip} \\ & & & \\ a_{n1} & a_{n2}\dots & a_{nj}\dots & a_{np} \end{bmatrix} \end{array}$$

$\mathrm{A} = \begin{bmatrix} 8 & 4 & -1 \\ 0 & 1 & -1 \\ 1 & 7 & -2 \\ 0 & 1 & -3 \end{bmatrix}$ est une matrice de dimension $4 \times 3$.

$a_{32} = 7$, nombre situé à l'intersection de la 3^e^ ligne et la 2^e^ colonne.

*Cas particuliers*

■ **Matrice ligne** (ou vecteur-ligne) : formée d'une seule ligne et de $p$ colonnes.
$\mathrm{A} = [1 \;\; -2 \;\; 4]$ est de dimension $1 \times 3$.

■ **Matrice colonne** (ou vecteur-colonne) : formée de $n$ lignes et d'une seule colonne.

$\mathrm{A} = \begin{bmatrix} 1 \\ -5 \\ 3 \end{bmatrix}$ est de dimension $3 \times 1$.

■ **Matrice carrée d'ordre $n$ :** formée de $n$ lignes et de $n$ colonnes.

$\mathrm{A} = \begin{bmatrix} 1 & -1 & 0 \\ 2 & 6 & 0 \\ -9 & 2 & 4 \end{bmatrix}$ est de dimension $3 \times 3$ ou carrée d'ordre 3.

■ **Matrice carrée diagonale :** tous les éléments sont nuls sauf ceux situés sur la diagonale.

■ **Matrice identité :** tous les éléments sont nuls sauf ceux situés sur la diagonale qui sont égaux à 1.

$I = \begin{bmatrix} 1 & 0 & 0 \\ 0 & 1 & 0 \\ 0 & 0 & 1 \end{bmatrix}$ est la matrice identité d'ordre 3.

■ **Matrice transposée $A^t$ :** les lignes et colonnes de la matrice sont échangées, ainsi les $n$ lignes de la matrice A deviennent les $n$ colonnes de la matrice $A^t$ et les $p$ colonnes de A deviennent les $p$ lignes de $A^t$.

$A = \begin{bmatrix} 1 & 0 \\ 2 & -1 \\ 3 & -2 \end{bmatrix}$ et $A^t = \begin{bmatrix} 1 & 2 & 3 \\ 0 & -1 & -2 \end{bmatrix}$.

## 2 Opérations sur les matrices

### A. Somme de deux matrices

Les matrices A et B doivent avoir la même dimension. La matrice A + B a la même dimension que A et B.

La matrice A + B est obtenue en ajoutant les éléments de A et ceux de B situés à la même place.

***Exemple***

$A = \begin{bmatrix} 2 & -1 \\ 1 & 3 \end{bmatrix}$ et $B = \begin{bmatrix} 5 & -1 \\ 4 & -3 \end{bmatrix}$ donc $A + B = \begin{bmatrix} 2+5 & -1-1 \\ 1+4 & 3-3 \end{bmatrix} = \begin{bmatrix} 7 & -2 \\ 5 & 0 \end{bmatrix}$.

### B. Multiplication par un réel

$\alpha$ est un nombre réel. La matrice $\alpha A$ a la même dimension que A.
Si $\alpha = -1$, $-A$ est la matrice opposée à la matrice A.

***Exemple***

$A = \begin{bmatrix} 2 & -1 \\ 1 & 3 \end{bmatrix}$ et $B = 2A = \begin{bmatrix} 2\times 2 & -1\times 2 \\ 1\times 2 & 3\times 2 \end{bmatrix} = \begin{bmatrix} 4 & -2 \\ 2 & 6 \end{bmatrix}$.

### C. Produit de deux matrices

**Attention à l'ordre !** Le produit A × B n'est en général pas égal au produit B × A.

COURS | MÉTHODES | EXERCICES | SUJETS BAC | CORRIGÉS

■ Étudier les dimensions : le produit de A de dimension $n \times p$ par B de dimension $p \times m$ donne une matrice de dimension $n \times m$.

***a*) Multiplication d'une matrice A par une matrice colonne B**

- A doit avoir comme nombre de colonnes le nombre de lignes de B.
- ***Principe :*** les éléments de A × B sont les produits des lignes de A par la colonne B.

***Exemple***

$$A = \begin{bmatrix} 1 & 0 \\ 2 & -1 \\ 3 & 2 \end{bmatrix} \text{ et } B = \begin{bmatrix} -3 \\ -2 \end{bmatrix} \text{ donc } A \times B = \begin{bmatrix} 1\times(-3)+0\times(-2) \\ 2\times(-3)+(-1)\times(-2) \\ 3\times(-3)+2\times(-2) \end{bmatrix} = \begin{bmatrix} -3 \\ -4 \\ -13 \end{bmatrix}.$$

***b*) Multiplication d'une matrice A par une matrice B**

On note M la matrice A × B.

Chaque élément $m_{ij}$ de la matrice M s'obtient en multipliant la ligne $i$ de la matrice A par la colonne $j$ de la matrice $B$, soit :

$$m_{ij} = a_{i1} \times b_{1j} + a_{i2} \times b_{2j} + \ldots + a_{ip} \times b_{pj}.$$

***Exemple***

$$A = \begin{bmatrix} 1 & 0 \\ 2 & -1 \\ 3 & -2 \end{bmatrix} \text{ et } B = \begin{bmatrix} 1 & 3 & -2 & 0 \\ 2 & 4 & -1 & 1 \end{bmatrix}.$$

A est une matrice de dimension 3 × 2 et B de dimension 2 × 4.

La matrice A × B est une matrice de dimension 3 × 4 (3 lignes et 4 colonnes).

Pour une meilleure lecture des calculs, il est conseillé de poser le calcul de la façon suivante :

$$\times \quad \begin{bmatrix} 1 & 3 & -2 & 0 \\ 2 & 4 & -1 & 1 \end{bmatrix}$$

$$\begin{bmatrix} 1 & 0 \\ 2 & -1 \\ 3 & -2 \end{bmatrix} = \begin{bmatrix} 1\times1+0\times2 & 1\times3+0\times4 & 1\times(-2)+0\times(-1) & 1\times0+0\times1 \\ 2\times1+(-1)\times2 & 2\times3+(-1)\times4 & 2\times(-2)+(-1)\times(-1) & 2\times0+(-1)\times1 \\ 3\times1+(-2)\times2 & 3\times3+(-2)\times4 & 3\times(-2)+(-2)\times(-1) & 3\times0+(-2)\times1 \end{bmatrix}$$

$$A \times B = \begin{bmatrix} 1 & 3 & -2 & 0 \\ 0 & 2 & -3 & -1 \\ -1 & 1 & -4 & -2 \end{bmatrix}$$

## D. Inverse d'une matrice carrée uniquement

Étant donnée une matrice carrée A d'ordre $n$, A est **inversible** s'il existe une matrice B telle que AB = BA = I, où I est la matrice identité.

On dit alors que B est la **matrice inverse** de A, notée $A^{-1}$.
Elle est utilisée, lorsqu'elle existe, pour la résolution de système et est obtenue à l'aide de la calculatrice :
Entrer la matrice A et demander :
- Sur TI : matrice puis [A] puis $x^{-1}$ puis entrer.
- Sur Casio : Mat A $x^{-1}$.

## 3 Matrices et résolution de systèmes

■ On considère un système d'équations de la forme :

$$\begin{cases} a_{11}x + a_{12}y + a_{13}z = b_1 \\ a_{21}x + a_{22}y + a_{23}z = b_2 \\ a_{31}x + a_{32}y + a_{33}z = b_3 \end{cases}$$

Il est formé par trois équations à trois inconnues $x$, $y$ et $z$ dont les coefficients $a_{ij}$ et $b_i$ sont des nombres réels ($i$ et $j$ sont compris entre 1 et 3).

■ Ce système peut s'écrire sous forme matricielle de la façon suivante : AX = B, où A, X et B sont les matrices :

$$A = \begin{bmatrix} a_{11} & a_{12} & a_{13} \\ a_{21} & a_{22} & a_{23} \\ a_{31} & a_{32} & a_{33} \end{bmatrix}, \quad X = \begin{bmatrix} x \\ y \\ z \end{bmatrix} \quad \text{et} \quad B = \begin{bmatrix} b_1 \\ b_2 \\ b_3 \end{bmatrix}.$$

■ Si la matrice A est inversible, alors il existe $A^{-1}$ telle que $AA^{-1} = I$, I étant la matrice identité.
Multiplions alors les deux membres de l'équation matricielle AX = B par $A^{-1}$ à **gauche**, on a alors $A^{-1}AX = A^{-1}B$, qui équivaut à $X = A^{-1}B$ car $A^{-1} \times A = I$ et $I \times X = X$.
On obtient la solution du système en multipliant l'inverse de la matrice, obtenue à l'aide de la calculatrice, par le deuxième membre de l'équation :

$$\mathbf{X = A^{-1} \times B}$$

***Exemple***

Résoudre le système $\begin{cases} x + y + z = 4 \\ 2x + y + 3z = 9. \\ x - y + 2z = 3 \end{cases}$

L'écriture matricielle du système est AX = B, avec $A = \begin{bmatrix} 1 & 1 & 1 \\ 2 & 1 & 3 \\ 1 & -1 & 2 \end{bmatrix}$,

$X = \begin{bmatrix} x \\ y \\ z \end{bmatrix}$ et $B = \begin{bmatrix} 4 \\ 9 \\ 3 \end{bmatrix}$.

La calculatrice donne $A^{-1} = \begin{bmatrix} 5 & -3 & 2 \\ -1 & 1 & -1 \\ -3 & 2 & -1 \end{bmatrix}$ et $A^{-1}B = \begin{bmatrix} -1 \\ 2 \\ 3 \end{bmatrix}$ ; donc le triplet solution est (–1 ; 2 ; 3).

***Remarques***

- Le système proposé est un système de trois équations avec 3 inconnues mais la méthode peut être utilisée avec *n* équations et *n* inconnues, *n* entier naturel, si la matrice est inversible.
- Si la matrice A n'est pas inversible, le système n'a pas une solution unique.

## 1 Rechercher l'expression d'une fonction

### EXERCICE TYPE

Soit la fonction $f$ définie sur $]0\ ;\ +\infty[$ par $f(x) = ax + b + \frac{c}{x}$ où $a$, $b$ et $c$ sont des réels.

Sachant que $f(1) = 2$ et que la courbe de $f$ dans un repère orthonormé passe par les points $A(2\ ;\ -1)$ et $B(4\ ;\ 2)$, déterminer $a$, $b$ et $c$.

### CORRIGÉ COMMENTÉ

La courbe de $f$ dans un repère orthonormé passe par les points $A(2\ ;\ -1)$ et $B(4\ ;\ 2)$ ; donc $f(2) = -1$ et $f(4) = 2$.

En remplaçant $x$ par les différentes valeurs dans l'expression de $f$, on obtient :

- $f(1) = 2$ donc $a + b + c = 2$ ;
- $f(2) = -1$ donc $2a + b + \frac{c}{2} = -1 \Leftrightarrow 4a + 2b + c = -2$ ;
- $f(4) = 2$ donc $4a + b + \frac{c}{4} = 2 \Leftrightarrow 16a + 4b + c = 8$.

$M(a\ ;\ b) \in C_f \Leftrightarrow f(a) = b.$

On doit donc résoudre le système suivant : $\begin{cases} a + b + c = 2 \\ 4a + 2b + c = -2. \\ 16a + 4b + c = 8 \end{cases}$

L'écriture matricielle du système est AX = B, avec $A = \begin{bmatrix} 1 & 1 & 1 \\ 4 & 2 & 1 \\ 16 & 4 & 1 \end{bmatrix}$,

$X = \begin{bmatrix} a \\ b \\ c \end{bmatrix}$ et $B = \begin{bmatrix} 2 \\ -2 \\ 8 \end{bmatrix}$.

La calculatrice donne $A^{-1} = \begin{bmatrix} \frac{1}{3} & \frac{-1}{2} & \frac{1}{6} \\ -2 & 2{,}5 & -0{,}5 \\ \frac{8}{3} & -2 & \frac{1}{3} \end{bmatrix}$ et $A^{-1}B = \begin{bmatrix} 3 \\ -13 \\ 12 \end{bmatrix} = X$.

On a donc $a = 3$, $b = -13$ et $c = 12$.

Et $f(x) = 3x - 13 + \frac{12}{x}$.

**À RETENIR**

• La première étape consiste **à traduire les données de l'énoncé en équation**. Dire que le point $A(x\ ;\ y)$ appartient à la courbe de la fonction $f$ signifie $f(x) = y$.
• Il faut ensuite **écrire le système sous forme matricielle**, la matrice A étant obtenue avec les coefficients devant les inconnues et la matrice B à l'aide des seconds membres.
• La calculatrice termine le travail en calculant le produit $A^{-1}B$ qui donne la solution, si elle existe, du système et donc les valeurs des inconnues.

## 2 Utiliser le calcul matriciel pour répondre à un problème concret

**EXERCICE TYPE**

**1°** Trois joueurs, Pierre, Kamel et André, dépensent à chaque fois qu'ils jouent 50 € en paris sportifs, 6 € au PMU®, 10 € au Loto® et 10 € à l'Euromillion®. Le nombre de jours au cours desquels ils jouent chaque mois est récapitulé dans le tableau ci-dessous.
À l'aide d'un calcul matriciel, donner la mise mensuelle de chacun des joueurs.

| | Paris sportifs | PMU® | Loto® | Euromillion® |
|---|---|---|---|---|
| **Pierre** | 4 | 3 | 1 | 1 |
| **Kamel** | 5 | 1 | 2 | 3 |
| **André** | 7 | 0 | 1 | 1 |

**2°** Les trois joueurs décident de limiter leurs dépenses mais souhaitent garder le même nombre de jours de jeu.

Pierre ne dépense plus que 143 €, Kamel 176 € et André 191 €. Enfin, ils décident que la mise des paris sportifs doit être égale à la somme des mises du PMU®, du Loto® et de l'Euromillion®.
Combien ont-ils dépensé à chaque fois qu'ils ont joué ?

**CORRIGÉ COMMENTÉ**

**1°** Le tableau se représente par la matrice $A = \begin{bmatrix} 4 & 3 & 1 & 1 \\ 5 & 1 & 2 & 3 \\ 7 & 0 & 1 & 1 \end{bmatrix}$.

Les mises des joueurs peuvent être notées dans une matrice colonne $M = \begin{bmatrix} 50 \\ 6 \\ 10 \\ 10 \end{bmatrix}$.

Les dépenses mensuelles des joueurs sont obtenues en effectuant le produit matriciel $A \times M$. Donc $A \times M = \begin{bmatrix} 238 \\ 306 \\ 370 \end{bmatrix}$.

Pierre dépense 238 € chaque mois, Kamel 306 € et André 370 €.

2° On appelle $x$ la mise des paris sportifs, $y$ celle du PMU®, $z$ celle du Loto® et $t$ celle de l'Euromillion®. La matrice colonne M devient $M = \begin{bmatrix} x \\ y \\ z \\ t \end{bmatrix}$.

Le produit matriciel $A \times M$ permet d'obtenir les trois équations suivantes :

$\begin{cases} 4x + 3y + z + t = 143 \\ 5x + y + 2z + 3t = 176 \\ 7x + z + t = 191 \end{cases}$ en tenant compte de l'argent qu'ils décident de dépenser.

La dernière condition sur les mises donne $x = y + z + t$, soit $x - y - z - t = 0$.

Le système à résoudre est alors : $\begin{cases} 4x + 3y + z + t = 143 \\ 5x + y + 2z + 3t = 176. \\ 7x + z + t = 191 \\ x - y - z - t = 0 \end{cases}$

Pour trouver l'unique solution d'un système, il faut avoir au moins le même nombre d'équations que d'inconnues.

L'écriture matricielle du système est $A'M = B$, avec $A' = \begin{bmatrix} 4 & 3 & 1 & 1 \\ 5 & 1 & 2 & 3 \\ 7 & 0 & 1 & 1 \\ 1 & -1 & -1 & -1 \end{bmatrix}$,

$M = \begin{bmatrix} x \\ y \\ z \\ t \end{bmatrix}$ et $B = \begin{bmatrix} 143 \\ 176 \\ 191 \\ 0 \end{bmatrix}$.

La calculatrice donne $A'^{-1} = \begin{bmatrix} \frac{1}{21} & 0 & \frac{2}{21} & \frac{1}{7} \\ \frac{8}{21} & 0 & \frac{-5}{21} & \frac{1}{7} \\ \frac{-8}{21} & -1 & \frac{26}{21} & \frac{-15}{7} \\ \frac{1}{21} & 1 & \frac{-19}{21} & \frac{8}{7} \end{bmatrix}$ et $A'^{-1}B = M = \begin{bmatrix} 25 \\ 9 \\ 6 \\ 10 \end{bmatrix}$.

Donc $x = 25$, $y = 9$, $z = 6$ et $t = 10$.
En conclusion, pour chaque partie, ils vont donc consacrer 25 € aux paris sportifs, 9 € au PMU®, 6 € au Loto® et 10 € à l'Euromillion®.

## À RETENIR

• **Un tableau peut se représenter par une matrice dont le nombre de lignes et de colonnes est le même que celui du tableau.** Le tableau étant un tableau croisé, les données de l'énoncé et le but de l'exercice peuvent conduire à écrire une matrice dont les lignes sont les colonnes du tableau et inversement.

• Avant de se lancer dans le calcul d'un produit de matrices, il est important d'**étudier la dimension des matrices pour vérifier la faisabilité du calcul**.
A est une matrice 3 × **4** et B une matrice **4** × 1, donc A × B peut se calculer et est une matrice 3 × 1.

• Une vérification à la calculatrice est indispensable pour limiter le risque d'erreur.

• La question 2 fait appel à une résolution de système.
La première étape est la mise en équation :
– il faut nommer les inconnues ;
– pour chaque joueur, la mise totale *s*'obtient en multipliant le nombre de jours par la mise de chaque jeu : on obtient alors 3 équations à 4 inconnues ;
– la dernière condition est indispensable à la résolution de l'exercice pour obtenir une 4e équation.
La deuxième étape est la résolution du système en le transformant à l'aide d'une écriture matricielle. On reprend ensuite la méthode précédente.

**1** ★ 5 min

Répondre aux questions par Vrai ou Faux en se référant à la matrice :

$$A = \begin{bmatrix} -2 & -2 & 1 \\ 1 & 1 & -1 \\ 6 & 3 & 2 \\ 1 & 5 & 4 \end{bmatrix}.$$

1° A est de dimension $3 \times 4$.

2° $A^{-1}$ est de dimension $3 \times 4$.

3° L'élément situé à l'intersection de la 3^e^ ligne et la 2^e^ colonne de A est $a_{32} = 3$.

4° L'élément situé à l'intersection de la 3^e^ ligne et la 2^e^ colonne de $A^t$ est 3.

→ Corrigé p. 264

**2** ★ 30 min

$A = \begin{bmatrix} 1 & -2 \\ 0 & 5 \\ 2 & -2 \end{bmatrix}$, $B = \begin{bmatrix} 2 & -1 & 0 \\ 1 & 3 & 1 \\ 2 & 0 & 1 \end{bmatrix}$, $C = \begin{bmatrix} 1 & -2 \\ 3 & 1 \\ -1 & 0 \end{bmatrix}$, $D = \begin{bmatrix} 1 & 2 & 3 \\ -2 & 1 & -1 \end{bmatrix}$ et $I_3$ est la matrice identité d'ordre 3.

1° Effectuer les calculs matriciels suivants :
$A + C$ ; $A - C$ ; $A + B$ ; $-3A$ ; $2C$ ; $-3A + 2C$ ; $A + 2I_3$ ; $B - 3I_3$.

2° Calculer les produits de matrices suivants :
$A^2$ ; $B^2$ ; $C \times D$ ; $B \times D$ ; $D \times B$ ; $C \times D \times B$.

3° Donner à l'aide de la calculatrice, si elles existent, les matrices $A^{-1}$, $B^{-1}$, $(B - 3I_3)^{-1}$.

→ Corrigé p. 264

**3** ★ 10 min

Une entreprise a installé trois distributeurs de boissons dans un aéroport. Chaque distributeur propose, dans cet ordre, des sodas, des bières, des cafés, des eaux minérales. L'état des stocks (S), des recharges (R) et des ventes (V) qui ont suivi, avant la recharge suivante, sont donnés par les matrices suivantes :

$$S = \begin{bmatrix} 5 & 2 & 8 & 4 \\ 2 & 3 & 1 & 1 \\ 10 & 1 & 0 & 1 \end{bmatrix}, \quad R = \begin{bmatrix} 50 & 20 & 40 & 40 \\ 50 & 30 & 50 & 30 \\ 40 & 20 & 50 & 30 \end{bmatrix} \quad \text{et} \quad V = \begin{bmatrix} 45 & 18 & 32 & 34 \\ 28 & 31 & 41 & 25 \\ 30 & 10 & 50 & 12 \end{bmatrix}.$$

1° Donner la nouvelle matrice des stocks après recharge et vente.

2° Chaque soda est vendu 2 €, chaque bière 3 €, chaque café 1 € et chaque bouteille d'eau 2 €. L'employé qui doit remplir les machines vide la caisse entre 2 recharges. Combien a-t-il récolté d'euros ?

→ Corrigé p. 266

## 4 ★★ 20 min

*(Tableur et utilisation du produit de matrices pour calculer des moyennes)*
Le tableau ci-dessous reproduit les notes des élèves de Terminale ES 1 du lycée de l'Estuaire qui font tous spécialité Mathématiques au baccalauréat 2013.

| | A | B | C | D | E | F | G | H | I | J | K | L | M | N |
|---|---|---|---|---|---|---|---|---|---|---|---|---|---|---|
| **1** | | SES | Maths | Histoire-géo | Philosophie | Anglais | Espagnol | EPS | Français écrit | Français oral | Moyenne | Mention | Matière | Coefficient |
| **2** | Aurore | 14 | 12 | 2 | 1 | 3 | 11 | 14 | 11 | 11 | 8,79 | Refusé | SES | 7 |
| **3** | Léa | 6 | 17 | 8 | 8 | 18 | 17 | 18 | 0 | 5 | 10,79 | Admis | Maths | 7 |
| **4** | Dana | 10 | 15 | 17 | 19 | 14 | 11 | 17 | 12 | 12 | 14,18 | BIEN | Histoire-géo | 5 |
| **5** | Anna | 19 | 19 | 9 | 9 | 10 | 17 | 0 | 8 | 11 | 13,21 | ABIEN | Philosophie | 4 |
| **6** | Geoffrey | 13 | 10 | 4 | 12 | 12 | 19 | 10 | 20 | 10 | 11,26 | Admis | Anglais | 3 |
| **7** | Morgane | 4 | 3 | 18 | 7 | 6 | 3 | 11 | 16 | 2 | 7,32 | Refusé | Espagnol | 2 |
| **8** | Justine | 17 | 7 | 17 | 3 | 4 | 7 | 10 | 9 | 17 | 10,68 | Admis | EPS | 2 |
| **9** | Johana | 2 | 13 | 12 | 16 | 9 | 10 | 0 | 11 | 019 | 9,88 | Refusé | Français écrit | 2 |
| **10** | Léo | 2 | 9 | 10 | 5 | 10 | 14 | 16 | 6 | 6 | 7,68 | Refusé | Français oral | 2 |
| **11** | Camille | 11 | 14 | 13 | 20 | 9 | 15 | 2 | 13 | 1 | 12,03 | ABIEN | | 34 |
| **12** | | 9,8 | 11,9 | 11 | 10 | 9,5 | 12,4 | 9,8 | 10,6 | 9,4 | 10,58 | | | |

1° En utilisant le calcul matriciel, expliquer comment obtenir la moyenne au baccalauréat du premier élève de la liste, puis le généraliser à tous les élèves.

2° Donner une instruction permettant d'obtenir la mention de chaque élève à l'examen.

3° Donner une instruction permettant de calculer la moyenne générale de la classe à l'examen.

→ Corrigé p. 266

## 5 ★ 10 min

Résoudre les systèmes :

1° $\begin{cases} x + 2y - 3z = -4 \\ 2x + 3y + z = 11 \\ -x - 3y + 2z = -1 \end{cases}$

2° $\begin{cases} 2x + y - 2z + t = 0 \\ 3x - y + 2z - 2t = 6 \\ -x + 2y - 2z - t = -3 \\ x - y + 2z - t = 3 \end{cases}$

→ Corrigé p. 267

**6** ★ 10 min

Le responsable d'un vidéoclub veut vendre son stock de DVD sous forme de lots :
– lot 1 : 5 DVD de films d'action, 2 de comédies et 1 de dessins animés ;
– lot 2 : 4 DVD de comédies et 4 de dessins animés ;
– lot 3 : 2 DVD de films d'action, 1 de comédies et 5 de dessins animés.
Combien doit-il proposer de lots de chaque type s'il veut épuiser son stock de 760 DVD de films d'action, 720 de comédies et 920 de dessins animés ?

→ *Corrigé p. 268*

**7** ★★ 20 min

1° Déterminer l'équation de la parabole passant par les points $A(2\ ;\ 15)$, $B(-5\ ;\ 64)$ et $C(1\ ;\ 4)$.

2° Déterminer les réels $a$, $b$, $c$ et $d$ tels que la courbe d'équation :

$$y = ax^3 + bx^2 + cx + d$$

passe par les points $A(-2\ ;\ -15)$, $B(1\ ;\ 9)$, $C(3\ ;\ 95)$ et $D(4\ ;\ 195)$.

→ *Corrigé p. 269*

**8** ★★ 25 min

Un chocolatier propose à sa clientèle 4 produits différents pour les fêtes de fin d'année : des calendriers de l'avent (A), des ballotins de truffes (B), des assortiments de chocolats « bio » (C) et des boîtes de chocolats (D).
Il passe sa commande à 4 industriels différents ($I_1$, $I_2$, $I_3$ et $I_4$) qui travaillent aussi pour d'autres chocolatiers.
Chaque industriel peut lui proposer par jour les quantités notées dans le tableau suivant :

| | $I_1$ | $I_2$ | $I_3$ | $I_4$ |
|---|---|---|---|---|
| **A** | 20 | 100 | 40 | 100 |
| **B** | 10 | 50 | 20 | 20 |
| **C** | 50 | 60 | 60 | 60 |
| **D** | 30 | 200 | 50 | 10 |

**1°** En 2011, pour préparer sa commande, il avait estimé que l'entreprise $I_1$ devait travailler 8 jours pour lui, $I_2$ 4 jours, $I_3$ 10 jours et $I_4$ 5 jours.
À l'aide du calcul matriciel, donner le nombre total de boîtes de chaque type qui ont été livrées au chocolatier.

**2°** Ayant eu des invendus, le chocolatier décide, en 2012, de ne faire fabriquer que 820 calendriers, 350 ballotins de truffes, 1 160 assortiments de chocolats « bio » et 920 boîtes de chocolats. Déterminer le nombre de jours de travail qu'il doit demander à chacune des entreprises.

→ *Corrigé p. 270*

**9** ★★★ 70 min

*On considère un pays fictif, sans échanges extérieurs, dont l'économie très simplifiée se décompose en trois branches seulement : l'agriculture, l'industrie et les services, dont les consommations sont données dans une unité monétaire quelconque (millions d'euros, par exemple).*

<u>L'agriculture :</u> la production est de 500.
• 250 réparties en consommations intermédiaires :
– 50 consommées par l'agriculture elle-même (engrais verts, etc.) ;
– 150 consommées par l'industrie (industrie agro-alimentaire, etc.) ;
– 50 consommées par les services (restauration, transport, etc.).
• Le reste en consommation finale, soit 250 disponibles pour satisfaire les besoins de la population.

<u>L'industrie :</u> la production est de 2 500.
• 1 000 réparties en consommations intermédiaires :
– 150 consommées par l'agriculture (engrais chimique, énergie, machines, etc.) ;

– 550 consommées par l'industrie elle-même (énergie, machines, etc.) ;
– 300 consommées par les services (transports, etc.).
• Le reste en consommation finale, soit 1 500 disponibles pour satisfaire les besoins de la population.

<u>Les services :</u> la production est de 2 000.
• 800 réparties en consommations intermédiaires :
– 100 consommées par l'agriculture (administration, etc.) ;
– 200 consommées par l'industrie (administration, sous-traitance, etc.) ;
– 500 consommées par les services eux-mêmes.
• Le reste en consommation finale, soit 1 200 disponibles pour satisfaire les besoins de la population.

1° Écrire le vecteur-colonne P des productions et le vecteur-colonne $C_F$ des consommations finales.

2° Compléter le tableau d'échanges interbranches ci-dessous : le nombre inscrit à l'intersection de la ligne *i* et de la colonne *j* est la partie de la production de la branche *i*, consommée par la branche *j*.

| | **Consommations intermédiaires** | | |
|---|---|---|---|
| | **Consommation de l'agriculture** | **Consommation de l'industrie** | **Consommation des services** |
| **Production de l'agriculture** | | | |
| **Production de l'industrie** | | | |
| **Production des services** | | | |

3° La matrice des coefficients techniques A est définie de la manière suivante :

$$a_{ij} = \frac{\text{consommation intermédiaire de la branche } i \text{ par la branche } j}{\text{production de la branche } j}.$$

Ainsi, $a_{12} = \dfrac{150}{2\,500}$ représente la consommation intermédiaire de l'agriculture par l'industrie divisée par la production de l'industrie.
Compléter la matrice A et en donner une forme simplifiée.

4° Calculer A × P et vérifier que l'on obtient le vecteur-colonne des consommations intermédiaires noté $C_I$.

5° Exprimer par une égalité de matrices la relation :

production = consommations intermédiaires + consommation finale.

6° Montrer que $(I_3 - A) \times P = C_F$ où $I_3$ est la matrice identité d'ordre 3.

7° La matrice $I_3 - A$ est appelée « matrice de Léontief [prix Nobel d'économie en 1973] ». Elle est notée L.

Calculer L et, avec les données du problème, vérifier l'égalité $L \times P = C_F$.
*On admet maintenant que la matrice A reste stable lorsque les productions ou les consommations varient.*

**8°** La production agricole a doublé. En utilisant l'égalité $L \times P = C_F$, calculer les nouvelles consommations finales.

**9°** Pour faire face à l'évolution de la société, il est nécessaire d'augmenter la consommation finale en produit agricole de 48,77 % et celle de la production industrielle de 395,9 %, tandis que celle des services doit diminuer de 0,82 %.
Montrer que la recherche des nouvelles productions nécessaires revient à résoudre un système linéaire de trois équations à trois inconnues, que l'on donnera sous forme matricielle.

**10°** Résoudre ce système à l'aide de la calculatrice, sans donner $L^{-1}$.

→ *Corrigé p. 271*

**1** → Énoncé p. 258

$$A = \begin{bmatrix} -2 & -2 & 1 \\ 1 & 1 & -1 \\ 6 & 3 & 2 \\ 1 & 5 & 4 \end{bmatrix} \qquad A^t = \begin{bmatrix} -2 & 1 & 6 & 1 \\ -2 & 1 & 3 & 5 \\ 1 & -1 & 2 & 4 \end{bmatrix}.$$

1° FAUX : A est de dimension $4 \times 3$ (4 lignes et 3 colonnes).

2° FAUX : $A^{-1}$ n'existe pas car A n'est pas carrée, c'est $A^t$ de dimension $3 \times 4$.

3° VRAI.

4° FAUX : l'élément situé à l'intersection de la 3e ligne et la 2e colonne de $A^t$ est $-1$.

**2** → Énoncé p. 258

> Penser à vérifier les calculs matriciels à l'aide de la calculatrice.

1° $A + C = \begin{bmatrix} 1+1 & -2+(-2) \\ 0+3 & 5+1 \\ 2+(-1) & -2+0 \end{bmatrix} = \begin{bmatrix} 2 & -4 \\ 3 & 6 \\ 1 & -2 \end{bmatrix}$

et $A - C = \begin{bmatrix} 1-1 & -2-(-2) \\ 0-3 & 5-1 \\ 2-(-1) & -2-0 \end{bmatrix} = \begin{bmatrix} 2 & -4 \\ 3 & 6 \\ 1 & -2 \end{bmatrix}$.

A + B ne peut pas être calculé car les matrices A et B n'ont pas la même dimension.

$-3A = \begin{bmatrix} -3\times1 & -3\times(-2) \\ -3\times0 & -3\times5 \\ -3\times2 & -3\times(-2) \end{bmatrix} = \begin{bmatrix} -3 & 6 \\ 0 & -15 \\ -6 & 6 \end{bmatrix}$ et $2C = \begin{bmatrix} 2 & -4 \\ 6 & 2 \\ -2 & 0 \end{bmatrix}$

donc $-3A + 2C = \begin{bmatrix} -1 & 2 \\ 6 & -13 \\ -8 & 6 \end{bmatrix}$.

$A + 2\,I_3$ ne peut pas être calculé car les matrices A et $I_3$ n'ont pas la même dimension.

$B - 3I_3 = \begin{bmatrix} 2-3 & -1 & 0 \\ 1 & 3-3 & 1 \\ 2 & 0 & 1-3 \end{bmatrix} = \begin{bmatrix} -1 & -1 & 0 \\ 1 & 0 & 1 \\ 2 & 0 & -2 \end{bmatrix}$.

2° $A^2$ ne peut se calculer car A est une matrice $3 \times 2$. Pour calculer la puissance d'une matrice, celle-ci doit être carrée.

$$B^2 = \begin{bmatrix} 2 & -1 & 0 \\ 1 & 3 & 1 \\ 2 & 0 & 1 \end{bmatrix} \times \begin{bmatrix} 2 & -1 & 0 \\ 1 & 3 & 1 \\ 2 & 0 & 1 \end{bmatrix}.$$

$$B^2 = \begin{bmatrix} 2\times2+(-1)\times1+0\times2 & 2\times(-1)+(-1)\times3+0\times0 & 2\times0+(-1)\times1+0\times1 \\ 1\times2+3\times1+1\times2 & 1\times(-1)+3\times3+1\times0 & 1\times0+3\times1+1\times1 \\ 2\times2+0\times1+1\times2 & 2\times(-1)+0\times3+1\times0 & 2\times0+0\times1+1\times1 \end{bmatrix}$$

$$B^2 = \begin{bmatrix} 3 & -5 & -1 \\ 7 & 8 & 4 \\ 6 & -2 & 1 \end{bmatrix}.$$

Le produit de deux matrices A et B n'est possible que si le nombre de colonne de A est égal au nombre de ligne de B.

C est une matrice $3 \times 2$ et D est une matrice $2 \times 3$ ; donc $C \times D$ existe et est une matrice $3 \times 3$ :

$$C \times D = \begin{bmatrix} 5 & 0 & 5 \\ 1 & 7 & 8 \\ -1 & -2 & -3 \end{bmatrix}.$$

B est une matrice $3 \times 3$ et D est une matrice $2 \times 3$ ; donc $B \times D$ n'existe pas.
D est une matrice $2 \times 3$ et B est une matrice $3 \times 3$ ; donc $D \times B$ existe et est une matrice $2 \times 3$ :

$$D \times B = \begin{bmatrix} 10 & 5 & 5 \\ -5 & 5 & 0 \end{bmatrix}.$$

$C \times D$ existe et est une matrice $3 \times 3$ et B est une matrice $3 \times 3$ ; donc $C \times D \times B$ existe et est une matrice $3 \times 3$ :

$$C \times D \times B = \begin{bmatrix} 5 & 0 & 5 \\ 1 & 7 & 8 \\ -1 & -2 & -3 \end{bmatrix} \times \begin{bmatrix} 2 & -1 & 0 \\ 1 & 3 & 1 \\ 2 & 0 & 1 \end{bmatrix} = \begin{bmatrix} 20 & -5 & 5 \\ 25 & 20 & 15 \\ -10 & -5 & -5 \end{bmatrix}.$$

3° $A^{-1}$ n'existe pas car A n'est pas une matrice carrée.

$$B^{-1} = \begin{bmatrix} \frac{3}{5} & \frac{1}{5} & \frac{-1}{5} \\ \frac{1}{5} & \frac{2}{5} & \frac{-2}{5} \\ \frac{-6}{5} & \frac{-2}{5} & \frac{7}{5} \end{bmatrix} \text{ et } (B - 3I_3)^{-1} = \begin{bmatrix} 0 & \frac{1}{2} & \frac{1}{4} \\ -1 & \frac{-1}{2} & \frac{-1}{4} \\ 0 & \frac{1}{2} & \frac{-1}{4} \end{bmatrix}.$$

**3** → *Énoncé p. 258*

1° $S' = S + R - V = \begin{bmatrix} 10 & 4 & 16 & 10 \\ 24 & 2 & 10 & 6 \\ 20 & 11 & 0 & 19 \end{bmatrix}$.

2° La matrice des prix est $P = \begin{bmatrix} 2 \\ 3 \\ 1 \\ 2 \end{bmatrix}$. Celle de la caisse (notée C) s'obtient en multipliant celle des ventes par celle des prix.

$$C = V \times P = \begin{bmatrix} 45 & 18 & 32 & 34 \\ 28 & 31 & 41 & 25 \\ 30 & 10 & 50 & 12 \end{bmatrix} \times \begin{bmatrix} 2 \\ 3 \\ 1 \\ 2 \end{bmatrix} = \begin{bmatrix} 244 \\ 240 \\ 164 \end{bmatrix}.$$

L'employé récupèrera 244 € dans le premier distributeur, 240 € dans le deuxième et 164 € dans le troisième, soit une recette totale de 648 €.

**4** → *Énoncé p. 259*

1° Les notes des élèves sont les éléments d'une matrice ayant 10 lignes et 9 colonnes, soit la matrice A de dimension 10 × 9.

Les coefficients des matières sont les éléments d'une matrice colonne à 9 lignes, donc une matrice B de dimension 9 × 1.

Pour obtenir la moyenne du premier élève, dans la cellule K2, on multiplie les éléments situés dans les cellules B2 à J2 (matrice ligne de dimension 1 × 9) par ceux situés dans les cellules N2 à N10 (matrice colonne de dimension 9 × 1) puis on divise par la somme des coefficients de la cellule N11.

> On multiplie chaque note par son coefficient. La moyenne s'obtient en divisant la somme de tous les résultats obtenus par la somme des coefficients.

L'instruction à écrire est :

=PRODUITMAT(B2:J2;$N$2:$N$10)/$N$11

Il faut fixer les éléments de la matrice B avec les $ car les coefficients ne changent pas, tout comme la somme des coefficients.

La moyenne de tous les élèves est obtenue dans une matrice colonne dont les éléments sont donnés par le produit matriciel A × B, en recopiant vers le bas, pour les 10 élèves, la formule ci-dessus.

2° Il faut tester le résultat donné par la matrice colonne des moyennes pour savoir à quel intervalle elle appartient et afficher la mention correspondante. Pour cela, on utilise plusieurs fois l'instruction SI en les imbriquant les unes dans les autres :
=SI(10>K2;"Refusé";SI(K2<12;"Admis";SI(K2<14;"ABIEN";SI(K2<16;"BIEN";"TBIEN")))) puis recopier vers le bas pour les 10 élèves.

3° =MOYENNE(K2:K11) en cellule K12.

**5** → *Énoncé p. 259*

1° L'écriture matricielle du système est AX = B, avec

$$A = \begin{bmatrix} 1 & 2 & -3 \\ 2 & 3 & 1 \\ -1 & -3 & 2 \end{bmatrix},\ X = \begin{bmatrix} x \\ y \\ z \end{bmatrix} \text{ et } B = \begin{bmatrix} -4 \\ 11 \\ -1 \end{bmatrix}.$$

La calculatrice donne $A^{-1} = \begin{bmatrix} \frac{9}{8} & \frac{5}{8} & \frac{11}{8} \\ \frac{-5}{8} & \frac{-1}{8} & \frac{-7}{8} \\ \frac{-3}{8} & \frac{1}{8} & \frac{-1}{8} \end{bmatrix}$ et $A^{-1}B = \begin{bmatrix} 1 \\ 2 \\ 3 \end{bmatrix}$.

Donc le triplet solution est (1 ; 2 ; 3).

2° L'écriture matricielle du système est AX = B, avec $A = \begin{bmatrix} 2 & 1 & -2 & 1 \\ 3 & -1 & 2 & -2 \\ -1 & 2 & -2 & -1 \\ 1 & -1 & 2 & -1 \end{bmatrix}$,

$$X = \begin{bmatrix} x \\ y \\ z \\ t \end{bmatrix} \text{ et } B = \begin{bmatrix} 0 \\ 6 \\ -3 \\ 3 \end{bmatrix}.$$

La calculatrice donne $A^{-1} = \begin{bmatrix} \frac{1}{3} & 0 & 0 & \frac{1}{3} \\ \frac{4}{3} & -2 & 1 & \frac{13}{3} \\ \frac{5}{6} & \frac{-3}{2} & \frac{1}{2} & \frac{10}{3} \\ \frac{2}{3} & -1 & 0 & \frac{5}{3} \end{bmatrix}$ et $A^{-1}B = \begin{bmatrix} 1 \\ -2 \\ -0{,}5 \\ -1 \end{bmatrix}$.

Donc la solution est (1 ; – 2 ; – 0,5 ; – 1).

**6** → *Énoncé p. 260*

On note respectivement $x$, $y$ et $z$ le nombre de lots 1, 2 et 3.
Il y a 5 DVD de films d'action dans le lot 1, aucun dans le lot 2 et 2 dans le lot 3 pour un total de 760 à écouler ; l'équation obtenue est donc $760 = 5x + 2z$.
En procédant de même pour les autres types de film, on obtient le système :

$$\begin{cases} 5x + 2z = 760 \\ 2x + 4y + z = 720 \\ x + 4y + 5z = 920 \end{cases}$$

La difficulté réside dans le choix des inconnues et la mise en place du système.

L'écriture matricielle du système est $AX = B$, avec $A = \begin{bmatrix} 5 & 0 & 2 \\ 2 & 4 & 1 \\ 1 & 4 & 5 \end{bmatrix}$, $X = \begin{bmatrix} x \\ y \\ z \end{bmatrix}$ et $B = \begin{bmatrix} 760 \\ 720 \\ 920 \end{bmatrix}$.

La calculatrice donne $A^{-1} = \begin{bmatrix} \frac{2}{11} & \frac{1}{11} & \frac{-1}{11} \\ \frac{-9}{88} & \frac{23}{88} & \frac{-1}{88} \\ \frac{1}{22} & \frac{-5}{22} & \frac{5}{22} \end{bmatrix}$ et $A^{-1}B = \begin{bmatrix} 120 \\ 100 \\ 80 \end{bmatrix}$.

Donc le triplet solution est (120 ; 100 ; 80).
Le responsable du vidéoclub, s'il veut vendre son stock de DVD sous forme de lots, doit constituer 120 lots 1, 100 lots 2 et 80 lots 3.

**7** → *Énoncé p. 260*

**1°** On cherche l'équation de la parabole sous la forme suivante : $y = ax^2 + bx + c$ où $a$, $b$ et $c$ sont les réels à déterminer. Les coordonnées des points $A$, $B$ et $C$ doivent vérifier l'équation de $P$, d'où le système suivant à résoudre :

$$\begin{cases} 15 = 4a + 2b + c \\ 64 = 25a - 5b + c \\ 4 = a + b + c \end{cases}$$

> $M(x_M ; y_M) \in P \Leftrightarrow y_M = ax^2_M + bx_M + c.$

L'écriture matricielle du système est AX = B, avec $A = \begin{bmatrix} 4 & 2 & 1 \\ 25 & -5 & 1 \\ 1 & 1 & 1 \end{bmatrix}$,

$X = \begin{bmatrix} a \\ b \\ c \end{bmatrix}$ et $B = \begin{bmatrix} 15 \\ 64 \\ 4 \end{bmatrix}$.

La calculatrice donne $A^{-1} = \begin{bmatrix} \frac{1}{7} & \frac{1}{42} & \frac{-1}{6} \\ \frac{4}{7} & \frac{-1}{14} & \frac{-1}{2} \\ \frac{-5}{7} & \frac{1}{21} & \frac{5}{3} \end{bmatrix}$ et $A^{-1}B = \begin{bmatrix} 3 \\ 2 \\ -1 \end{bmatrix}$.

Donc $a = 3$, $b = 2$ et $c = -1$. La parabole a pour équation $y = 3x^2 + 2x - 1$.

**2°** Les coordonnées des points $A$, $B$, $C$ et $D$ doivent vérifier l'équation de la courbe, d'où le système suivant à résoudre :

$$\begin{cases} -15 = -8a + 4b - 2c + d \\ 9 = a + b + c + d \\ 95 = 27a + 9b + 3c + d \\ 195 = 64a + 16b + 4c + d \end{cases}$$

L'écriture matricielle du système est AX = B, avec $A = \begin{bmatrix} -8 & 4 & -2 & 1 \\ 1 & 1 & 1 & 1 \\ 27 & 9 & 3 & 1 \\ 64 & 16 & 4 & 1 \end{bmatrix}$,

$X = \begin{bmatrix} a \\ b \\ c \\ d \end{bmatrix}$ et $B = \begin{bmatrix} -15 \\ 9 \\ 95 \\ 195 \end{bmatrix}$.

La calculatrice donne $A^{-1} = \begin{bmatrix} \frac{-1}{90} & \frac{1}{18} & \frac{-1}{10} & \frac{1}{18} \\ \frac{4}{45} & \frac{-5}{18} & \frac{3}{10} & \frac{-1}{9} \\ \frac{-19}{90} & \frac{-1}{9} & \frac{3}{5} & \frac{-5}{18} \\ \frac{2}{15} & \frac{4}{3} & \frac{-4}{5} & \frac{1}{3} \end{bmatrix}$ et $A^{-1}B = \begin{bmatrix} 2 \\ 3 \\ 5 \\ -1 \end{bmatrix}$.

Donc $a = 2$, $b = 3$, $c = 5$ et $d = -1$. La courbe a pour équation $y = 2x^3 + 3x^2 + 5x - 1$.

**8** → Énoncé p. 261

**1°** Le tableau peut s'écrire sous forme matricielle en considérant :

$$M = \begin{bmatrix} 20 & 100 & 40 & 100 \\ 10 & 50 & 20 & 20 \\ 50 & 60 & 60 & 60 \\ 30 & 200 & 50 & 10 \end{bmatrix}.$$

Le nombre de jours travaillés par chaque entreprise peut s'écrire avec une matrice colonne $N = \begin{bmatrix} 8 \\ 4 \\ 10 \\ 5 \end{bmatrix}$.

Le produit M × N donne alors le nombre de boîtes de chaque type :

$$M \times N = \begin{bmatrix} 20 & 100 & 40 & 100 \\ 10 & 50 & 20 & 20 \\ 50 & 60 & 60 & 60 \\ 30 & 200 & 50 & 10 \end{bmatrix} \times \begin{bmatrix} 8 \\ 4 \\ 10 \\ 5 \end{bmatrix} = \begin{bmatrix} 1\,460 \\ 580 \\ 1\,540 \\ 1\,590 \end{bmatrix}.$$

L'opération s'effectue à la calculatrice.

Il a donc commandé 1 460 calendriers, 580 ballotins de truffes, 1 540 assortiments de chocolats « bio » et 1 590 boîtes de chocolats.

**2°** On note $x$, $y$, $z$ et $t$ le nombre de jours respectivement travaillés par les 4 entreprises. Ces inconnues doivent vérifier le système matriciel suivant :

$$M \times \begin{bmatrix} x \\ y \\ z \\ t \end{bmatrix} = \begin{bmatrix} 820 \\ 350 \\ 1\,160 \\ 920 \end{bmatrix}, \text{ d'où } \begin{bmatrix} x \\ y \\ z \\ t \end{bmatrix} = M^{-1} \times \begin{bmatrix} 820 \\ 350 \\ 1\,160 \\ 920 \end{bmatrix} \text{ et donc } \begin{bmatrix} x \\ y \\ z \\ t \end{bmatrix} = \begin{bmatrix} 10 \\ 1 \\ 8 \\ 2 \end{bmatrix}.$$

Le chocolatier devra demander à l'entreprise $I_1$ de travailler 10 jours, à $I_2$ 1 jour, à $I_3$ 8 jours et à $I_4$ 2 jours.

**9** → *Énoncé p. 261*

1° $P = \begin{bmatrix} 500 \\ 2\,500 \\ 2\,000 \end{bmatrix}$ et $C_F = \begin{bmatrix} 250 \\ 1\,500 \\ 1\,200 \end{bmatrix}$.

2° Tableau d'échanges interbranches :

| | Consommations intermédiaires | | |
|---|---|---|---|
| | **Consommation de l'agriculture** | **Consommation de l'industrie** | **Consommation des services** |
| **Production de l'agriculture** | 50 | 150 | 50 |
| **Production de l'industrie** | 150 | 550 | 300 |
| **Production des services** | 100 | 200 | 500 |

3° $A = \begin{bmatrix} \frac{50}{500} & \frac{150}{2\,500} & \frac{50}{2\,000} \\ \frac{150}{500} & \frac{550}{2\,500} & \frac{300}{2\,000} \\ \frac{100}{500} & \frac{200}{2\,500} & \frac{500}{2\,000} \end{bmatrix} = \begin{bmatrix} \frac{1}{10} & \frac{3}{50} & \frac{1}{40} \\ \frac{3}{10} & \frac{11}{50} & \frac{3}{20} \\ \frac{1}{5} & \frac{2}{25} & \frac{1}{4} \end{bmatrix}$.

4° $C_I = \begin{bmatrix} 50+150+50 \\ 150+550+300 \\ 100+200+500 \end{bmatrix} = \begin{bmatrix} 250 \\ 1\,000 \\ 800 \end{bmatrix}$ et $A \times P = \begin{bmatrix} 250 \\ 1\,000 \\ 800 \end{bmatrix}$. On a bien $A \times P = C_I$.

5° $P = C_I + C_F$. En effet, $\begin{bmatrix} 250 \\ 1\,000 \\ 800 \end{bmatrix} + \begin{bmatrix} 250 \\ 1\,500 \\ 1\,200 \end{bmatrix} = \begin{bmatrix} 500 \\ 2\,500 \\ 2\,000 \end{bmatrix}$.

6° $A \times P = C_I$ et $P = C_I + C_F$ ;
donc $C_F = P - C_I = P - A \times P = (I_3 - A) \times P$.

> Pour toute matrice carrée M d'ordre 3, on a $M \times I_3 = I_3 \times M = M$.

7° $L = \begin{bmatrix} \frac{9}{10} & \frac{-3}{50} & \frac{-1}{40} \\ \frac{-3}{10} & \frac{39}{50} & \frac{-3}{20} \\ \frac{-1}{5} & \frac{-2}{25} & \frac{3}{4} \end{bmatrix}$ et $L \times P = \begin{bmatrix} 250 \\ 1500 \\ 1200 \end{bmatrix} = C_F$.

8° La production agricole a doublé, elle est donc de 1 000 unités.

$L \times P = \begin{bmatrix} \frac{9}{10} & \frac{-3}{50} & \frac{-1}{40} \\ \frac{-3}{10} & \frac{39}{50} & \frac{-3}{20} \\ \frac{-1}{5} & \frac{-2}{25} & \frac{3}{4} \end{bmatrix} \times \begin{bmatrix} 1000 \\ 2500 \\ 2000 \end{bmatrix} = \begin{bmatrix} 700 \\ 1350 \\ 1100 \end{bmatrix}$ ; il reste donc 700 unités de l'agriculture disponibles pour la population, 1 350 de l'industrie et 1 100 des services.

9° La consommation finale devient $C_F = \begin{bmatrix} 250 \times 1,4877 \\ 1500 \times 4,959 \\ 1200 \times 0,9918 \end{bmatrix} = \begin{bmatrix} 371,925 \\ 7438,5 \\ 1190,16 \end{bmatrix}$.

On cherche donc $P = \begin{bmatrix} x \\ y \\ z \end{bmatrix}$ telle que $L \times P = C_F$. L'écriture matricielle est celle d'un système de 3 équations à 3 inconnues.

Traduire les variations en pourcentage par des coefficients mutiplicateurs.

10° $P = L^{-1} \times C_F$, et, à l'aide de la calculatrice, on obtient $P = \begin{bmatrix} 1\,203,15 \\ 10\,583,25 \\ 3\,036,6 \end{bmatrix}$.

Les productions nécessaires sont de 1 203,15 unités pour l'agriculture, 10 583,25 pour l'industrie et 3 036,6 pour les services.

CHAPITRE 11

# Graphes

## 1 Vocabulaire des graphes

### A. Sommet et arête, degré et ordre

Un **graphe** est un ensemble de points et de segments.
Un **sommet** du graphe est un point du graphe.
Une **arête** du graphe est une ligne reliant deux sommets.
Une **boucle** est une arête reliant un sommet à lui-même.
Deux sommets reliés par une arête sont **adjacents**.
Un **graphe complet** est un graphe dont tous les sommets sont adjacents les uns aux autres.
Un **graphe orienté** est un graphe dont les arêtes sont orientées (d'un sommet à l'autre) et représentées par une flèche (origine et extrémité).
Le **degré** d'un sommet est égal au nombre d'arêtes dont ce sommet est une extrémité.
L'**ordre** du graphe est le nombre de sommets du graphe.

*Théorème*

**La somme des degrés de tous les sommets d'un graphe est égale au double du nombre total d'arêtes.**

### B. Exemples

Graphe 1

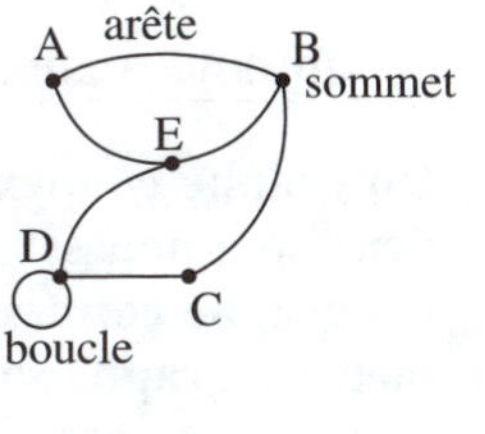


■ Le graphe 1 est un graphe d'ordre 5.
Pour le tableau des degrés, une boucle compte pour 2.

| **Sommet** | A | B | C | D | E |
|---|---|---|---|---|---|
| **Degré** | 2 | 3 | 2 | 4 | 3 |

Somme des degrés : $14 = 7 \times 2$.

Graphe 2

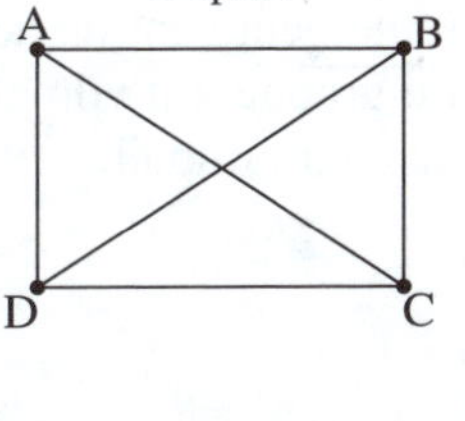


■ Le graphe 2 est un graphe complet d'ordre 4, les 4 sommets du graphe sont adjacents les uns aux autres.
Tous les sommets sont de degré 3.

## 2 Chaînes et cycles

### A. Définitions

Une **chaîne** dans un graphe non orienté est une suite d'arêtes mises bout à bout et reliant deux sommets du graphe.
Une **chaîne orientée** dans un graphe orienté est une suite d'arêtes telles que l'extrémité terminale de l'une est l'extrémité initiale de l'autre.
Un **cycle** est une chaîne composée d'arêtes toutes distinctes **dont les extrémités coïncident**.
Un graphe est **connexe** lorsque, pour chaque paire de sommets, il existe au moins une chaîne reliant ces deux sommets.
La **longueur d'une chaîne** est le nombre d'arêtes qui la composent.

*Exemple*

A → B → C est une chaîne orientée du graphe 3.
Le graphe 3 n'est pas connexe car il n'existe pas de chaîne reliant les sommets A et D.

Graphe 3

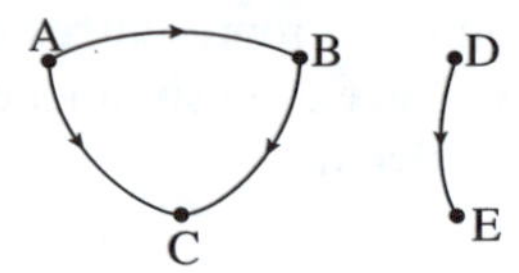


### B. Chaîne eulérienne

Une **chaîne eulérienne** est une chaîne composée de toutes les arêtes du graphe prises une seule fois.
Si les extrémités coïncident, on a un **cycle eulérien**.

### C. Théorème d'Euler

**Un graphe connexe admet une chaîne eulérienne si, et seulement si, zéro ou deux sommets seulement du graphe sont de degré impair.**
**Un graphe connexe admet un cycle eulérien si, et seulement si, tous les sommets du graphe sont de degré pair.**

Le graphe 1 admet une chaîne eulérienne entre les sommets B et E car 2 sommets seulement sont de degré impair : B – A – E – B – C – D – D – E.
Le graphe 2 n'admet pas de cycle ni de chaîne eulérienne car tous les sommets sont de degré impair.

## 3 Matrices et graphe

### A. Matrice d'adjacence associée à un graphe

La **matrice associée** à un graphe d'ordre $n$ est la matrice carrée A de dimension $n \times n$ dont l'élément $a_{ij}$ est égal au nombre d'arêtes reliant les sommets $i$ et $j$.
Si les sommets $i$ et $j$ ne sont pas adjacents, alors $a_{ij} = 0$.
Pour un graphe orienté, $a_{ij}$ est le nombre d'arêtes allant du sommet $i$ **vers** le sommet $j$.

***Exemples***

Graphe 4

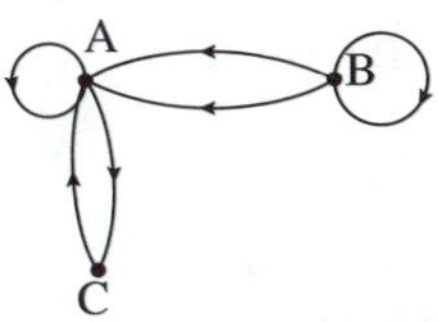


Matrice associée au graphe 4

$$A = \begin{bmatrix} 1 & 0 & 1 \\ 2 & 1 & 0 \\ 1 & 0 & 0 \end{bmatrix}$$

Graphe 5

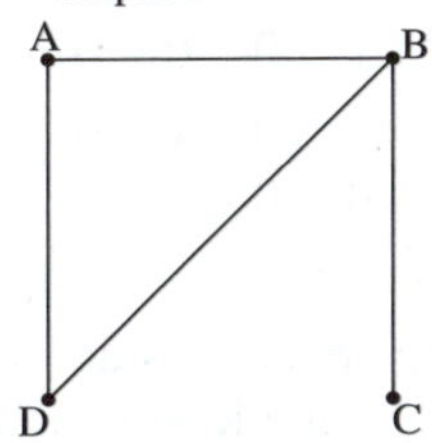


Matrice associée au graphe 5

$$B = \begin{bmatrix} 0 & 1 & 0 & 1 \\ 1 & 0 & 1 & 1 \\ 0 & 1 & 0 & 0 \\ 1 & 1 & 0 & 0 \end{bmatrix}$$

*La matrice d'un graphe non orienté est symétrique.*

### B. Nombre de chaînes de longueur $p$

***Théorème***

Soit la matrice $A^p$, puissance $p$–ième de A.
**L'élément $p_{ij}$ de la matrice $A^p$ est égal au nombre de chaînes de longueur $p$ reliant le sommet $i$ au sommet $j$.**

***Exemple***

Écrire la matrice M associée au graphe ci-dessous (on notera les sommets par ordre alphabétique).

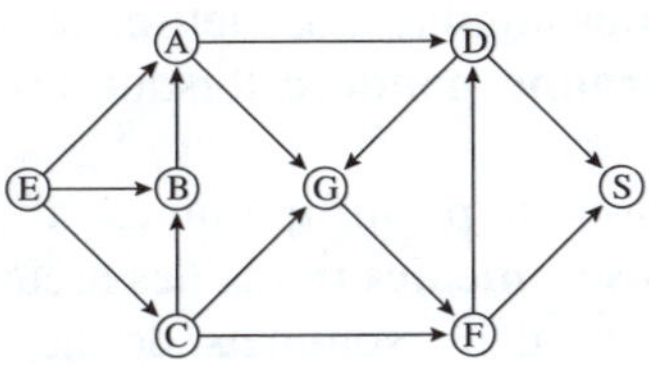


Calculer $M^5$, puis en déduire le nombre de chemins en 5 étapes partant de E et arrivant à S et les citer.

Le graphe étant orienté, la matrice n'est pas symétrique. On retrouve le nombre d'arêtes du graphe en faisant la somme des éléments de la matrice.

$$M = \begin{bmatrix} & A & B & C & D & E & F & G & S \\ A & 0 & 0 & 0 & 1 & 0 & 0 & 1 & 0 \\ B & 1 & 0 & 0 & 0 & 0 & 0 & 0 & 0 \\ C & 0 & 1 & 0 & 0 & 0 & 1 & 1 & 0 \\ D & 0 & 0 & 0 & 0 & 0 & 0 & 1 & 1 \\ E & 1 & 1 & 1 & 0 & 0 & 0 & 0 & 0 \\ F & 0 & 0 & 0 & 1 & 0 & 0 & 0 & 1 \\ G & 0 & 0 & 0 & 0 & 0 & 1 & 0 & 0 \\ S & 0 & 0 & 0 & 0 & 0 & 0 & 0 & 0 \end{bmatrix} \qquad M^5 = \begin{bmatrix} 0 & 0 & 0 & 0 & 0 & 1 & 1 & 1 \\ 0 & 0 & 0 & 1 & 0 & 0 & 1 & 2 \\ 0 & 0 & 0 & 2 & 0 & 2 & 0 & 2 \\ 0 & 0 & 0 & 0 & 0 & 1 & 0 & 0 \\ 0 & 0 & 0 & 2 & 0 & 3 & 3 & 5 \\ 0 & 0 & 0 & 0 & 0 & 0 & 1 & 1 \\ 0 & 0 & 0 & 1 & 0 & 0 & 0 & 1 \\ 0 & 0 & 0 & 0 & 0 & 0 & 0 & 0 \end{bmatrix}$$

On cherche le nombre de chaînes de longueur 5 en calculant la matrice $M^5$.
L'élément $m^5_{58}$ de $M^5$ donne le nombre de trajets en 5 étapes entre E et S.
$m^5_{58} = 5$ ; il existe donc 5 chemins entre E et S.

Les 5 chemins en 5 étapes entre E et S sont :

– E → C → B → A → D → S.
– E → C → G → F → D → S.
– E → A → G → F → D → S.
– E → A → D → G → F → S.
– E → B → A → G → F → S.

## 4 Graphe étiqueté, graphe pondéré

### A. Définitions

Un graphe orienté ou non est dit « **étiqueté** » lorsque ses arêtes sont affectées d'étiquettes qui peuvent contenir des nombres, des lettres ou des symboles.
Un graphe étiqueté est un **graphe pondéré** lorsque les étiquettes contiennent des **nombres positifs**.
Le **poids d'une arête** est le nombre positif qui lui est affecté.
Le **poids d'une chaîne** est la **somme des poids** des arêtes qui la composent.
**Une plus courte chaîne** entre deux sommets donnés est une **chaîne de poids minimal** parmi toutes les chaînes reliant les deux sommets.
Cette chaîne de poids minimal peut être obtenue en utilisant l'**algorithme de Dijkstra** (voir méthode 2).

COURS | MÉTHODES | EXERCICES | SUJETS BAC | CORRIGÉS

## B. Exemples

Graphe 7 étiqueté

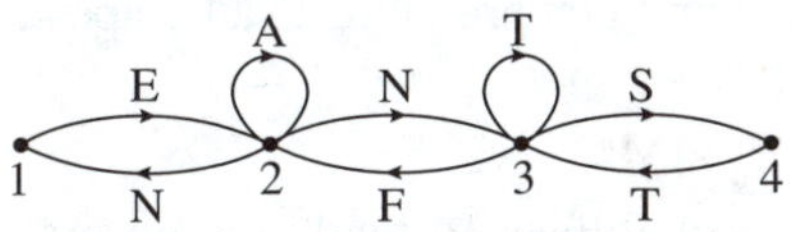


La chaîne 1 – 2 – 3 – 2 – 2 – 3 – 3 – 4 permet de lire le mot ENFANTS.

Graphe 8 pondéré

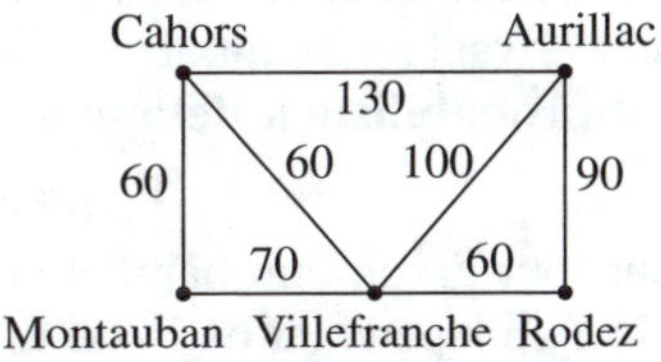


La poids de chaque arête est environ la distance entre chacune des 5 villes notées C, A, R, V et M.
La chaîne C – M – V – R a pour poids 190 = 60 + 70 + 60.
La distance entre Cahors et Rodez en passant par Montauban et Villefranche est de 190 km.
La chaîne de poids minimal entre ces deux villes est C – V – R de poids 120 (voir méthode 2).

## 5 Graphe probabiliste

### A. Définitions

Un **graphe probabiliste** est un **graphe orienté et pondéré** tel que :
– les sommets du graphe sont les états possibles de l'individu ;
– le poids d'une arête orientée issue du sommet $i$ et allant vers le sommet $j$ est la probabilité conditionnelle d'être à l'état $j$ à l'étape $n + 1$, sachant que l'état $i$ est réalisé à l'étape $n$ ;
– la somme des poids des arêtes sortant de chaque sommet donné vaut 1.

L'**état probabiliste** de l'individu est une loi de probabilité sur l'ensemble des états possibles représentée par une **matrice ligne**.
La matrice M associée au graphe probabiliste est une matrice carrée appelée « **matrice de transition** » des états ; ses éléments sont les **poids** des arêtes du graphe.

## B. Théorèmes

• Soit M la matrice de transition d'un graphe probabiliste d'ordre $k$, $P_0$ la matrice ligne décrivant l'état initial et $P_n$ la matrice représentant l'état probabiliste à l'étape $n$. **L'état probabiliste à l'étape $n$ + 1 est :**

$$P_{n+1} = P_n \times M \text{ et } P_n = P_0 \times M^n.$$

• Pour tout graphe probabiliste d'ordre 2, l'état probabiliste $P_n$ tend vers un **état stable P** indépendant de l'état initial, tel que :

$$P = P \times M.$$

***Remarque***

*Il ne doit pas y avoir de 0 dans la matrice de transition pour obtenir l'état stable.*

## C. Exemple

***Énoncé***

Dans une résidence de vacances d'été, les touristes vont tous les jours à la plage soit en minibus, soit à bicyclette. Chaque jour, ils peuvent modifier leur choix de transport. Le jour de leur arrivée, 80 % des touristes choisissent le minibus.

On note $a_n$ et $b_n$ les proportions de touristes ayant pris le minibus (A) et la bicyclette (B) $n$ jours après le jour d'arrivée. On a alors $a_0 = 0{,}8$ et $b_0 = 0{,}2$.

L'état initial est donc $P_0 = [0{,}8 \ 0{,}2]$.

On considère qu'ensuite, chaque jour, 30 % de ceux qui ont pris le minibus la veille choisissent la bicyclette et 15 % des vacanciers qui avaient emprunté la bicyclette la veille choisissent le minibus.

***Modélisation***

Le problème se modélise par le graphe probabiliste suivant, sachant que, si 30 % de ceux qui ont pris le minibus la veille choisissent la bicyclette, alors 70 % reprennent le minibus, et si 15 % des vacanciers qui avaient emprunté la bicyclette la veille choisissent le minibus, alors 85 % reprennent la bicyclette :

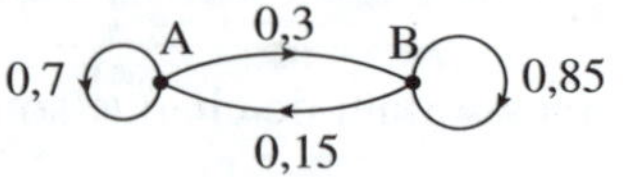


***Lien avec les probabilités***

On en déduit également l'arbre de probabilité ci-après.

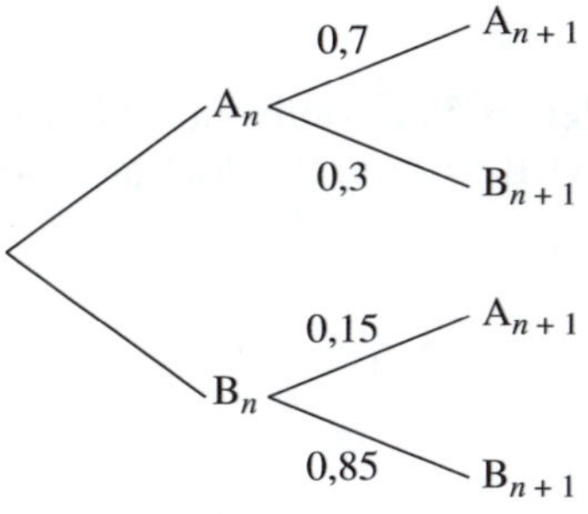


La matrice de transition associée au graphe probabiliste est :

$$M = \begin{bmatrix} 0,7 & 0,3 \\ 0,15 & 0,85 \end{bmatrix}.$$

L'état probabiliste le jour $n$ est :

$$P_n = [a_n \quad b_n].$$

Les relations de récurrence :

$$\begin{cases} a_{n+1} = 0,7a_n + 0,15b_n \\ b_{n+1} = 0,3a_n + 0,85b_n \end{cases}$$

traduisent la relation $P_{n+1} = P_n \times M$.

On a également pour chaque jour $n$ :

$$a_n + b_n = 1.$$

Le 5e jour après le jour d'arrivée, on a $P_5 = P_0 \times M^5 = [0,357 \quad 0,643]$, ce qui signifie qu'environ 36 % des vacanciers prendront le minibus le 5e jour après leur arrivée et 64 % la bicyclette.

***État stable***

On note l'état stable $P = [a \quad b]$ qui doit vérifier $P = P \times M$ ou encore

$$[a \quad b] = [a \quad b] \times \begin{bmatrix} 0,7 & 0,3 \\ 0,15 & 0,85 \end{bmatrix} \text{ avec } b = 1 - a.$$

On résout $a = a \times 0,7 + (1 - a) \times 0,15 \Leftrightarrow a - 0,7a + 0,15a = 0,15$

$$\Leftrightarrow 0,45a = 0,15 \Leftrightarrow a = \frac{0,15}{0,45} = \frac{1}{3}.$$

Donc $b = \frac{2}{3}$, ce qui signifie qu'à terme $\frac{1}{3}$ des vacanciers utiliseront le minibus et $\frac{2}{3}$ prendront la bicyclette pour aller à la plage.

## 1 Utiliser le théorème d'Euler

### EXERCICE TYPE

Un touriste américain atterrit à Paris et décide de visiter les 5 pays suivants : France (F), Allemagne (A), Pays-Bas (P), Luxembourg (L) et Belgique (B), dont la carte est schématisée ci-dessous :

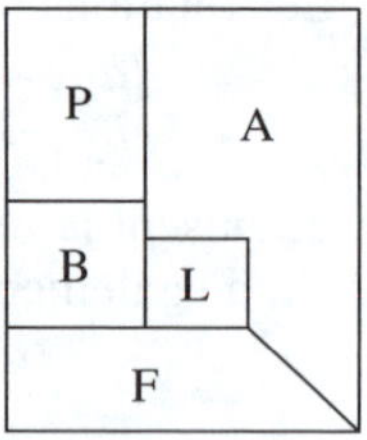


Il s'adresse à une agence de voyages qui lui propose un circuit.
Est-il possible que ce circuit permette de visiter les 5 pays en franchissant chacune des frontières une seule fois ?
Donner un circuit possible en indiquant la suite des pays visités.
Sans franchir deux fois la même frontière entre deux pays, le touriste peut-il repartir de son point de départ ?

### CORRIGÉ COMMENTÉ

La carte comporte 5 pays et 7 frontières. On peut la modéliser par un graphe d'ordre 5 dont les sommets sont les pays et les arêtes sont les frontières.

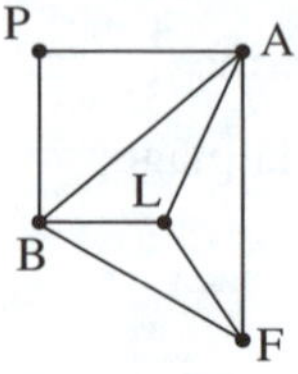


On note chaque pays par son initiale et on donne le tableau des degrés :

| Sommet | P | B | A | L | F |
|---|---|---|---|---|---|
| Degré | 2 | 4 | 4 | 3 | 3 |

La somme des degrés est égale au double du nombre d'arêtes d'un graphe.

Les sommets F et L sont les deux seuls sommets de degré impair ; donc, d'après le théorème d'Euler, il existe une chaîne eulérienne entre les sommets F et L passant une et une seule fois par toutes les arêtes du graphe.

Il existe donc un circuit permettant de visiter les 5 pays sans repasser deux fois par la même frontière ; par exemple : F – A – P – B – A – L – B – F – L de longueur 8. Deux sommets sont de degré impair ; il n'existe donc pas de cycle eulérien et, de ce fait, il n'y a pas de possibilité de circuit en revenant au point de départ.

**À RETENIR**

• On **modélise la situation par un graphe** où les arêtes représentent ce qui ne peut et ne doit être utilisé qu'une seule fois.
• On **remplit le tableau des degrés**.
– Si zéro ou deux sommets et deux seulement sont de degré impair, alors il existe une chaîne eulérienne reliant ces deux sommets.
– Si tous les sommets sont de degré pair, alors il existe un cycle eulérien.

## 2 Rechercher la plus courte chaîne avec l'algorithme de Dijkstra

**EXERCICE TYPE**

Le graphe ci-dessous représente le plan d'une ville :
– le sommet A désigne l'emplacement des services techniques ;
– les sommets B, C, D, E, F et G désignent les emplacements de jardins publics ;
– une arête représente l'avenue reliant deux emplacements et est pondérée par le nombre de feux tricolores situés sur le trajet.

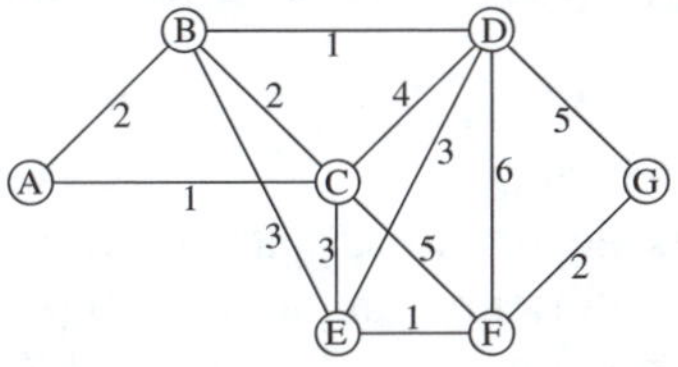


Proposer un trajet comportant un minimum de feux tricolores reliant A à G. La réponse sera justifiée par un algorithme.

**CORRIGÉ COMMENTÉ**

Rechercher le plus court chemin sur un graphe pondéré connexe revient à rechercher une plus courte chaîne **à l'aide de l'algorithme de Dijsktra** entre deux sommets (celui du départ et celui de l'arrivée) en remplissant un tableau au fur et à mesure. Dans le cadre du sujet proposé, A est le sommet de départ et G celui d'arrivée.

**Étape 1 *(première ligne)* :**
– A est le sommet de départ, donc fixé avec la marque 0(A).
– B est à 2 feux de A, donc marqué 2(A), et C à 1 feu de A, donc marqué 1(A) ; les autres sommets ne sont pas adjacents à A, donc marqués ∞.

| Étape | A | B | C | D | E | F | G | Sommet fixé |
|---|---|---|---|---|---|---|---|---|
| 1 | 0(A) | 2(A) | 1(A) | ∞ | ∞ | ∞ | ∞ | A |

**Étape 2 *(deuxième ligne)* :**
– C est le sommet de la ligne précédente de poids minimal, donc on fixe le sommet C avec la marque 1(A).
– B est à 1 + 2, soit 3 feux de A en passant par C, donc il est marqué 3(C), mais la marque précédente étant inférieure, on garde 2(A) pour le sommet B.
– D est à 1 + 4, soit 5 feux de A en passant par C, donc il est marqué 5(C).
– E est à 1 + 3, soit 4 feux de A en passant par C, donc il est marqué 4(C).
– F est à 1 + 5, soit 6 feux de A en passant par C, donc il est marqué 6(C).
– G n'est pas adjacent à C, donc il reste marqué ∞.

| Étape | A | B | C | D | E | F | G | Sommet fixé |
|---|---|---|---|---|---|---|---|---|
| 1 | 0(A) | 2(A) | 1(A) | ∞ | ∞ | ∞ | ∞ | A |
| 2 | | 2(A)<br>*3(C) > 2(A)* | 1(A) | 5(C) | 4(C) | 6(C) | ∞ | C |

On applique la même méthode pour fixer les sommets suivants en complétant le tableau après chaque étape.

**Étape 3 *(troisième ligne)* :**
– B est le sommet de la ligne précédente de poids minimal, donc on fixe le sommet B avec la marque 2(A).
– D est à 2 + 1, soit 3 feux de A en passant par B, donc il est marqué 3(B), la marque étant inférieure au 5(C) précédent.
– E est à 2 + 3, soit 5 feux de A en passant par B, donc il est marqué 5(B), mais, la marque précédente étant inférieure, on garde 4(C) pour le sommet E.
– F n'est pas adjacent à B, donc on laisse la marque 6(C).
– G n'est pas adjacent à B, donc il reste marqué ∞.

**Étape 4 *(quatrième ligne)* :**
– D est le sommet de la ligne précédente de poids minimal, donc on fixe le sommet D avec la marque 3(B).
– E est à 3 + 3, soit 6 feux de A en passant par D, donc il est marqué 6(D), mais la marque précédente étant inférieure, on garde 4(C) pour le sommet E.
– F est à 3 + 6, soit 9 feux de A en passant par D, donc il est marqué 9(D), mais la marque précédente étant inférieure, on garde 6(C) pour le sommet F.
– G est à 3 + 5, soit 8 feux de A en passant par D, donc il est marqué 8(D).

**Étape 5 *(cinquième ligne)* :**

– E est le sommet de la ligne précédente de poids minimal, donc on fixe le sommet E avec la marque 4(C).

– F est à 4 + 1, soit 5 feux de A en passant par E, donc il est marqué 5(E), la marque étant inférieure au 6(C) précédent.

– G n'est pas adjacent à E, donc il reste marqué 8(D).

**Étape 6 *(sixième ligne)* :**

– F est le sommet de la ligne précédente de poids minimal, donc on fixe le sommet F avec la marque 5(E).

– G est à 5 + 2, soit 7 feux de A en passant par F, donc il est marqué 7(F), la marque étant inférieure au 8(D) précédent.

**Dernière étape :**

– G est marqué 7(F).

Une fois qu'un sommet est fixé, il ne faut plus rien écrire dans sa colonne.

| Étape | A | B | C | D | E | F | G | Sommet fixé |
|---|---|---|---|---|---|---|---|---|
| 1 | 0(A) | 2(A) | 1(A) | ∞ | ∞ | ∞ | ∞ | A |
| 2 | | 2(A)<br>*3(C) > 2(A)* | 1(A) | 5(C) | 4(C) | 6(C) | ∞ | C |
| 3 | | 2(A) | | 3(B) | 4(C)<br>*5(B) > 4(C)* | 6(C) | ∞ | B |
| 4 | | | | 3(B) | 4(C)<br>*6(D) > 4(C)* | 6(C)<br>*9(D) > 6(C)* | 8(D) | D |
| 5 | | | | | 4(C) | 5(E) | 8(D) | E |
| 6 | | | | | | 5(E) | 7(F) | F |
| 7 | | | | | | | 7(F) | G |

**Interprétation du tableau**

Chaque fois qu'un sommet a été fixé, le poids minimal et le sommet de provenance ont été marqués en rouge.

La dernière marque donne le poids de la plus courte chaîne, soit 7.

On remonte l'algorithme en suivant les flèches de sommet en sommet : G est à 7 feux de A en passant par F, F est à 5 feux de A en passant par E, E est à 4 feux de A en passant par C, C est à 1 feu de A.

**Un trajet comportant un minimum de feux tricolores reliant A à G est donc A – C – E – F – G : il comporte 7 feux.**

**À RETENIR**

- On remplit le tableau au fur et à mesure.

**Première ligne**

On fixe à **0** la marque du sommet de départ.

On marque chaque sommet adjacent au sommet de départ par le poids de l'arête le reliant au sommet de départ ou par $\infty$ *s*'ils ne sont pas adjacents, ainsi que par le sommet de provenance.

**Deuxième ligne**

Dans la ligne complétée, on repère le sommet de poids minimal non encore fixé.
**On fixe ce sommet avec le poids et la provenance.**

Pour les autres sommets :

– Si le sommet n'est pas adjacent au sommet fixé, on recopie la marque précédente.

– Si le sommet est adjacent au sommet fixé, on ajoute au poids précédent le poids de l'arête reliant les deux sommets.

Lorsque cette somme est inférieure à la marque précédente, on la remplace par la marque améliorée suivie du sommet de provenance.

Quand un sommet est fixé, on n'écrit plus rien dans la colonne.

On continue sur les **lignes suivantes** en procédant de la même façon.

- **Conclusion**

Quand tous les sommets sont fixés, on lit le poids de la chaîne la plus courte sur la dernière ligne du tableau. Pour lire la chaîne, on « la reprend à l'envers » en notant les sommets de provenance.

La plus courte chaîne n'emprunte pas toujours tous les sommets du graphe et n'est pas toujours unique.

## 3 Utiliser un graphe probabiliste

**EXERCICE TYPE**

Deux chaînes de télévision A et B programment chaque semaine, à la même heure, deux émissions concurrentes. On suppose que le nombre global de téléspectateurs de ces émissions reste constant.

La première semaine, 70 % de ces téléspectateurs ont regardé la chaîne A.

Une étude statistique montre que :

– 15 % des téléspectateurs qui ont regardé la chaîne A une semaine regardent la chaîne B la semaine suivante ;

– 10 % des téléspectateurs qui ont regardé la chaîne B une semaine regardent la chaîne A la semaine suivante.

On note respectivement $a_n$ et $b_n$ les proportions de téléspectateurs des chaînes A et B la $n$-ième semaine et $P_n$ la matrice ligne $[a_n\ b_n]$.

**1°** Déterminer le graphe probabiliste représentant la situation.

**2°** Donner la matrice de transition M associée à ce graphe.

**3°** Donner l'état initial.

**4°** Quelle est la répartition des téléspectateurs entre les deux chaînes lors de la quatrième semaine ? Donner les résultats en arrondissant à $10^{-3}$ près.

**5°** On considère la matrice ligne $P = [a\ b]$, où $a$ et $b$ sont deux réels tels que $a + b = 1$. Déterminer $a$ et $b$ pour que $P = P \times M$ et interpréter les deux valeurs trouvées.

## CORRIGÉ COMMENTÉ

**1°** 15 % des téléspectateurs qui ont regardé la chaîne A une semaine regardent la chaîne B la semaine suivante : donc 85 % regardent de nouveau la chaîne A.
De même, 10 % des téléspectateurs qui ont regardé la chaîne B une semaine regardent la chaîne A la semaine suivante : donc 90 % regardent de nouveau la chaîne B.
Cela se traduit par le graphe probabiliste suivant :

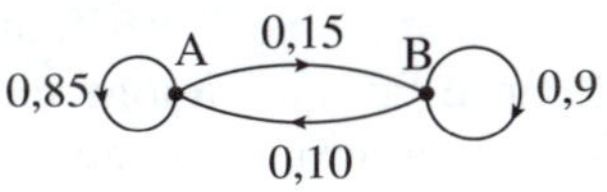


**2°** Si l'on considère que $P_n$ la matrice ligne $[a_n\ b_n]$ correspond à l'état le jour $n$ et $P_{n+1}$ la matrice ligne $[a_{n+1}\ b_{n+1}]$ correspond à l'état du jour $n + 1$, alors on a $P_{n+1} = P_n \times M$ avec $M = \begin{bmatrix} 0,85 & 0,15 \\ 0,1 & 0,9 \end{bmatrix}$.

On en déduit $\begin{cases} a_{n+1} = 0,85a_n + 0,1b_n \\ b_{n+1} = 0,15a_n + 0,9b_n. \end{cases}$

**3°** La première semaine, 70 % de ces téléspectateurs ont regardé la chaîne A et donc 30 % la chaîne B ; on a alors $P_1 = [0,7\ 0,3]$.

Il est plus judicieux de noter $P_1$ que $P_0$ pour avoir une correspondance avec le numéro de la semaine.

**4°** Pour obtenir la répartition des téléspectateurs la 4$^e$ semaine, on calcule $P_4$ avec $P_4 = P_1 \times M^3$, soit $P_4 = [0,7\ 0,3] \times \begin{bmatrix} 0,85 & 0,15 \\ 0,1 & 0,9 \end{bmatrix}^3$ ; d'où :

$$P_4 = [0,526\,4 \quad 0,473\,6].$$

La 4e semaine, environ 52,6 % des téléspectateurs regardent la chaîne A et 47,4 % la B.
*(On utilise les relations des suites géométriques pour calculer $P_4$ en faisant bien attention au terme de départ $P_1$ ou $P_0$ pour la relation.)*

**5°** $P = P \times M \Leftrightarrow [a \quad b] = [a \quad b] \times \begin{bmatrix} 0{,}85 & 0{,}15 \\ 0{,}1 & 0{,}9 \end{bmatrix}$ avec $b = 1 - a$, ce qui équivaut au système suivant :

$$\begin{cases} a = 0{,}85a + 0{,}1b \\ b = 0{,}15a + 0{,}9b \\ b = 1 - a \end{cases} \Leftrightarrow \begin{cases} a = 0{,}85a + 0{,}1(1 - a) \\ b = 1 - a \end{cases}$$

$$\Leftrightarrow \begin{cases} a - 0{,}85a + 0{,}1a = 0{,}1 \\ b = 1 - a \end{cases} \Leftrightarrow \begin{cases} 0{,}25a = 0{,}1 \\ b = 1 - a \end{cases}$$

$$\Leftrightarrow \begin{cases} a = \dfrac{0{,}1}{0{,}25} = 0{,}4 \\ b = 1 - 0{,}4 = 0{,}6 \end{cases}$$

La condition $a + b = 1$ n'est pas toujours indiquée mais elle est indispensable à la recherche de l'état stable.

donc $P = [0{,}4 \quad 0{,}6]$.
L'état $P_n$ converge donc vers un état stable P vérifiant $P = P \times M$ indépendant de l'état initial, ce qui se traduit par le fait que, à long terme, 40 % des téléspectateurs regarderont la chaîne A et 60 % regarderont la chaîne B.

## À RETENIR

- Un graphe probabiliste est la modélisation d'une expérience aléatoire à 2 issues possibles, éventuellement 3 (voir exercice 10) que l'on répète en gardant le même principe à chaque itération.
- Le graphe et la matrice sont liés par les règles suivantes :
  – **la somme des poids partant du même sommet est 1** sur le graphe qui se traduit sur la matrice par la somme des éléments d'une ligne est 1 (somme des probabilités) ;
  – **le poids des arêtes arrivant à un sommet se retrouve sur la colonne** de la matrice correspondant à ce sommet.
- Pour déterminer l'état stable (qui ne dépend pas de l'état initial), on est amené à résoudre un système où l'équation $a + b = 1$ est indispensable.

## 1 ★ 15 min

Pour chacun des graphes suivants, indiquer s'il existe une chaîne eulérienne ou un cycle eulérien et proposer le cas éventuel une solution.

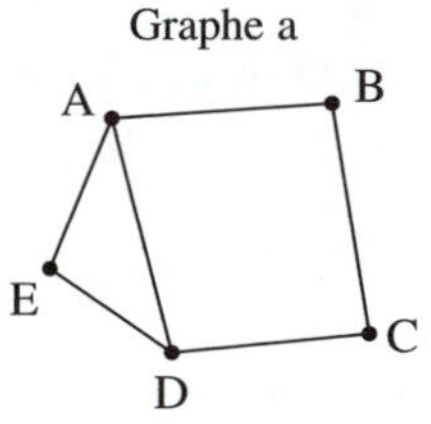


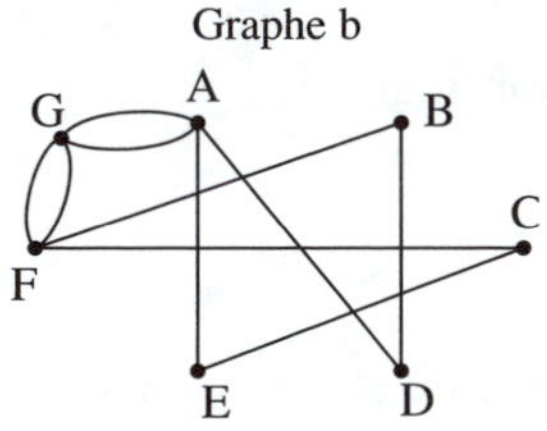


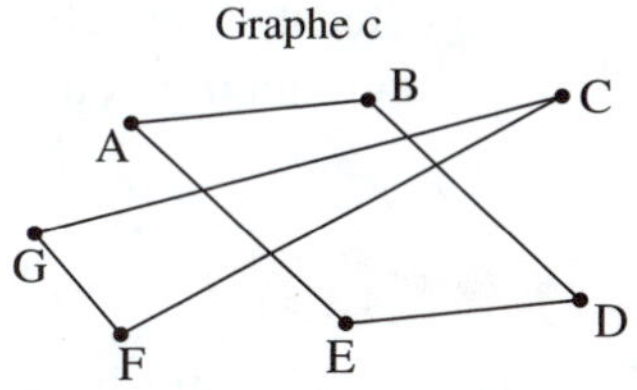


→ Corrigé p. 295

## 2 ★ 20 min

On considère un espace de jeu réservé à des enfants.
Les enfants peuvent se déplacer sur cinq plates-formes notées A, B, C, D et E.
Ces plates-formes sont reliées entre elles par un certain nombre de rampes, comme indiqué sur le schéma ci-dessous :

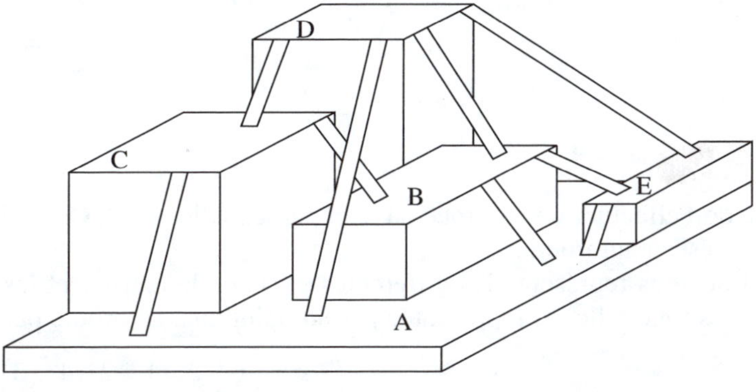


1° Construire le graphe représentant la situation où une plate-forme est représentée par un sommet et une rampe par une arête.

2° Ce graphe est-il connexe ? est-il complet ? Justifier les réponses.

3° Ce graphe contient-il une chaine eulérienne ? Justifier la réponse.

4° Si l'on rajoute une arête à ce graphe, quels sommets peut-on alors relier pour que le graphe obtenu contienne un cycle eulérien ? Justifier la réponse.

→ Corrigé p. 295

### 3 ★ 5 min

Paul a organisé un tournoi d'échecs dans son lycée pendant la pause déjeuner.
Pour la grande finale, il souhaite que, pour des questions d'horaires, les 5 participants effectuent chacun 3 matchs.
Proposer un planning pour le tournoi final.

→ Corrigé p. 296

### 4 ★ 10 min

Dans la ville de Königsberg, il y a une île et, sur le fleuve qui l'entoure, il y a 7 ponts. Les habitants de Königsberg peuvent-ils passer une seule fois par les 7 ponts et revenir au point de départ ?

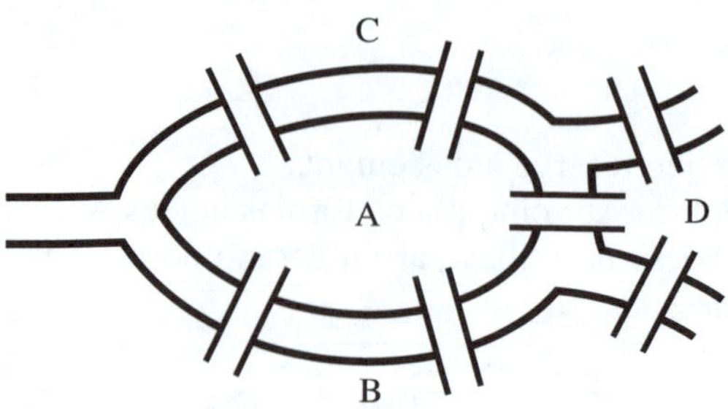


→ Corrigé p. 296

### 5 ★ 15 min

Un orchestre doit effectuer une tournée passant par les villes A, B, C, D, E, F, G et H, en utilisant le réseau autoroutier.
Le graphe ci-dessous représente les différentes villes de la tournée et les autoroutes reliant ces villes (une ville est représentée par un point, une autoroute par une arête).

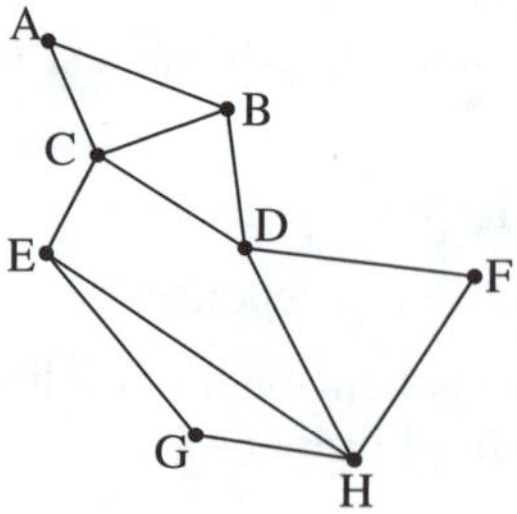


$$M^3 = \begin{pmatrix} 2 & 5 & 6 & 2 & 1 & 2 & 1 & 3 \\ 5 & 4 & 6 & 7 & 3 & 2 & 2 & 3 \\ 6 & 6 & 4 & 9 & 7 & 3 & 2 & 3 \\ 2 & 7 & 9 & 4 & 3 & 5 & 3 & 8 \\ 1 & 3 & 7 & 3 & 2 & 3 & 4 & 7 \\ 2 & 2 & 3 & 5 & 3 & 2 & 2 & 5 \\ 1 & 2 & 2 & 3 & 4 & 2 & 2 & 5 \\ 3 & 3 & 3 & 8 & 7 & 5 & 5 & 4 \end{pmatrix}$$

1° Est-il possible d'organiser la tournée en passant au moins une fois par chaque ville, tout en empruntant une seule fois chaque tronçon d'autoroute ? (La réponse sera justifiée.) Si oui, citer un trajet de ce type.

2° On appelle M la matrice associée au graphe (les sommets étant pris dans l'ordre alphabétique).
Combien existe-t-il de chemins de longueur 3 reliant B à H ? (La réponse devra être justifiée.) Préciser ces chemins.

→ Corrigé p. 296

## 6 ★★ 30 min

*(Voir énoncé de l'exercice 5.)*
Des contraintes de calendrier imposent d'organiser un concert dans la ville F immédiatement après un concert dans la ville A. Le graphe est complété ci-dessous par les longueurs en kilomètres de chaque tronçon (les longueurs des segments ne sont pas proportionnelles aux distances).
Déterminer, en utilisant un algorithme dont on citera le nom, le trajet autoroutier le plus court (en kilomètres) pour aller de A à F.
Préciser la longueur en kilomètres de ce trajet.

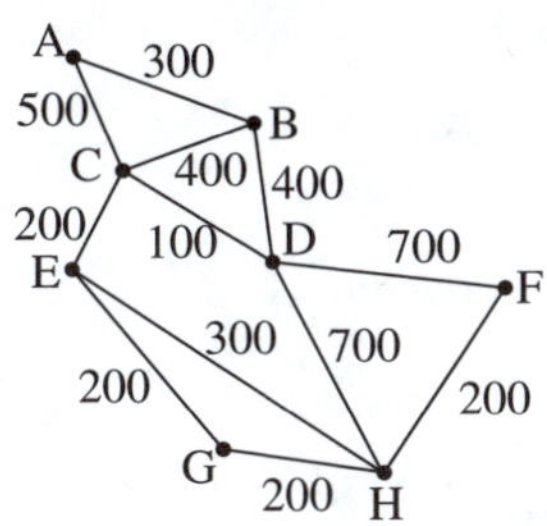


→ Corrigé p. 297

## 7 ★ 10 min

1° Écrire la matrice de transition des deux graphes probabilistes ci-dessous.

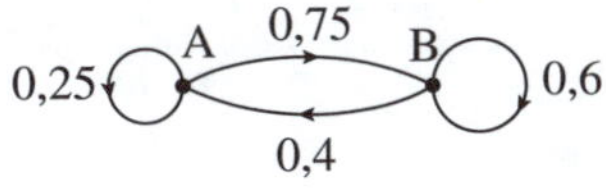


Graphe 1

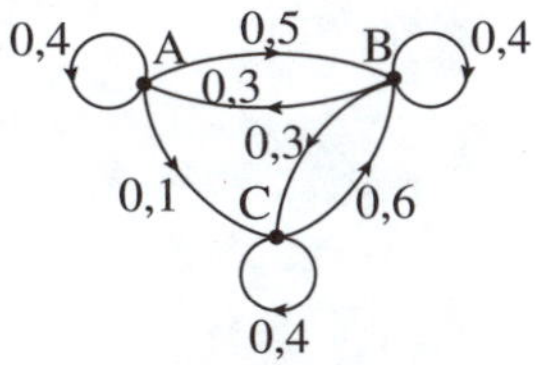


Graphe 2

2° Dessiner le graphe probabiliste correspondant aux matrices de transition ci-dessous.

$$M_1 = \begin{bmatrix} 0{,}7 & 0{,}3 \\ 0{,}05 & 0{,}95 \end{bmatrix} \qquad M_2 = \begin{bmatrix} 0 & 0 & 1 \\ 0{,}5 & 0{,}3 & 0{,}2 \\ 0{,}15 & 0{,}15 & 0{,}7 \end{bmatrix}$$

→ Corrigé p. 298

**8** ★★ **40 min**

Une agence de voyages organise différentes excursions dans une région du monde et propose la visite de sites incontournables, nommés A, B, C, D, E et F.
Ces excursions sont résumées sur le graphe ci-après, dont les sommets désignent les sites, les arêtes représentent les routes pouvant être empruntées pour relier deux sites et le poids des arêtes désigne le temps de transport (en heures) entre chaque site.

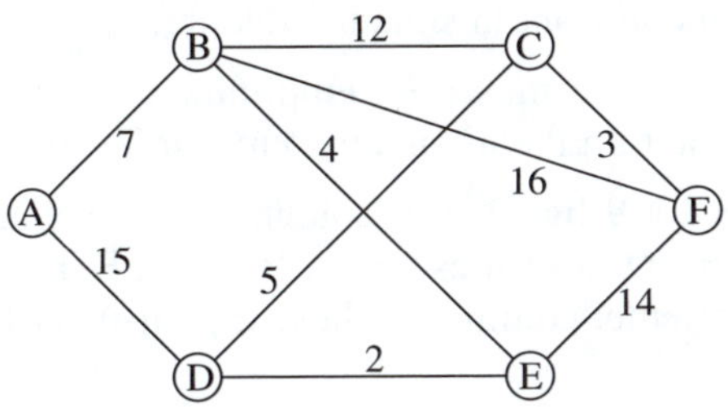


1° Justifier que ce graphe est connexe.

2° Un touriste désire aller du site A au site F en limitant au maximum les temps de transport.
En utilisant un algorithme, déterminer la plus courte chaîne reliant le sommet A au sommet F.
En déduire le temps de transport minimal pour aller du site A au site F.

3° Un touriste désirant apprécier un maximum de paysages souhaite suivre un parcours empruntant une seule fois toutes les routes proposées.
Si ce parcours existe, le décrire sans justifier ; dans le cas contraire, justifier qu'un tel parcours n'existe pas.

→ Corrigé p. 298

**9** ★★ **35 min**

Un musée est constitué de 9 salles notées A, B, C, D, E, F, G, H et S. Le plan du musée est représenté ci-dessous.

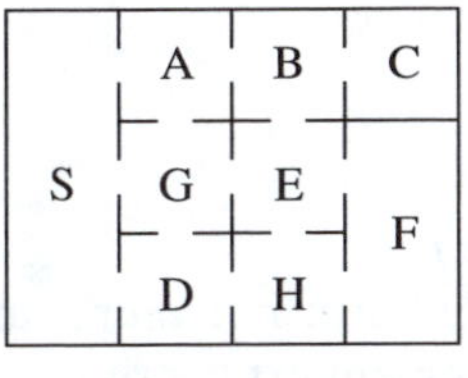

Ainsi, un visiteur qui se trouve dans la salle S peut atteindre directement les salles A, D ou G. S'il se trouve dans la salle C, il peut se rendre directement dans la salle B, mais pas dans la salle F.
On s'intéresse au parcours d'un visiteur dans ce musée. On ne se préoccupe pas de la manière dont le visiteur accède au musée ni comment il en sort. Cette situation peut être modélisée par un graphe, les sommets étant les noms des salles et les arêtes les portes de communication.

**1°** Dessiner un graphe modélisant la situation décrite.

**2°** Est-il possible de visiter le musée en empruntant chaque porte une fois et une seule ? Justifier en utilisant un théorème du cours sur les graphes.

**3°** On note M la matrice à 9 lignes et 9 colonnes associée au graphe précédent, en convenant de l'ordre suivant des salles : S, A, B, C, D, E, F, G, H.
Le graphe n'étant pas orienté, comment cela se traduit-il sur la matrice ?
On donne la matrice :

$$M^4 = \begin{pmatrix} 18 & 12 & 11 & 2 & 20 & 12 & 6 & 12 & 12 \\ 12 & 20 & 3 & 6 & 11 & 20 & 5 & 18 & 5 \\ 11 & 3 & 16 & 0 & 19 & 3 & 8 & 4 & 12 \\ 2 & 6 & 0 & 3 & 1 & 7 & 1 & 4 & 1 \\ 20 & 11 & 19 & 1 & 31 & 9 & 11 & 12 & 19 \\ 12 & 20 & 3 & 7 & 9 & 28 & 9 & 20 & 9 \\ 6 & 5 & 8 & 1 & 11 & 9 & 9 & 8 & 9 \\ 12 & 18 & 4 & 4 & 12 & 20 & 8 & 20 & 6 \\ 12 & 5 & 12 & 1 & 19 & 9 & 9 & 6 & 17 \end{pmatrix}$$

**4°** Combien y a-t-il de chemins qui, en 4 étapes, partent de D et reviennent à D ?

**5°** Combien y a-t-il de chemins qui, en 4 étapes, partent de S et reviennent à C ? Les citer.

**6°** Est-il toujours possible de joindre en 4 étapes deux salles quelconques ? Justifier.

→ *Corrigé p. 299*

**10** ★★ **40 min**

*(Résultats demandés à $10^{-2}$ près.)*
Pour se rendre à son travail, Mathurin rencontre une succession d'intersections de feux tricolores dont le fonctionnement est décrit ci-dessous.

À chaque intersection :
– si le feu est vert, il le sera à l'intersection suivante avec la probabilité 0,9 ou sera rouge avec la probabilité 0,05 ;
– si le feu est orange, il le sera à l'intersection suivante avec la probabilité 0,1 ou sera vert avec la probabilité 0,8 ;
– si le feu est rouge, il le sera à l'intersection suivante avec la probabilité 0,5 ou sera orange avec la probabilité 0,05.
$n$ étant un entier naturel non nul, on note :
– $V_n$ la probabilité que Mathurin rencontre un feu vert à la $n^{\text{ième}}$ intersection ;
– $O_n$ la probabilité que Mathurin rencontre un feu orange à la $n^{\text{ième}}$ intersection ;
– $R_n$ la probabilité que Mathurin rencontre un feu rouge à la $n^{\text{ième}}$ intersection ;
– $P_n = [V_n \; O_n \; R_n]$ la matrice traduisant l'état probabiliste du $n^{\text{ième}}$ feu tricolore.

**1°** Construire un graphe probabiliste pour décrire cette situation.

**2°** Donner la matrice de transition M complétée de ce graphe.

$$M = \begin{bmatrix} \dots & 0,05 & 0,05 \\ 0,8 & \dots & 0,1 \\ 0,45 & \dots & 0,5 \end{bmatrix}.$$

**3°** Si le premier feu rencontré est vert, donner la matrice $P_1$ de l'état initial puis calculer $P_2$.

**4°** On donne $P_3 = [0,87 \; 0,05 \; 0,08]$.
Quelle est la probabilité que le quatrième feu soit vert ?

**5°** Si le premier feu rencontré est rouge, donner la matrice $P_1$ de l'état initial puis calculer $P_2$.

**6°** On remarque que, quelle que soit la couleur du premier feu rencontré, on obtient à partir d'un certain rang $n$ : $P_n = [0,85 \quad 0,05 \quad 0,10]$.
Donner une interprétation concrète de ce résultat.

→ *Corrigé p. 300*

**11** ★★★ **50 min**

*(Graphe et suites géométriques)*
M. et Mme Martin habitent une grande ville et aiment voyager. Ils prévoient toujours de partir pendant l'été, soit à l'étranger, soit dans une région en France.
S'ils sont restés en France une année donnée, la probabilité qu'ils partent à l'étranger l'année suivante est de 0,4. S'ils sont partis à l'étranger une année donnée, la probabilité qu'ils retournent à l'étranger l'année suivante est de 0,7. En été 2009, ce couple est parti à l'étranger.

Pour tout entier naturel $n$, on note $P_n$ la matrice ligne $[a_n \ b_n]$ traduisant l'état probabiliste l'année $(2009 + n)$, où $a_n$ désigne la probabilité que ce couple soit resté en France l'année $(2009 + n)$ et $b_n$ la probabilité que ce couple soit parti à l'étranger l'année $(2009 + n)$.

## Partie A

**1°** Traduire les données par un graphe probabiliste dont les sommets seront notés F et E (F pour France et E pour étranger).

**2°** En déduire la matrice de transition en prenant tout d'abord F puis E pour l'ordre des sommets. On notera M cette matrice.

**3°** Donner $P_0$, l'état probabiliste initial, l'année 2009.

**4°** En choisissant la bonne matrice, calculer $P_3$. En déduire la probabilité que ce couple parte à l'étranger en 2012. *(On donnera le résultat sous forme décimale arrondie au centième.)*

$$M^2 = \begin{bmatrix} 0,48 & 0,52 \\ 0,39 & 0,61 \end{bmatrix} \qquad M^3 = \begin{bmatrix} 0,444 & 0,556 \\ 0,417 & 0,583 \end{bmatrix} \qquad M^4 = \begin{bmatrix} 0,433\,2 & 0,566\,8 \\ 0,425\,1 & 0,574\,9 \end{bmatrix}$$

**5°** Soit P la matrice ligne $[x \ y]$ donnant l'état stable où $x$ et $y$ sont deux réels positifs tels que $x + y = 1$. Déterminer l'état stable, puis interpréter le résultat.

## Partie B

**1°** Montrer que, pour tout entier naturel $n$, on a $a_{n+1} = 0,3a_n + 0,3$.

**2°** Pour tout entier naturel $n$, on pose $u_n = a_n - \frac{3}{7}$. Montrer que la suite $(u_n)$ est une suite géométrique dont on précisera la raison et le premier terme.

**3°** En déduire l'expression de $u_n$, puis celle de $a_n$ en fonction de $n$.

**4°** Déterminer la limite de la suite $(a_n)$ lorsque $n$ tend vers $+\infty$.
Que retrouve-t-on ?

→ Corrigé p. 301

**1** → *Énoncé p. 287*

Dans tous les cas, se construire le tableau des degrés.

*a*) Le graphe est connexe et admet deux sommets seulement A et D de degré impair ; il existe donc une chaîne eulérienne reliant les sommets A à D, par exemple A – B – C – D – E – A – D.

*b*) Les sommets B, C, D et E sont de degré 2, les sommets A, F et G sont de degré 4. Le graphe étant connexe, il admet donc un cycle eulérien, par exemple A – G – A – E – C – F – G – F – B – D – A.

*c*) Tous les sommets sont de degré 2, donc pair, mais le graphe n'est pas connexe (pas de chaîne reliant A à C) ; il n'admet donc pas de chaîne ni de cycle eulérien.

**2** → *Énoncé p. 287*

1°

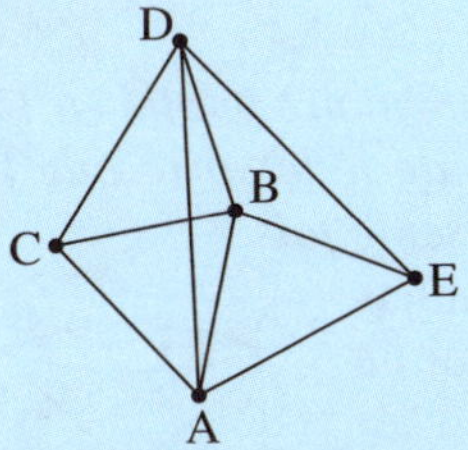


2° Pour chaque paire de sommets distincts, il existe au moins une chaîne reliant les deux sommets ; **le graphe G est donc connexe**.

Les sommets C et E ne sont pas adjacents ; **le graphe G n'est donc pas complet**.

3° Un graphe admet une chaîne eulérienne si, et seulement si, ce graphe est connexe et a 0 ou 2 sommets de degré impair.

| Sommet | A | B | C | D | E |
|---|---|---|---|---|---|
| Degré | 4 | 4 | 3 | 4 | 3 |

Le graphe est connexe et il existe 2 sommets de degré impair C et E ; donc, d'après le théorème d'Euler, **le graphe admet une chaîne eulérienne entre ces deux sommets**. Il est donc possible de suivre un parcours empruntant toutes les routes proposées une et une seule fois, par exemple :
C – A – E – D – C – B – A – D – B – E.

4° Le graphe étant connexe, il suffit de rajouter une arête entre les 2 sommets de degré impair C et E pour que tous les sommets soient de degré pair ; ils sont en plus maintenant tous adjacents. Il est possible de suivre un parcours empruntant toutes les routes proposées une et une seule fois, par exemple : C – A – E – D – C – B – A – D – B – E – C. **Il faut donc ajouter une arête entre les sommets C et E.**

**3** → *Énoncé p. 288*

On construit le graphe d'ordre 5 dans lequel les participants sont les sommets et chaque partie entre deux joueurs est représentée par une arête. Si chaque joueur effectue trois matchs, chaque sommet est de degré 3 et la somme des degrés du graphe est de 15, qui est un nombre impair. Or le nombre d'arêtes doit être égal à la moitié de 15 ; son choix de tournoi final est donc impossible.

> Le nombre d'arêtes d'un graphe est égal à la moitié de la somme des degrés de tous les sommets du graphe.

Pour que le tournoi puisse avoir lieu et que chaque participant dispute le même nombre de parties, chaque joueur doit disputer 2 ou 4 parties (graphe complet, dans ce cas).

**4** → *Énoncé p. 288*

*La question d'origine est celle que s'est posée Euler dans un mémoire publié en 1736 à propos du plan proposé : peut-on arranger son parcours de telle sorte que l'on passe sur chaque pont et que l'on ne puisse y passer qu'une seule fois ?*

On modélise la situation avec A, B, C et D, qui sont les sommets d'un graphe, et les ponts, les arêtes reliant les sommets et qui ne doivent être parcourues qu'une seule fois.

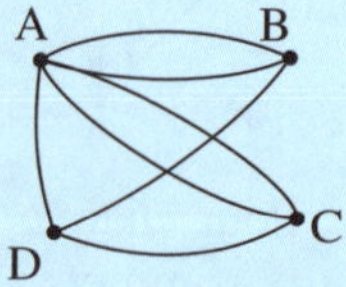


Les sommets B, C et D sont de degré 3 et A de degré 5, soit tous de degré impair ; il n'existe donc ni chaîne ni cycle eulérien.

Le parcours envisagé n'est donc pas possible.

**5** → *Énoncé p. 288*

1° La chaîne A – B – D – F – H – G – E – C – A contient tous les sommets du graphe ; donc, pour chaque paire de sommets, il existe une chaîne les reliant. Le graphe est donc connexe.

> Le théorème d'Euler s'applique uniquement dans les graphes connexes.

| Sommet | A | B | C | D | E | F | G | H |
|---|---|---|---|---|---|---|---|---|
| Degré | 2 | 3 | 4 | 4 | 3 | 2 | 2 | 4 |

Le graphe est connexe et il existe seulement 2 sommets de degré impair B et E ; donc, d'après le théorème d'Euler, **le graphe admet une chaîne eulérienne** entre ces deux sommets. Il est donc possible de suivre un parcours empruntant tous les tronçons d'autoroute proposés une et une seule fois, par exemple :

**B – A – C – B – D – F – H – D – C – E – H – G – E.**

2°

$$
\begin{array}{c c}
 & \begin{matrix} A & B & C & D & E & F & G & H \\ \downarrow & \downarrow & \downarrow & \downarrow & \downarrow & \downarrow & \downarrow & \downarrow \end{matrix} \\
\begin{matrix} A \longrightarrow \\ B \longrightarrow \\ C \longrightarrow \\ D \longrightarrow \\ E \longrightarrow \\ F \longrightarrow \\ G \longrightarrow \\ H \longrightarrow \end{matrix}
\quad M^3 = &
\begin{bmatrix}
2 & 5 & 6 & 2 & 1 & 2 & 1 & 3 \\
5 & 4 & 6 & 7 & 3 & 2 & 2 & 3 \\
6 & 6 & 4 & 9 & 7 & 3 & 2 & 3 \\
2 & 7 & 9 & 4 & 3 & 5 & 3 & 8 \\
1 & 3 & 7 & 3 & 2 & 3 & 4 & 7 \\
2 & 2 & 3 & 5 & 3 & 2 & 2 & 5 \\
1 & 2 & 2 & 3 & 4 & 2 & 2 & 5 \\
3 & 3 & 3 & 8 & 7 & 5 & 5 & 4
\end{bmatrix}
\end{array}
$$

L'élément de la matrice $M^3$ à l'intersection de la deuxième ligne correspondant au sommet B et de la dernière colonne correspondant au sommet H donne le nombre de chemins de longueur 3 reliant B à H. Ce nombre est 3 : **il existe donc 3 chemins de longueur 3 reliant B à H.**

Ces trois chemins de longueur 3 sont :

**B → C → D → H ;** **B → C → E → H ;** **B → D → F → H.**

**6** → *Énoncé p. 289*

Il s'agit d'une recherche de plus courte chaîne ; on utilise **l'algorithme de Dijkstra** :

| A | B | C | D | E | G | H | F | Sommet fixé |
|---|---|---|---|---|---|---|---|---|
| 0(A) | 300(A) | 500(A) | ∞ | ∞ | ∞ | ∞ | ∞ | A |
| | 300(A) | 500(A) *700(B) > 500(A)* | 700(B) | ∞ | ∞ | ∞ | ∞ | B |
| | | 500(A) | 600(C) *700(B) > 600(C)* | 700(C) | ∞ | ∞ | ∞ | C |
| | | | 600(C) | 700(C) | ∞ | 1 300(D) | 1 300(D) | D |
| | | | | 700(C) | 900(E) | 1 000(E) | 1 300(D) | E |
| | | | | | 900(E) | 1 000(E) *1 100(G) > 1 000(E)* | 1 300(D) | G |
| | | | | | | 1 000(E) | 1 200(H) *1 300(D) > 1 200(H)* | H |
| | | | | | | | 1 200(H) | F |

On remonte l'algorithme : F est à 1 200 km de A en passant par H, H est à 1 000 km de A en passant par E, E est à 700 km de A en passant par C, C est à 500 km de A.

**Le trajet cherché est donc : A – C – E – H – F en 1 200 kilomètres.**

Pour chaque ligne du tableau, on fixe le sommet de poids minimal.

**7** → *Énoncé p. 289*

1° Matrice 1

$$M=\begin{bmatrix}0,25 & 0,75\\ 0,4 & 0,6\end{bmatrix}$$

Matrice 2

$$M=\begin{bmatrix}0,4 & 0,5 & 0,1\\ 0,3 & 0,4 & 0,3\\ 0 & 0,6 & 0,4\end{bmatrix}$$

2° Graphe 1

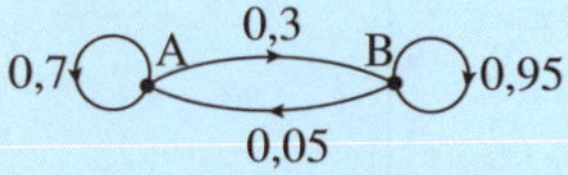


Graphe 2

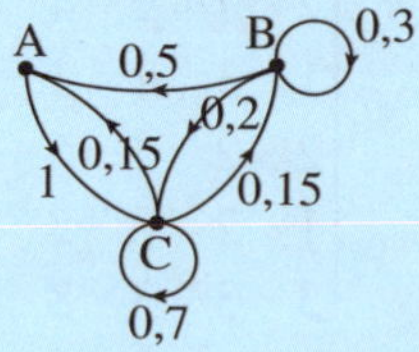


**8** → *Énoncé p. 291*

1° Les sommets A et B sont reliés par une route, de même B et C sont reliés, C et D, D et E, E et F, F et B… C et E sont reliés par une chaîne…
**Deux sommets quelconques sont reliés par une chaîne ; le graphe est donc connexe.**

Pour montrer qu'un graphe est connexe, on peut se contenter de citer une chaîne qui relie tous les sommets.

2° Il s'agit d'une recherche de plus courte chaîne ; on utilise l'algorithme de Dijkstra :

| A | B | C | D | E | F | Sommet fixé |
|---|---|---|---|---|---|---|
| 0 | 7(A) | ∞ | 15(A) | ∞ | ∞ | A |
| | 7(A) | 19(B) | 15(A) | 11(B) | 23(B) | B |
| | | 19(B) | 13(E) | 11(B) | 23(B) | E |
| | | 18(D) *18(D) < 19(B)* | 13(E) | | 23(B) | D |
| | | 18(D) | | | 21(C) *21(C) < 23(B)* | C |
| | | | | | 21(C) | F |

Chaque fois qu'un sommet a été fixé, le poids minimal et le sommet de provenance ont été marqués en rouge.
On remonte l'algorithme : F est à 21 h de A en passant par C, C est à 18 h de A en passant par D, D est à 13 h de A en passant par E, E est à 11 h de A en passant par B, B est à 7 h de A.
**La chaîne la plus courte reliant le sommet A au sommet F est donc :**

**A – B – E – D – C – F.**

La chaîne la plus courte est celle de poids minimal, donc celle qui correspond au temps de transport minimal et le poids des arêtes correspond au temps de transport entre chaque site relié par une route.
**D'après l'algorithme, on en déduit que le temps de transport minimal pour aller du site A au site F est de 21 heures.**

3° Le problème posé est un problème de recherche de chaîne eulérienne ou de cycle eulérien si l'on revient au point de départ. Le touriste souhaite suivre un parcours empruntant toutes les routes proposées une et une seule fois ; il faut donc chercher un cycle eulérien ou une chaîne eulérienne dans ce graphe.

On utilise **le théorème d'Euler**.

| Sommet | A | B | C | D | E | F |
|---|---|---|---|---|---|---|
| Degré | 2 | 4 | 3 | 3 | 3 | 3 |

**Il existe 4 sommets de degré impair ; le graphe n'admet donc ni cycle eulérien ni chaîne eulérienne. Il est donc impossible de suivre un parcours empruntant toutes les routes proposées une et une seule fois.**

**9** → *Énoncé p. 291*

1°

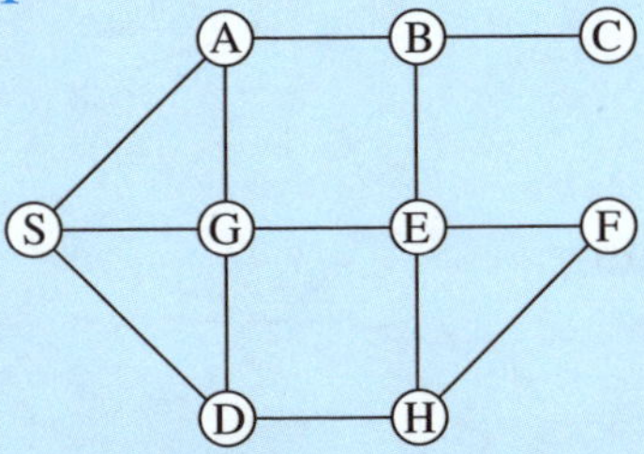


Tracer des graphes faciles à lire et à utiliser.

2° Le problème posé est un problème de recherche de chaîne eulérienne. Le touriste souhaite suivre un parcours empruntant toutes les portes proposées une et une seule fois ; on utilise **le théorème d'Euler**.

| Sommet | S | A | B | C | G | E | F | D | H |
|---|---|---|---|---|---|---|---|---|---|
| Degré | 3 | 3 | 3 | 1 | 4 | 4 | 2 | 3 | 3 |

**Il existe 6 sommets de degré impair ; le graphe n'admet donc ni cycle eulérien ni chaîne eulérienne. Il est donc impossible de suivre un parcours empruntant toutes les portes proposées une et une seule fois.**

3° Le graphe n'étant pas orienté, la matrice est symétrique.

4° L'élément à l'intersection entre la ligne 5 et la colonne 5 correspondant au trajet du sommet D au sommet D de la matrice $M^4$ est 31 ; il existe donc 31 chemins de 4 étapes partant de D et revenant à D.

5° L'élément à l'intersection entre la ligne 1 et la colonne 4 correspondant au trajet du sommet S au sommet C de la matrice $M^4$ est 2 ; il existe donc 2 chemins de 4 étapes partant de S et allant à C.
S – G – A – B – C et S – G – E – B – C sont les deux trajets en 4 étapes partant de S et allant à C.

6° Il y a un 0 dans la matrice $M^4$ à l'intersection entre la 3e ligne et la 4e colonne, ce qui signifie qu'il n'existe pas de chemin en 4 étapes allant de la salle B à la salle C.

**10** → *Énoncé p. 292*

On peut représenter la situation à l'aide d'un arbre pondéré. Connaissant l'état $(n-1)$, l'énoncé donne les probabilités conditionnelles permettant d'obtenir l'état $n$.
Par exemple, si le feu est vert, il le sera à l'intersection suivante avec la probabilité de 0,9 ou sera rouge avec la probabilité de 0,05 ;
donc $p_{V_{n-1}}(V_n) = 0{,}9$ et $p_{V_{n-1}}(R_n) = 0{,}05$.
On en déduit $p_{V_{n-1}}(O_n) = 1 - 0{,}9 - 0{,}05 = 0{,}05$.

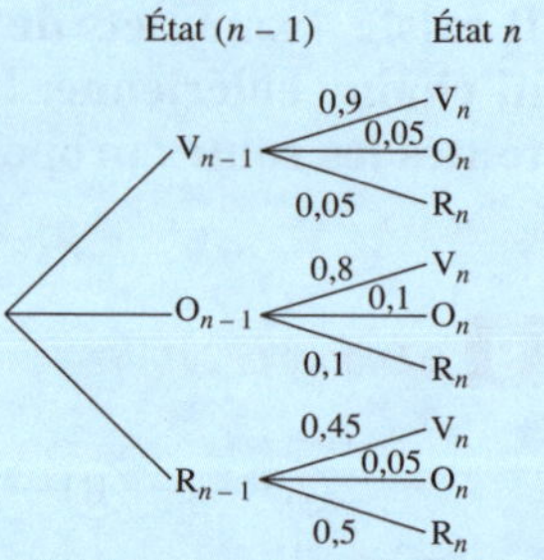


1° On en déduit le graphe probabiliste :

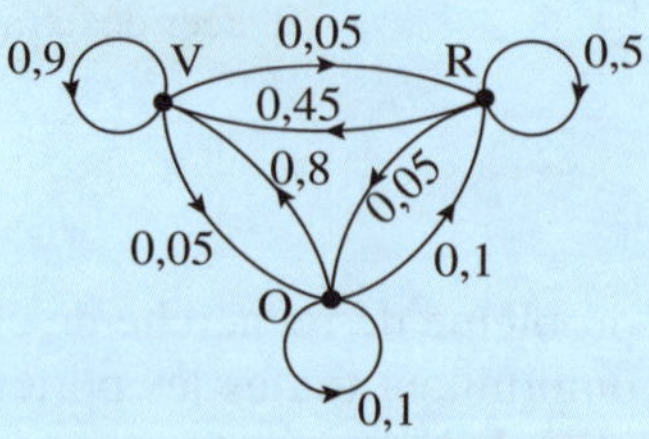


2° La matrice de transition associée au graphe précédent est :

$$M = \begin{bmatrix} \mathbf{0,9} & 0,05 & 0,05 \\ 0,8 & \mathbf{0,1} & 0,1 \\ 0,45 & \mathbf{0,05} & 0,5 \end{bmatrix}$$

**0,05** est la probabilité de passage de l'état rouge à l'état orange.
La somme des nombres suivant chaque ligne est 1.

$$\begin{array}{c} \\ V \longrightarrow \\ O \longrightarrow \\ R \longrightarrow \end{array} \begin{array}{c} \begin{array}{ccc} V & O & R \\ \downarrow & \downarrow & \downarrow \end{array} \\ \begin{bmatrix} \mathbf{0,9} & 0,05 & 0,05 \\ 0,8 & \mathbf{0,1} & 0,1 \\ 0,45 & \mathbf{0,05} & 0,5 \end{bmatrix} \end{array}$$

3° Si le premier feu rencontré est vert, la matrice de l'état initial est $\mathbf{P_1 = [1 \quad 0 \quad 0]}$.
$P_2 = P_1 \times M = [1 \times 0,9 + 0 \times 0,8 + 0 \times 0,45 \quad 1 \times 0,05 + 0 + 0 \quad 1 \times 0,05 + 0 + 0]$
$\mathbf{P_2 = [0,9 \quad 0,05 \quad 0,05]}$.

4° $P_4 = P_3 \times M$
$P_4 = [0,87 \times 0,9 + 0,05 \times 0,8 + 0,08 \times 0,45 \quad 0,87 \times 0,05 + 0,05 \times 0,1 + 0,08 \times 0,05 \quad 0,87 \times 0,05 + 0,05 \times 0,1 + 0,08 \times 0,5]$.
$P_4 = [0,859 \quad 0,068 \quad 0,088\,5]$.
La probabilité que le quatrième feu soit vert est donc égale à :

$$0,87 \times 0,9 + 0,05 \times 0,8 + 0,08 \times 0,45 = 0,859.$$

$\boldsymbol{p(V_4) = 0,86}$ **arrondi à $\mathbf{10^{-2}}$ près.**

5° Si le premier feu rencontré est rouge, la matrice de l'état initial est $P_1 = [0 \quad 0 \quad 1]$.
$P_2 = P_1 \times M = [0 \times 0,9 + 0 \times 0,8 + 1 \times 0,45 \quad 0 \times 0,05 + 0 \times 0,1 + 1 \times 0,05 \quad 0 \times 0,05 + 0 \times 0,1 + 1 \times 0,5]$
$\mathbf{P_2 = [0,45 \quad 0,05 \quad 0,5]}$.

6° Quelle que soit la couleur du premier feu rencontré, on obtient à partir d'un certain rang $n$, $P_n = [0,85 \quad 0,05 \quad 0,1]$. On obtient alors la matrice associée à l'état stable. **Cela signifie qu'à partir d'un certain nombre, assez grand, de carrefours traversés, la probabilité d'avoir un feu vert est 0,85, celle d'avoir un feu orange est 0,05 et celle d'avoir un feu rouge est 0,1.**

## 11 → *Énoncé p. 293*

### Partie A

1° Soit $F_n$ l'événement « ils sont restés en France l'année $n$ » et $E_n$ l'événement « ils sont partis à l'étranger l'année $n$ ».
S'ils sont restés en France une année donnée $n$, la probabilité qu'ils partent à l'étranger l'année suivante $n + 1$ est de 0,4 ; donc celle de rester en France est de 0,6, soit $p_{F_n}(E_{n+1}) = 0,4$ et $p_{F_n}(F_{n+1}) = 0,6$.
Par contre, s'ils sont partis à l'étranger une année donnée $n$, la probabilité qu'ils retournent à l'étranger l'année suivante $n + 1$ est de 0,7 ;
donc $p_{E_n}(E_{n+1}) = 0,7$ et $p_{E_n}(F_{n+1}) = 0,3$.

On en déduit le graphe probabiliste suivant :

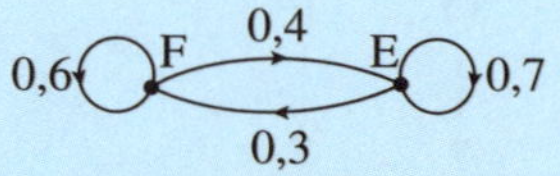


2° La matrice de transition en prenant F puis E pour l'ordre des sommets est :

$$M = \begin{bmatrix} 0{,}6 & 0{,}4 \\ 0{,}3 & 0{,}7 \end{bmatrix}.$$

La somme des coefficients de chaque ligne de la matrice de transition est égale à 1.

3° En été 2009, ce couple est parti à l'étranger ; donc l'état probabiliste initial est $P_0 = [0 \;\; 1]$.

4° $P_3 = P_0 \times M^3$, donc $[a_3 \;\; b_3] = [0 \;\; 1] \times \begin{bmatrix} 0{,}444 & 0{,}556 \\ 0{,}417 & 0{,}583 \end{bmatrix} = [0{,}417 \;\; 0{,}583]$.

On en déduit que la probabilité qu'ils restent en France en 2012 est d'environ 0,42 et celle qu'ils partent à l'étranger en 2012 est d'environ 0,58.

5° L'état stable P doit vérifier $P = P \times M$, soit $[x \;\; y] = [x \;\; y] \times \begin{bmatrix} 0{,}6 & 0{,}4 \\ 0{,}3 & 0{,}7 \end{bmatrix}$ avec $x + y = 1$.

On doit résoudre le système :

$$\begin{cases} x = 0{,}6x + 0{,}3y \\ y = 0{,}4x + 0{,}7y \\ x + y = 1 \end{cases} \Leftrightarrow \begin{cases} x = 0{,}6x + 0{,}3(1 - x) \\ y = 0{,}4x + 0{,}7y \\ y = 1 - x \end{cases} \Leftrightarrow \begin{cases} x - 0{,}6x + 0{,}3x = 0{,}3 \\ y = 0{,}4x + 0{,}7y \\ y = 1 - x \end{cases}$$

$$\Leftrightarrow \begin{cases} 0{,}7x = 0{,}3 \\ y = 0{,}4x + 0{,}7y \\ y = 1 - x \end{cases} \Leftrightarrow \begin{cases} x = \dfrac{3}{7} \\ y = \dfrac{4}{7} \end{cases}.$$

L'état stable est $P = \left[\dfrac{3}{7} \;\; \dfrac{4}{7}\right]$ ; donc, à terme, la probabilité que le couple visite une région en France est $\dfrac{3}{7}$ et celle qu'ils partent à l'étranger est $\dfrac{4}{7}$.

### Partie B

1° L'état probabiliste l'année $n + 1$ est donné par $P_{n+1} = P_n \times M$.

Donc $[a_{n+1} \;\; b_{n+1}] = [a_n \;\; b_n] \times \begin{bmatrix} 0{,}6 & 0{,}4 \\ 0{,}3 & 0{,}7 \end{bmatrix}$ avec $a_n + b_n = 1$ ;

d'où $a_{n+1} = 0{,}6a_n + 0{,}3b_n = 0{,}6a_n + 0{,}3(1 - a_n) = 0{,}3a_n + 0{,}3$.